Chemical Thermodynamics

기초 열역학

由井 宏治 지음
윤영수 · 이석희 · 김가영 옮김

도서출판 동화기술

見える! 使える! Chemical Thermodynamics

化学熱力学入門

머리말

화학 반응, 에너지 및 신소재와 관련된 분야에 관심이 있는 공학도에 있어서 가장 중요한 전공 지식의 하나가 열역학이라 생각한다. 모든 현상(또는 좀 더 좁은 의미로 반응)은 −그것이 물리적이든 또는 화학적이든 무관하게− 관심의 대상이 되는 계(system)에서의 에너지를 비교함으로써 현상의 발생 유무나 발생의 정도를 예측할 수 있다. 이는 모든 계는 자발적으로 그 에너지를 낮추려고 하기 때문이다. 따라서 적절한 수단을 이용하여 어떤 특정 계의 어떤 상태에서의 에너지를 정의하는 것은 매우 중요하며, 이에 대한 이해는 모든 현상에 대한 예측 그리고 이를 기반으로 한 의도된 현상을 만들기 위한 첫걸음이라 할 수 있다.

17~18세기만 하더라도 어떠한 계에서의 에너지는 주로 열에 의해 다루어졌고, 이 때문에 특정계의 온도가 어떠한 현상을 해석하기 위한 가장 중요한 척도 중의 하나가 되었다. 그러나 단순히 온도만으로는 확산, 삼투압 그리고 온도의 변화 없이 발상하는 여러 자발적인 현상의 이해에는 한계를 보이게 되었다.

열역학은 이러한 한계를 넘어서게 해준 매우 중요한 지식 분야라 확신한다. 열역학의 이해는 공학도가 처음 접한 어떠한 계가 어느 방향으로 흘러갈지 또는 그러한 계의 존재 유무를 예측하는데 결정적 실마리를 제공해준다. 사실 우주 대폭발(Big Bang)조차도 열역학을 이해하고 있다면 그것은 필연적으로 일어나야 한다는 것을 아주 쉽게 받아들일 수 있게 된다. 열역학의 이해가 가져다주는 또 다른 즐거움은 처음 접하는 현상이나 시스템에 대해 그러한 현상이 왜 일어나게 되었는지 또는 그러한 시스템의 지속성(또는 소멸성)을 예측하게 해준다는 것에 있다. 이 때문에 어떠한 화학 반응의 진행 유무, 이를 통한 최종 계에 남게 되는 반응물이 무엇인지에 대한 예측(설계)이 가능해진다. 이러한 예측은 자연상에 존재하지 않는 신물질의 개발 등에 매우 적극적으로 활용 가능해진다. 뿐만 아니라 우리가 관심을 가지고 있는 계의 환경(주고 온도나 압력)을 조절함으로써 그 동안 볼 수 없었던 많은 현상들을 접할 수 있는 기회도 가질 수 있게 된다.

열역학은 다른 어떠한 전공 분야와는 다르게, 초보적인 미분과 적분 수준의 수학을 이해하고 있다면 더욱 쉽게 그 이해의 깊이를 깊게 할 수 있다는 특징을 가지고 있다. 무엇보다 중요한 개념은 우리가 관심을 가지고 있는 계를 어떻게 나타낼 것인지 또 그러한 상태에서 그 계의 에너지가 얼마나 되는지를 이해하는 것에 있다. 이러한 이해는 주어진 계의 안정성이나 불안정성, 그로부터 유발되는 반응의 유무를 예측하고 통제할 수 있는 기본이 된다.

본 교재는 공학도가 에너지를 기반으로 한 현상이나 반응에 대한 열역학적 이해뿐만 아니라 향후 이러한 개념을 기초로 각각의 분야에서 좀 더 고급 개념의 문제를 다루는데 큰 도움이 될 것으로 확신한다.

교재 번역과 꼼꼼한 교정을 도와준 에너지재료연구실의 이강수, 우성필, 김인예, 이유나 학생(이상 박사 과정), 신서윤(석사 과정) 학생에게 고마움을 전하고 싶다. 끝으로 출판에 기꺼이 응해주신 도서출판 동화기술의 관계자들에게 감사의 말씀을 드린다.

목차

제11장 용액의 성질과 화학 포텐셜

제12장 전지로 보는 화학열역학과 전기화학의 기초

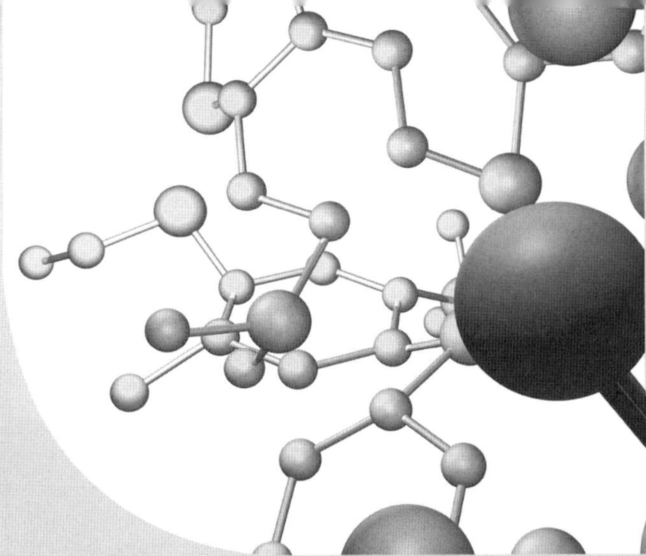

서 론

화학 및 재료 열역학에서는, 물질내부의 에너지상태와 물질을 통과하는 에너지의 이동방법, 그리고 물질과 에너지 형태의 변환방법에 대해 배운다. 이 장에서는 화학열역학을 배운 후에 에너지상태와 이동방법에 대한 이해와 그에 따른 기술 방식을 전체적인 틀을 알기 쉽게 12개의 포인트로 좁혀 도식화하고 있다.

구체적으로는 본편에서 다루므로 여기서는 자세한 내용보다는 에너지의 이해와 기술 방식에 대해 전체적인 틀(Frame Work)과 전체적인 학습의 흐름을 파악하기를 바란다.

또한, 화학 및 생물에서의 물질 변환과 에너지 변환에서 굉장히 중요한 깁스자유에너지 변화(ΔG), 엔탈피 변화(ΔH)의 계산 방법이 서론에 정리되어 있다. 본편의 진도에 따른 학습 확인 용도로 사용하기 바란다.

Framework 1 우선, 우주 전체에서 고찰의 대상이 되는 「계(System)」를 잘라낸다.

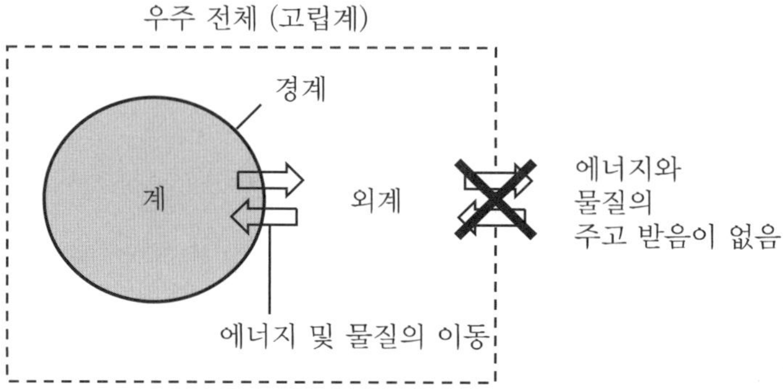

우선, 고찰하고 싶은 「계」를 우주 전체로부터 분리해낸다. 즉, 계와 그 바깥쪽과의 사이에는 「경계」를 설정한다. 경계의 밖은 「외계」라고 부른다.

Framework 2 계와 외계의 경계를 통과하는 에너지의 이동방법에는 「열」과 「일」의 두 가지가 있다.

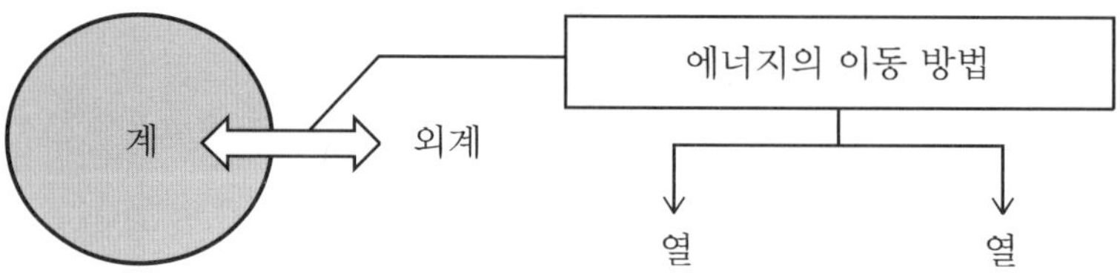

열은 원자나 분자 등의 방향이 무질서한 운동을 통해서 일은 방향이 일정한 운동을 통해서 에너지를 전달하는 방법이다. 열과 일은 에너지를 전달하는 방법으로서 실체가 있는 것이 아님에 주의하자.

Framework 3 계의 열역학적 상태를 기술하기 위해서는 아래의 8개의 상태량을 학습하면 된다.

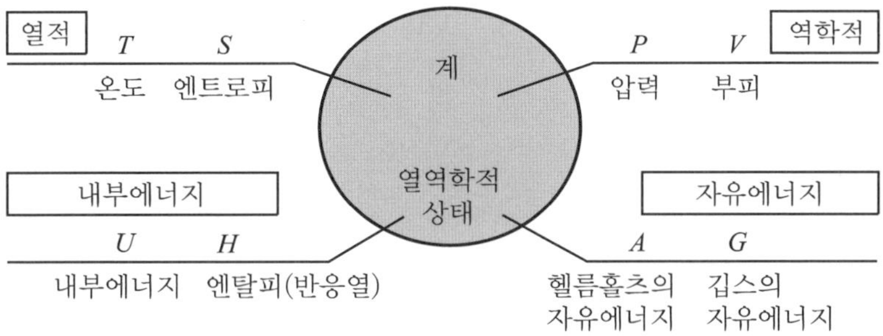

거의 0에 가까운 수의 원자나 분자로 이루어진 열역학적 상태는 단지 8개의 상태량으로 나타낼 수 있다. 하나하나의 원자나 분자의 상태를 계측하거나 추적하지 않고, 전체적인 성질이나 움직임을 이해하는 것은 굉장히 경이로운 것이다.

Framework 4 상태량 중에서도 특히 본질적인 것은 T, U, S 세 가지이다.

T	U	S
온도	**내부에너지**	**엔트로피**
열역학 제0법칙 열적 평형의 개념	열역학 제1법칙 에너지 보존의 법칙	열역학 제2법칙 자발적 변화의 방향성

계의 종류 및 변화의 과정에 따라 물질의 변화나 얻을 수 있는 에너지를 고찰하는 데에 편리한 상태량은 달라지지만, 이 세 가지의 상태량을 억제함으로 다른 상태량은 계산을 통해 유도할 수 있다.

Framework 5 물질의 상태변화와 화학반응을 다루는 화학 열역학에서는 종종 그 초기와 나중의 상태량이 중요해진다.

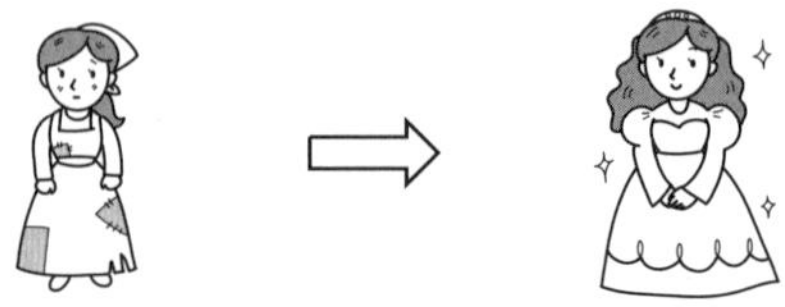

	초기 상태(initial state)	나중 상태(final state)
열적	T_i S_i	T_f S_f
역학적	P_i V_i	P_f V_f
내부에너지	U_i H_i	U_f H_f
자유에너지	A_i G_i	A_f G_f

Framework 6 화학 열역학에서는 계의 상태 변화의 전후에 따른 에너지를 나타내는 상태량의 변화(차이)를 종종 생각한다.

$$\Delta U = U_{\text{나중상태}} - U_{\text{초기상태}}$$

변화 전후의 값의 차를 나타내는 Δ(델타) 기호에 익숙해지자.

변화량을 나타내는 기호의 규칙으로서 나중상태를 나타내는 상태량에서 초기상태를 나타내는 상태량을 빼는 계산 순서에 유의하자.

Framework 7 초기상태와 나중상태 사이에는 다양한 과정들이 존재한다.

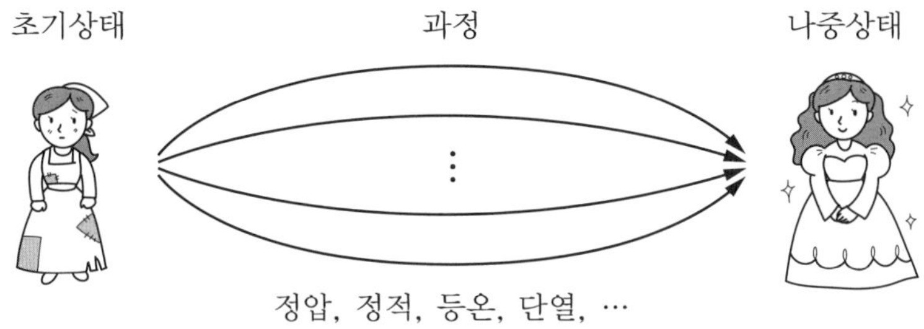

화학 열역학에서 초기상태에서 어떠한 과정을 거쳐 나중상태가 되는가를 결정하는 것은 굉장히 중요하다. 물질 및 에너지의 이동과 변환을 생각하는 과정은 중요한 지표가 되어 열역학적 해석이 달라진다.

Framework 8 또한, 과정이 가역적으로 진행되는가, 비가역적으로 진행되는가에 의해, 상태변화에 따른 계에서 얻어지는 일의 양이 달라진다.

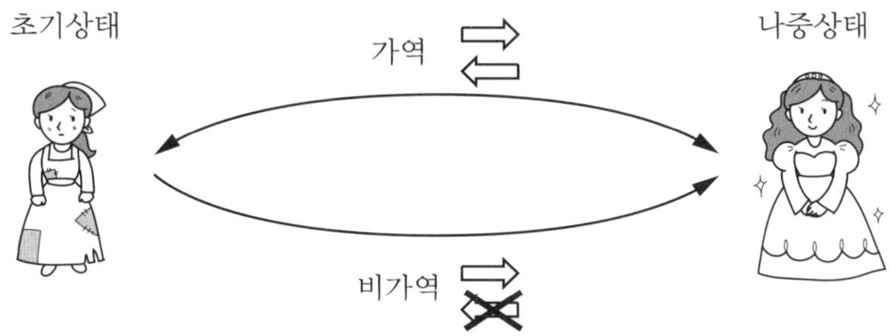

많은 화학 열역학적 계산은 가역적으로 진행된다고 가정하여 계산된다. 실제 세계 속의 상태변화는 거의 비가역과정으로 진행되지만, 가역과정을 가정함으로, 그 상태변화량에 의해 얻어지는 이론상 일 양의 최대값 등을 계산할 수 있다.

Framework 9 열역학 제1법칙은 계의 상태변화량과, 외계로부터의 에너지의 이동방법 및 그 양을 관련짓는다.

$$\Delta U = U_{나중상태} - U_{초기상태} = Q + W$$

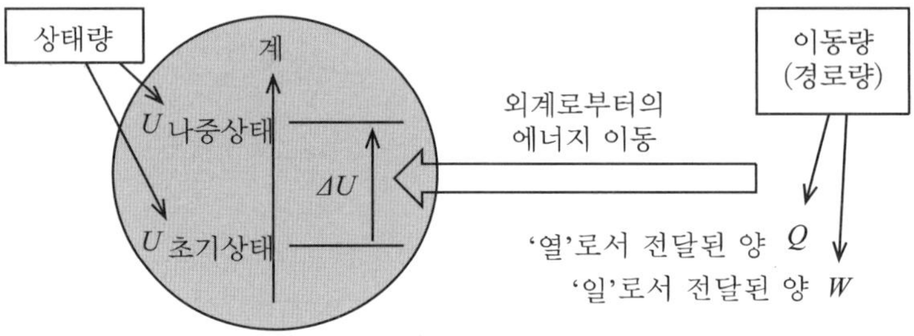

법칙의 좌변(ΔU)이 상태량의 절대량이 아니고, 변화량임에 유의하자. 많은 학생들이 상태량과 이동량을 혼동해서 헷갈려한다.

Framework 10 생각하고 있는 변화는 자발적으로 일어날 수 있을까? 우선, 계가 에너지나 물질의 주고받음이 가능한 지부터 생각한다.

계의 종류	경계를 넘는 이동의 가능성		예
	에너지	물질	
고립계	×	×	우주, 보온병
닫힌계	○	×	피스톤 실린더 장치
열린계	○	○	뚜껑이 열린 반응용기 · 생물

Framework 11 물질의 자발적 변화의 방향성을 판정하기 용이한 열역학량은, 계의 종류에 따라 달라진다.

고립계		닫힌계		열린계
S	➡	G	➡	μ
엔트로피		자유에너지		화학포텐셜

엔트로피는 고립계의 자발적 변화의 방향성을 판정할 때에 직접 사용된다. 한편, 화학·생물계의 다양한 물질의 출입과 조성의 변화가 있는 열린계를 다루는 경우가 많다. 이 때, 자발적 변화의 방향성의 지표가 되는 것이 「화학포텐셜」이다(*매우 중요함).

Framework 12 그 변화는 자발적으로 일어날 수 있을까?
판정은 계의 종류와 변화의 과정에 따른 상태량의 변화량의 부호로 결정된다

계의 종류	자발적 변화의 판정 조건		
고립계		$\Delta S_{\text{고립계}} > 0$	모든 값은 여기서부터 계산 가능
닫힌계	정압	$\Delta G_{\text{닫힌계}} < 0$	
	정적	$\Delta A_{\text{닫힌계}} < 0$	
열린계		$\Delta \mu_{\text{열린계}} < 0$	

상정된 물질변화나 에너지의 주고받음이 자발적으로 일어나는지 아닌지를 판정하는 데에 계의 종류에 따라 적용 가능한 열역학량이 다르다. 판정 부호가 고립계의 변화와 그 이외의 변화로 나뉘므로 유의하기 바란다.

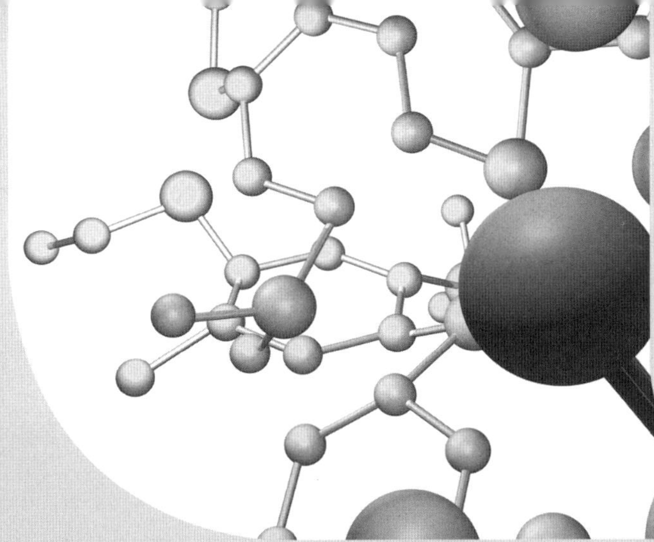

제 1 장

최대의 목표는 자유에너지의 개념을 이해하고 계산할 수 있게 되는 것

화학 또는 재료를 배우는 학생 여러분이 가까운 장래에 인류에 있어서 유용한 분자를 합성하거나, 효율적이며 안전한 에너지 디바이스를 개발하는 경우를 생각해 보자. 또, 생물을 배우는 학생 여러분이 생명의 치밀하고 정교한 물질 생산의 메커니즘을 분자 단계부터 밝히는 경우를 생각해 보자. 이러한 경우에는 효율적인 물질 변환 및 에너지 변환방법의 설계와 이해가 성공의 열쇠가 된다.

만일 이러한 물질과 에너지의 변환이 자발적으로 일어날 수 있는지 아닌지를 실제로 시험해 보지 않고 사전에 알 수 있다면, 연구 · 개발을 효율적으로 진행할 수 있는 큰 힘이 된다. 또한, 상정된 물질이나 에너지의 변환이 실제로 일어날 수 있는가 판정할 경우, 그로부터 우리 인류가 유용한 형태로 사용할 수 있는 에너지를 얼마나 얻어낼 수 있는가를 사전에 예측 가능하다면, 효율적인 전지의 개발을 시작으로 에너지 문제에 크게 공헌하는 힘이 된다. 그리고 생체 내를 포함한 세상 속의 대부분의 화학 반응이 평형 반응계에 있는데 생성계(목적 물질)의 방향으로 목적된 분량만큼 평형 반응을 치우치게 하기 위해 반응 조건을 어떠한 온도 · 설정하면 좋을 지를 미리 알 수 있다면, 낭비 없는 반응 프로세스의 개발에 공헌할 수 있으며 환경에 부담이 적은 기술을 발전시킬 수 있다.

사실은 이러한 화학 및 생물의 모든 문제에 관련된 여러 가지 요구에 응해주는 마법의 열역학량이 있다. 그것은 자유 에너지(Free Energy)이다. 자유 에너지의 개념을 화학 및 생물의 모든 문제에 응용하면, 위에 언급한 여러 가지 혜택을 받을 수 있다. 이렇게 실용상 매우 강력한 열역학량인, 자유에너지란 도대체 어떠한 것일까? 그리고 그것은 어떻게 하면 얻을 수 있을까?

1.1 여러 가지 이동 방법을 갖는 에너지

당신은 에너지를 이동 방법에 따라 분류한 적이 있습니까?

에너지라는 단어는, 이과 학생뿐만이 아니라 문과 학생에게 있어서도 친숙한 용어이다. 직감적으로는, 어떤 물질 내부에 저장되어서, 그 물질을 데우거나, 원하는 운동을 시킬 때, 혹은 원하는 다른 물질로 변환할 때에 필요한 무언가를 나타내는 양이라고 막연하게 생각할 수 있다. 하지만, 이 책의 최대 목표인 자유에너지의 개념을 이해하기 위해서는 에너지를 물질 내부에 저장된 양으로 보는 관점뿐만이 아니고, 다른 물질로 이동시킬 때에 택할 수 있는 여러 가지 방법이라는 관점에 따라 분류하고 고찰하는 것이 중요하다.

우선 생각나는 대로, 에너지의 여러 가지 이동 방법을 열거해보자. 그림 1-1을 보자. 태양에서 내리쬐는 빛, 화력 발전소나 원자력 발전소에 중요한 열, 전기 자동차를 달리게 하는 전기 등 우리들은 실로 여러 가지 이동방법을 갖는 에너지에 둘러싸여 살아가고 있다.

우리들이 이러한 그림을 보면, 두 가지 중요한 점을 알아차릴 수 있다. 한 가지, 예를 들면 충전지와 같이, 에너지를 일단 물질 내부에 저장하거나 반대로, 물질 내부에 저장된 에너지를 다시 물질 외부로 이동시킬 수 있다는 점이다. 다른 한 가지는 에너지의 이동방법을 여러 가지로 변환할 수 있는 점이다. 그렇다면, 이러한 에너지의 이동이나 변환은 어떠한 제한도 없이 자유롭게 행해질 수 있을까? 혹은 이동이나 제한에 법칙이 존재해서 어떠한 제한을 받게 될까?

화학 열역학은 이런 질문에 정밀하고 정량적으로 대답해준다. 예를 들면, 자연계에서 식물의 광합성, 인공물에서는 고효율 · 대용량의 전지를 예로 들어 생각해보자. 전자는 빛의 형태로 태양에서부터 전해진 에너지를 화학적인 에너지로 저장하는 것이 가능하다. 후자는 내부의 화학 조성을 정교히 변화시켜서, 한 번 저장된 화학적인 에너지를 전기라고 불리는 다른 형태의 에너지의 이동방법으로 내보낼 수 있다. 사실은 자연계 · 인공계를 막론하고 우리 주변의 모든 것들이 그 내부에 에너지를 저장하거나, 다른 물질로 변환되어 전달되거나 해서 활동 및 기능을 유지하고 있기 때문에, 이 학문이 도움이 될 만한 곳이 셀 수 없이 많다.

그림 1-1 우리 주변의 에너지의 형태와 그 모습 1

이제 '**에너지의 변환**'이라는 관점에서, 그림 1-1에 그려진 여러 가지 장면을 생각해 보면, 무언가를 알아차리게 된다. 예를 들면, 화력 발전이나 원자력 발전에서는 열로 물을 끓여서 수증기를 발생시키고, 그 힘으로 터빈을 돌리고, 모터로 전기로 변환시킨다. 수력 발전이나 풍력 발전은 어떨까? 전자는 높이차가 있는 곳에서 떨어지는 물의 위치 에너지를 이용해서, 후자는 바람의 힘으로 모터를 돌려서 전기를 얻기 때문에 두 가지 모두 언뜻 보기에는 열과 관계가 없어 보인다. 하지만 물이 높은 곳에서 존재하는 것은 해수가 태양열로 인해 따뜻해져 증발해서 생겨난 구름이 움직여 비가 되어 떨어져 내리기 때문이다. 또 바람이 부는 것은 태양열에 의한 바다와 육지를 덥히는 방법의 차이로 인해 생겨난 공기의 밀도차와 압력차의 발생에 기인한다. 이렇게, 실제로는 사물을 구동할 때에 근본이 되는 에너지의 이동 방법에는 열이 압도적으로 많아서 열을 터빈이나 모터를 돌리는 역학적인 일, 그리고 최종적으로는 전기적인 일로 변환해서 이용하는 경우가 일반적으로 많다.

한편 주변을 둘러보면, 냉장고나 에어컨처럼 반대로 전기적인 일을 이용해서 냉장고 안이나 실내에 가득한 에너지를 열의 형태로 바깥에 버림으로, 냉장고 안이나 실내의 냉기를 유지하는 장치도 있다. 이러한 장치의 작동 원리는 어떻게 이해 할 수 있을까?

이제부터 배우는 화학 열역학의 기본이 되는 **열역학**은, 열이라는 방법으로 물질에 전달된 에너지를, 어떻게 효율적으로 일이라는 방법으로 변환시켜 낼 수 있을까? 라고 생각하는 것으로부터 발전해 왔다. 하지만 당시에는 물질이 원자나 분자로 이루어졌다는 사실이 아직 명확하지 않던 시대였기 때문에 최초 화학적인 응용이 별로 전개되지 않았다. 그 후, 물질의 상태 변화나 화학 반응에 따라 열이라는 방법으로 에너지의 출입이 일반적으로 일어난다는 사실이 밝혀져 열역학의 개념을 화학 반응의 모든 문제에 응용한 결과, 이것이 화학 반응의 이해에 굉장히 도움이 되며, 우리에게 다양한 혜택을 준다는 사실을 알게 되었다. 구체적으로 어떠한 혜택을 받을 수 있는가를 다음에 열거하였다.

(1) 머릿속에서 생각해 낸 화학 반응이나 물질의 상태 변화가 실제로 자발적으로 일어날 수 있는지 아닌지를 미리 판정할 수 있다.
(2) 만약 생각하고 있는 반응 조건(온도나 압력 등)에서는 자발적으로 반응이 일어나지 않는다고 해도, 어떠한 반응 조건을 설정하면, 생각하고 있는 화학 반응이 자발적으로 일어날 수 있을지를 사전에 정량적으로 예측할 수 있다.
(3) 자발적으로 일어나는 반응 조건을 설정하여 실제로 그 화학 반응을 일으켰을 경우, 그 화학 반응으로부터 이론상 어느 정도의 에너지가 일로 빠져나가는지, 그 최대치를 사전에 예측할 수 있다.
(4) 평행 반응계에서, 생각하고 있는 온도 · 압력의 조건에서, 원하는 생성물 쪽으로 얼마나 평행이 치우치는지를 사전에 정량적으로 예측할 수 있다.

즉, 화학에서의 물질 변환과 에너지 이동에 관한 중요한 항목을 거의 모두 망라하고 있다고 말할 수 있다. 더욱이 '사전(事前)'에 '정량적'으로 예측할 수 있다는 점이 굉장히 강력하다. 물론, 현실적으로는 다소의 오차 등이 발생한다. 하지만 사전에 정확히 이러한 항목을 예측할 수 있다면, 영원히 발생할 수 없는 화학 반응의 개발에 쓸모없는 시간 및 노동과 돈을 투자하는 경우가 없어진다. 나아가서 목적한 화학 물질과 원하는 형태의 에너지를 효율적으로 얻기 위한 반응 용기와 반응 조건을 설계하거나, 고효율의 전지나 에너지 변환 프로세스를 효율적으로 개발할 수 있게 된다는 것을 의미한다. 또한 생물은 광합성이나 효소 반응 등을 통해서 극히 고효율적인 에너지 변환 및 물질의 생산을 이루어내고 있는데, 이러한 경이로운 메커니즘을 분자와 에너지의 관점에서 이해하는 것은 장래에 더 효율적인 물질 생산과 에너지 변환을 실현하기 위한 큰 지침이 된다.

서론은 이 정도로 하고, 경이로운 열역학과 화학 열역학의 세계에 첫걸음을 내딛어 보자.

1.2 물질 내부에 저장된 에너지를 내보내자.

이제 물질 내부에 저장된 에너지를 내보내자. 하지만 어떻게?

지금, 당신의 눈앞에 있는 모든 것들을 바라보자. 앞에서도 예를 들었지만, 식물은 광합성으로 태양으로부터 빛이라는 방법으로 얻은 에너지를 화학적인 에너지로 변환하여 자신의 내부에 저장한다. 휴대 전화나 전기 자동차는 에너지를 저장한 전지로부터 전기라는 방법으로 에너지를 내보내서 구동한다. 하지만 어떻게 해서 물질 내부에 에너지를 저장하거나, 반대로 저장된 에너지를 외부에 원하는 방법으로 내보내는 것이 가능할까?

어떤 물질이 주위의 환경과 에너지를 주고받으려면 일반적으로 그 물질에 어떠한 상태 변화가 일어나야 한다. 예를 들면 과일에서 달콤한 과즙(에너지에 해당)을 짜내기 위해서는 과일을 짠다(부피를 압축한다)라는 변화를 일으켜야 한다. 이러한 모습을 그림 1-2에 나타냈다.

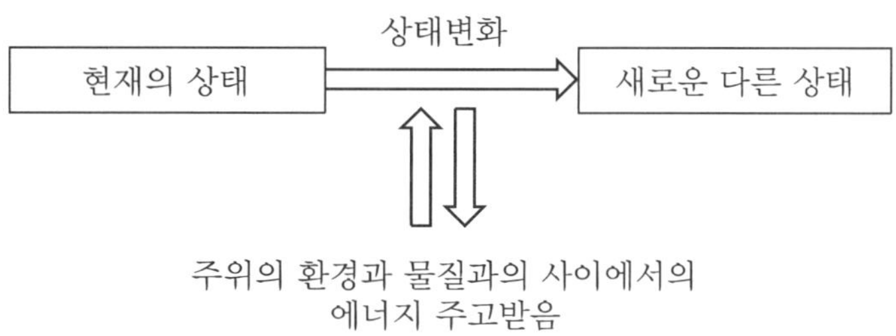

그림 1-2 물질의 상태변화와 에너지의 주고받음
물질내부에 에너지를 저장하거나, 반대로 에너지를 내보내거나 하기 위해서는 물질의 현재 상태를 새로운 다른 상태로 변화시킬 필요가 있다. 그 변화의 과정에서 에너지가 주위의 환경이나 물질과 교환된다.

보인다! Box 1-1 처음 상태, 나중 상태 그리고 과정 모두가 중요

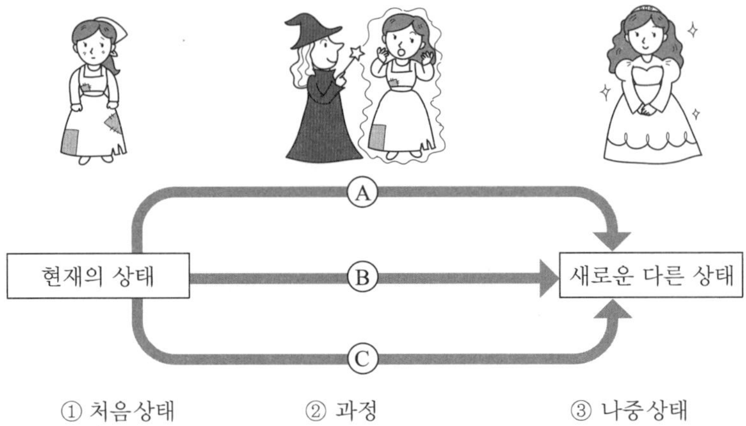

물질의 상태변화를 일으켜, 외부와 에너지의 교환이 일어나게 할 경우 처음 상태, 과정, 나중 상태의 세 가지를 조절하는 것이 중요하다.

어떤 상태의 어떤 물질이 외부로부터 어떠한 조작을 당해서 혹은 자발적으로 다른 새로운 상태로 변화했다고 하자. 전자의 상태를 일반적으로 **처음 상태**(initial state), 후자의 상태를 **나중 상태**(final state)라고 한다. 그리고 물질의 상태가 처음 상태에서 나중 상태로 변할 때, 물질은 어떠한 상태 변화를 겪는데, 이 경로를 **과정**(process)이라고 한다. 가령 처음 상태와 나중 상태가 같더라도, 거치는 과정은 몇 종류가 있으며, 어떤 과정을 거치는가에 따라 물질의 상태 변화로부터 얻어 낼 수 있는 에너지의 이동 방법이나 그 양에 차이가 있다. 이러한 모습을 **보인다! Box 1-1**에 도식화하였다.

실제로, 이제부터 고찰의 대상이 되는 에너지의 이동 방법인 열과 일은 처음 상태와 나중 상태가 같더라도 거치는 과정에 따라 그 양에 차이가 생긴다는 사실이 알려져 있다. 따라서, 물질의 상태 변화에 따른 에너지의 출입을 고찰할 때, 우선 다음의 세 가지를 빠짐없이 억제하는 것이 중요하다.

① 처음 상태
② 과정
③ 나중 상태

그렇다면 물질의 상태는 어떤 식으로 나타낼 수 있을까? 우리는 주변에 있는 모든 물질이 실은 굉장히 많은 수의 원자와 분자로 이루어진 것을 알고 있다. 눈앞에 12 g의 다이아몬드가 있다고 하자. 다이아몬드는 탄소 원자가 공유 결합으로 단단히 결합된, 탄소 원자가 취할 수 있는 하나의 집합 상태이다. 이 12 g의 다이아몬드에는, 탄소 원자가 약 6×10^{23}개나 포함되어 있다. 가령 지구의 인구를 60억 명 정도(6×10^{9})라고 해도, 6×10^{23}라는 수치는 지구 100조 개 분의 인구에 상응한다. 이러한 굉장히 많은 수의 원자 및 분자로 이루어진 물질의 ①이나 ③의 상태는 어떻게 정량적으로 나타낼 수 있을까? 다음 절에서 자세하게 알아보자.

1.3 거시적인 물질의 열역학적 상태를 가능한 한 적은 수의 물리량으로 규정해 보자

> 어떻게 하면, 극히 많은 수의 원자 및 분자로 이루어진 물질의 열역학적인 상태를 규정할 수 있을까?

앞 절에서 예를 들었던 12 g의 다이아몬드의 열역학적인 상태를 나타내는 데에, 하나하나의 탄소 원자의 상태를 규정해야만 할까? 이 정도로 과학이 진보한 현대까지도, 이렇게 많은 수의 원자의 상태를 한 번에 다루어야 한다는 것은 현실적이지도 실용적이지도 않다. 그렇다면 어떻게 해야 물질이 놓인 열역학적인 상태를 기술하는 것이 가능할까?

이번 장 서두에서 서술했듯 자연계나 인공물에서 에너지 교환은 열적인 것과 역학적인 것을 알 수 있다. 그렇다면, 거시적인 물질의 열적 상태와 역학적 상태를 가능한 한 적은 변수로 기술할 수 있다면 실용적이고 유용한 학문 체계를 구축할 수 있지 않을까?

열역학이라는 것은, 그 이름대로, 에너지에 관한 열적 현상과 역학적 현상을 연결하여, 통일적으로 상호의 관계를 논하는 학문 체계이다. 그러면 우선 원자나 분자의 집합체인 물질의 열적인 상태를 대표해서 나타내는 편리한 양이 없을까? 라고 생각해 보자. 여러분이 경험적으로 처음 떠올리는 것은 **온도**(temperature, 기호 T)가 아닐까? 실제로 여러분도 감기에 걸렸을 때, 체온계를 이용하여 신체의 열적 상태를 온도(체온)로 측정한 적이 있지 않는가? 또한 매일 자주 보는 일기 예보에서는 지표 부근 대기의 온도를 전달해 주는 것으로, 오늘이 따뜻한 날일지 추운 날일지를 가르쳐 준다.

한편, 역학적 상태는 어떨까? 일기 예보에서는 필히 '고기압'이나 '저기압' 등 기체의 **압력**(pressure, 기호 P)을 통해서 대기의 흐름을 예측한다. 그리고 기체의 양은 **부피**(volume, 기호 V)로 나타낸다. 기체는 압력을 가하면 부피가 줄어들고, 반대로 높은 압력의 기체를 낮은 압력의 방향으로 부피를 팽창시키면 물체를 움직이는 등의 일을 하기도 한다.

우선 이 세 가지의 열적인 혹은 역학적인 상태를 내는 양을 사용하여, 거시적인 물질의 상태를 규정할 수 없을까? 라고 생각해 보자. 이 열적 혹은 역학적인 물질의 상태를 나타내는 양을 **상태량**(quantity of state, **또는** state property, **또는** property)이라고 한다. **보인다! Box 1-2**를 살펴보자. 화학 열역학의 기본이 되는 열역학에서 편리한 식은, 열적인 상태량과, 역학적인 상태량을 함수 f로 연결하는 형태로 기술하는 경우가 많다. 예를 들면, 분자의 부피나 분자간 상호작용을 무시할 수 있는 **이상 기체**(ideal gas)에 관해서는, 역학적인 상태량인 압력과 부피, 열적인 상태량인 온도와의 사이에 다음과 같은 관계식이 성립한다는 것이 알려져 있다.

$$PV = nRT \qquad 1\text{-}(1)$$

여기서, n은 그 기체를 구성하는 물질량(통상 몰수), R은 기체 상수라고 불리는 상수이다. 1-(1)식을 **이상 기체의 상태 방정식**(ideal-gas equation of state)이라고 한다. 한편, 분자간력과 분자의 부피의 영향을 고려한 아래의 1-(2)식은, **반데르발스의 상태 방정식**(van der Waals equation of state)이라고 한다.

$$\left\{P + a\left(\frac{n^2}{V}\right)\right\}(V - nb) = nRT \qquad 1\text{-}(2)$$

여기서 식의 a는 분자간력을, b는 분자의 크기를 반영한 상수로 각각 기체 분자의 종류에 따라 다른 값을 갖는다.

어쨌든 여기서 나온 온도, 압력, 부피는 직접 계측 가능하며, 제어할 수 있기 때문에, 이후 항상 나오는 기본적인 상태량이 된다. 이러한 상태량과 물질 내부의 에너지 상태를 관계 짓는 식은 다음 장 이후에서 논하도록 한다. 다음 절에서는, 마지막에 살펴볼 처음 상태와 나중 상태를 잇는 과정에는 어떠한 것이 있을지 살펴보기로 하자.[1)]

---

1) 주의력이 좋은 사람은, P, V, T 등이 이탤릭체로 표기된 것을 알아차릴 것이라고 생각하는데, 이것은 물리량을 나타낼 때의 국제적인 규칙이다. 이후 P, V, T만이 아니라, 물리량은 모두 이탤릭체로 나타내는 것에 주의하자.

보인다! Box 1-2 열역학의 기본이 되는 식의 표현법

$$T = f(P, V)$$

열적 상태 열역학 역학적 상태

열역학에서는 거시적인 물질의 열적 상태를 대표하는 양과, 역학적인 상태를 대표하는 양을 관계지어, 그 사이에 성립하는 관계(함수)를 통일적으로 의논한다.

(이상기체의 상태방정식 $\left[T = \dfrac{PV}{nR}\right]$ 등)

1.4 처음 상태와 나중 상태를 잇는 경로 -과정- 에 대해서

처음 상태와 나중 상태를 잇는 과정에는 어떠한 것이 있을까?

모든 사람은 태어나서 죽는다는 관점으로만 본다면, 처음 상태와 나중 상태가 같다고 말할 수 있다. 하지만 그 도중 과정, 즉 인생을 어떻게 보내는 지에 따라서 살아 있는 동안에 이루어 내는 일의 질이나 양이 바뀌게 된다. 열역학도 비슷하게 물질이 상태 변화를 하거나, 그 과정 중에 외부와 에너지를 주고받을 때, 어떠한 과정을 거치는가가 중요하다.

열역학의 과정에는 여러 가지 종류가 존재하지만, ① 어떠한 상태량을 일정히 유지하며 변화를 일으키는가, ② 전 우주에 영향을 남기지 않고 완전히 원래상태로 되돌리는 경로로 일어나는가 아닌가, ③ 열역학적으로 안정한 상태, 즉 **평형상태**(equilibrium)를 항상 유지하며 변화가 일어나는가, 에 따라서 크게 세 가지로 구분하여 분류된다. 이러한 모습을 **보인다! Box 1-3**에 정리하였다. 수많은 과정들이 있어 놀란 학생들도 있을지도 모르지만, 각각의 과정에 따라서는 뒷장에서 설명할 것이므로 걱정하지 않아도 된다. 이 장에서는 과정에는 여러 가지 구분과 종류가 존재한다

는 점, 화학 열역학의 문제를 생각할 때에 어떠한 과정을 거쳐서 처음 상태에서 나중 상태에 도달하는지가 결과에 상관되는 경우가 있다. 따라서 항상 과정을 확인하는 것을 빠뜨리면 안 된다. 여기에 쓰인 과정을 적절하게 활용하여 목적에 맞는 물질 및 에너지의 효율적인 변환이 가능하다.

보인다! Box 1-3 처음 상태와 나중 상태를 연결하는 여러 가지 과정

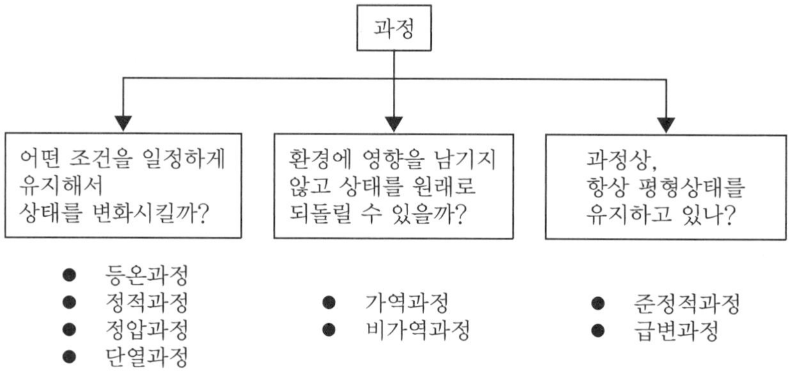

화학열역학에서는 처음과 나중의 상태뿐만이 아니라, 그 도중, 어떤 과정을 거쳤는지도 아는 것이 중요하다.

1.5 자유에너지와 결합에너지

한번 물질 내부에 저장된 에너지를 자유로운 방법으로 전부를 배출하는 것이 가능할까?

일단 물질의 처음 상태와 나중 상태를 제어해서 이들을 잇는 도중의 과정을 규정할 수 있게 되었다면, 물질의 상태 변화에 따라 외부에 빠져나가는 에너지의 방법과 양을 논의할 수 있게 되었다. 앞에서 물질 내부에 에너지를 저장하여, 필요한 때에 배출하여 사용할 수 있다고 서술하였다. 이는 은행에 돈을 일단 맡기고, 필요할 때마다

돈을 인출하는 것과 비슷하다. 이때의 양은 금액으로, 원화로 할지, 달러로 할지 등으로 생각하면 된다. 물질 내부에 저장된 에너지의 양을 나타내는 상태량을 **내부에너지**(internal energy)라고 정의하며, 이를 기호 U로 나타내도록 하자.

이제, 물질의 상태 변화에 따라 배출되는 에너지의 총량에 대해 생각하자. 갑자기 불합리한 결과를 내미는 듯하지만, 사실은 물질에 저장된 에너지는 어떤 유한한 일정한 온도에서는 모든 에너지를 일로 배출하는 것이 불가능하다는 것을 지금까지의 여러 가지 실험과 그에 따른 고찰에 의해 알 수 있다. 이러한 상황을 식으로 나타내면,

[물질 내부에 저장된 총 에너지]
= [물질 밖으로 일로 배출되는 에너지] + [일로 배출되지 않는 에너지] 1-(3)

이 된다. 즉 일단 물질 내부에 에너지를 저장하면 어떤 일정한 온도에서는 일로 배출되는 분량의 에너지와 일로 배출되지 않는 분량의 에너지로 분배된다. 후자와 같이 물질로부터 밖으로 일로 빠져나갈 수 없는 에너지를 **결합에너지**(bond energy)라고 한다.

보인다! Box 1-4 어떤 일정 온도에서 물질에서 일로 내보낼 수 있는 에너지와 일로 내보낼 수 없는 에너지

물질 내부에 저장된 내부에너지 U의 내역

물질 내부에 저장된 내부에너지(U)를 일로 내보낸다는 관점으로 보면, 어떤 일정한 온도(T)에서 일로 내보내지는 에너지와 그렇지 않은 에너지로 나눠진다.

효율적으로 에너지를 배출하는 경우를 생각하면, 실제 어느 정도의 에너지가 결합되게 되는지 그 양이 신경 쓰이게 되는데, 이는 **엔트로피**(entropy, **기호** S)라고 하는 물질의 열적인 상태를 규정하는 양을 다룬 후에 계산할 수 있다. 구체적으로는 이때의 온도(T)와 엔트로피(S)의 곱 TS로 나타내지만, 그 이유는 다음 장에서 다루기로 한다. 현시점에서는, 물질 내부에 저장된 에너지는 어떤 일정한 온도에서는 모든 양을 일로 배출할 수 없다는 점을 염두에 두기 바란다. **보인다!** Box 1-4에 이 모습을 모식적으로 나타냈다.

1.6 배출 가능한 에너지의 이동방법에 대해서

배출 가능한 에너지의 이동방법에는 어떠한 것이 있을까? 또 그 방법은 자유롭게 선택할 수 있을까?

앞 절에서 물질 내부에서 빠져 나가는 에너지의 이동 방법에 대해 자세히 소개하였다. 1-1절에서 언급했듯이 에너지는 열역학적 일, 전기적 일 등의 여러 가지 방법으로 배출하는 것이 가능하다. 따라서 다음으로는 어떤 방법으로 얼마나 배출할 수 있을지가 중요하다. 물질을 화학 반응 등을 통해서 상태 변화시켜, 그 내부에 저장되어 있던 에너지를 우리가 원하는 방법으로 물질 밖으로 내보내는 경우를 생각하자. 물론 에너지를 배출하는 데에는 가능하면 그 방법에 제한이 없고 가능한 자유로운 것이 좋다.

우리는 태어났을 때부터 같은 환경에 있기 때문에 보통 깨닫지 못하지만, 실은 굉장히 무거운 대기의 밑에서 살아가고 있다. 얼마나 무거운가 하면, 높이 약 10 m의 물의 무게에 상응한다. 즉, 우리는 깊이 10 m의 풀장 밑에서 느끼는 것과 같은 물의 무게로 사방팔방에서 항상 꾹꾹 눌려지고 있는 것이다. 이처럼 무거운 대기 밑, 즉 우리의 일상 환경에서 일정한 온도에서 물질의 상태 변화를 일으키는 경우를 생각하자. 만일 물질의 상태 변화가 부피 팽창을 동반하는 경우, 주위로부터 눌리는 힘에 거슬러 부피를 팽창시켜야만 한다. 그러기 위해서는 내부에 저장된 에너지를 주위의 압력에 거슬러 자신의 부피를 팽창시키는 일로 할당해야 한다. 이 일을 **팽창 일**

(expansion work)이라고 한다. 팽창 일도 피스톤을 누르는 등의 역학적 일을 하기 때문에 일종의 에너지 이동 방법이지만, 이 방법은 부피 팽창에 한정된다. 따라서 내부에너지 중에서 상태 변화에 따라 배출되는 일의 양 중, 배출되는 방법에 제한이 없는 일의 양은, 내부에너지로부터 결합에너지를 빼고 거기에 팽창 일에 해당되는 분을 뺀 나머지라고 할 수 있다. 나머지 분량의 에너지를 **자유에너지**(free energy)라고 한다. 이 모습을 **보인다! Box 1-5**에 정리했다. 실은, 물질의 상태 변화를 생각하는 화학에서는, 상태 변화 전후의 물질의 자유 에너지 변화량이 극히 중요한 의미를 가짐을 다음 장에서 배운다.

보인다! Box 1-5 내부에너지의 내역

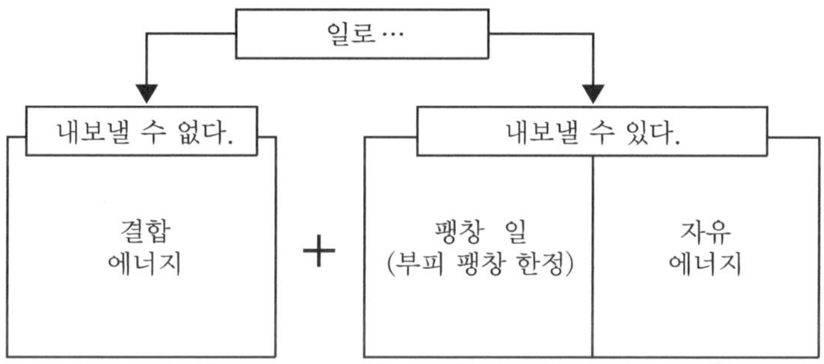

일로 내보낼 수 있는 에너지 분량 중에서 상태 변화의 과정에 따라서는 반드시 모든 양이 자유로운 방법으로 배출되는 것을 아님에 주의하자.

물질의 상태 변화를 생각할 때, 그 과정도 중요하다는 점을 앞 절에서 논하였다. 우리의 일상생활을 생각하면, 화학 반응 들의 물질의 변화로부터 에너지를 어떠한 형태로 배출하여 사용하는 행위는 일정한 압력(대부분은 대기압)하, 물질의 부피 변화를 허용하여 일어나는 경우가 많다. 이러한 변화의 과정을 **정압 과정**이라고 한다. 반면, 물질의 부피 변화를 허용하지 않고 상태 변화하는 것도 가능하다. 이러한 과정을 **정적 과정**이라고 한다. 이 경우에는 대기압에 거슬러서 팽창하기 위한 일에 에너지를 할당하지 않아도 되기 때문에 자유로운 방법으로 배출되는 에너지의 양이, 정압 과정에 비해서 많아지는 것이 예상 가능하다. 즉, 물질의 압력을 일정하게 하여 에너지를 배출할 지, 부피를 변화시키지 않고 에너지를 배출할 지에 따라, 배출가능한 에너지의 양이 바뀌게 된다. 따라서, 상태 변화 과정의 차이에 따라 생각해야 할 자유에너지는 크게 두 가지의 경우로 나뉜다. 전자, 즉 정압 변화를 생각할 때에 편리한 자유에너지는 **깁스[2]의 자유에너지**(Gibbs Free energy, **기호** G)라고 불린다. 한편, 정적 변화를 생각할 때에 편리한 자유에너지는 **헬름홀츠[3]의 자유에너지**(Helmholtz Free Energy, **기호** A **또는** F)라고 불린다. 이러한 구분을 **사용하자! Box 1-1**에 정리했다.

사용하자! Box 1-1 온도 일정하 과정에 의한 자유에너지의 경우 구분

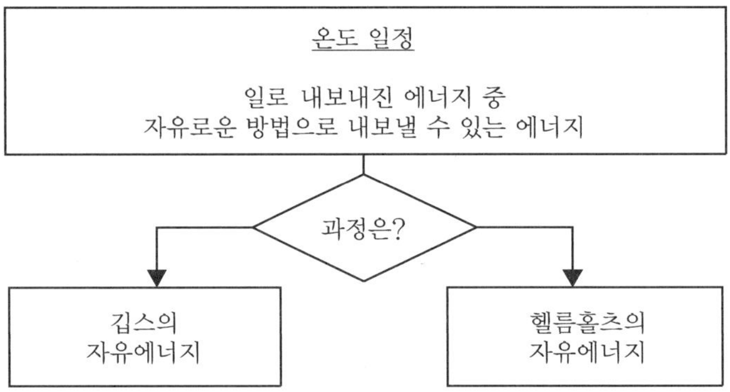

일정한 온도에서 물질 내부에 저장된 에너지를 일로 내보낼 때, 압력 일정의 과정을 겪는가 또는 부피 일정의 과정을 겪는가에 따라 배출할 수 있는 일의 양이 변한다.

---

2) Josiah Willard Gibbs (1839-1903), 미국의 수학자, 물리학자, 물리 화학자. 미국의 과학 분야에서 두 번째로 박사 칭호 및 최초로 공학 박사를 1863년 예일 대학에서 얻었다. 이후 예일 대학에 머물며 무급으로 연구를 계속해, 불균일한 물질의 평형에 관한 논문을 1878년에 발표, 이것이 유럽의 과학자들에게 인정받아, 1980년에 예일 대학에서 직업을 얻는다. 열역학에서의 상률(phase rule)의 발견 등 이론 연구에 많은 공헌을 했다.

3) Hermann Ludwig Ferdinand von Helmholtz (1821-1894). 독일의 생리학자, 물리학자. 가정의 경제 사정으로 대학에 진학하지 못하고, 주의 장학금으로 의학을 배워, 상환 면제 때문에 군의관을 지낸 후, 대학 교수 및 연구소장으로 역임한다. 19세기 최대의 과학자 중 한 명으로, 열역학 제1법칙(에너지 보존법칙)의 확립 등 열역학 분야뿐만 아니라 생리학, 음향학, 광학, 전자기이론 등의 분야에도 업적 다수이다.

물질 내부에너지 U중, 그 일부분을 차지하는 G와 A의 내용물과 이들과 U와의 관계, 또한 이 관계들이 구체적으로 어떻게 계산되는지, 그리고 이러한 것들이 화학의 모든 문제에 어떻게 응용되는지에 대해서는 다음 장 이후에서 자세하게 다루도록 한다. 이 자유에너지의 계산, 구체적으로는 화학 반응 및 상태 변화 전후의 자유에너지의 변화량을 계산할 수 있게 되면, 처음 1-1절에서 논했던 여러 가지 혜택을 받을 수 있다. 현시점에서는 어떤 과정을 거쳐 물질을 변화시키냐에 따라 고찰해야 할 자유에너지가 크게 두 가지로 나뉜다는 것을 염두에 두면 된다. 다음 장 이후에서 좀 더 구체적으로 이러한 양의 계산에 들어가자.

1장 연습문제

1-1 우리 주변의 물질 중에서, 에너지를 저장하기도 하고 에너지를 다른 형태로 변환하기도 하는 것의 예를 나열해 보자.

제1장 연습문제해답

1-1 다음 장 이후의 본문 중에 여러 가지 구체적인 예를 들고 있으므로 참고하기 바란다. 또한 이 책의 말미에 도움이 되는 책을 소개하고 있으므로 참고하기 바란다.

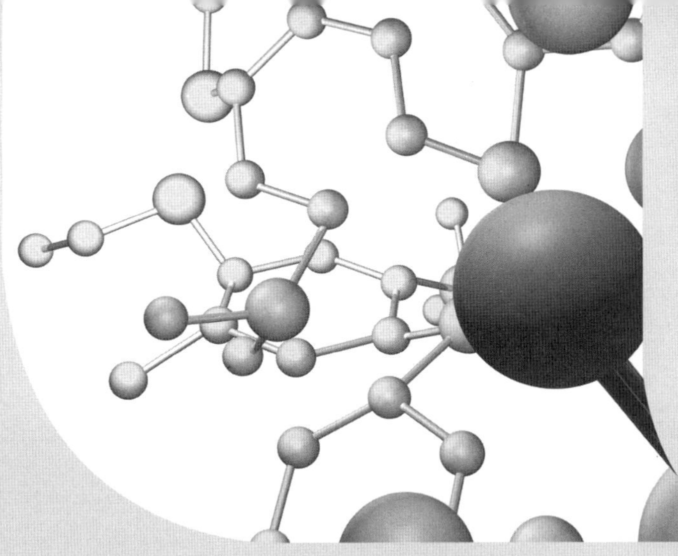

제 2 장

내부에너지와 열역학 제1법칙

앞 장에서는, 내부 에너지(U), 이 책의 이해 목표인 깁스자유에너지(G)와 헬름홀츠 자유에너지(A)를 간단히 소개했는데, 이들은 모두 물질의 내부에 존재하는 에너지의 상태를 나타내는 양이다. 따라서 물질의 상태가 변화할 경우에는, 당연히 이들 값이 변하는 것이 예상된다.

그럼 물질의 상태변화가 일어날 때, 이 에너지 상태를 나타내는 양과, 물질 밖으로 이동가능한(배출할 수 있는) 에너지량과의 관계는 어떻게 나타낼 수 있을까? 또 에너지의 이동 방법에는 어떠한 것이 있을까. 여기서는 내부에너지의 변화와, 에너지의 이동 방법인 열과 일의 양적 관계를 고찰한다.

2.1 자신이 다루려고 하는 대상(계)을 우주 전체로부터 잘라내자

열역학은, 우선 자신이 무엇을 고찰하고 싶은지를 결정하는 것부터 시작한다.

앞 장에서는 물질의 내부에 저장된 에너지, 즉 내부에너지를 얼마나 외부에 배출하는지를 생각했다. 그리고 배출하게 된 경우, 일로 내보내지는 것과 그렇지 않은 것이 있다는 것을 배웠다. 여기서 물질의 내부 및 외부라고 하는 단어가 사용되었는데, (화학) 열역학에서는 우선, 어떤 물질을 대상으로 하는지를 명확하게 하는 것부터 시작된다. 대상이 되는 물질은 인간이어도 좋고, 또는 지구여도 좋다.

열역학 법칙은, 생각하고 있는 **계**(system)와, 그 외부인 **외계**(surroundings) 사이의 에너지의 주고받음의 형태로써 기술된다. 이 때, 계와 외계의 경계는 그대로 **경계**(boundary)라고 부른다. 이런 모습을 그림 2-1에 나타냈다. 물질의 상태를 변화시켜 물질 내부 에너지를 배출할 때, 반대로 외계로부터 물질에 에너지를 주입하여 물질 내부에 에너지를 저장할 때, 경계를 넘어 여러 가지 방법으로 에너지를 주고받는다.
그 중에는, 실체가 있는 물질 그 자체를 주고받음으로써 에너지를 주고받는 경우도 있다.

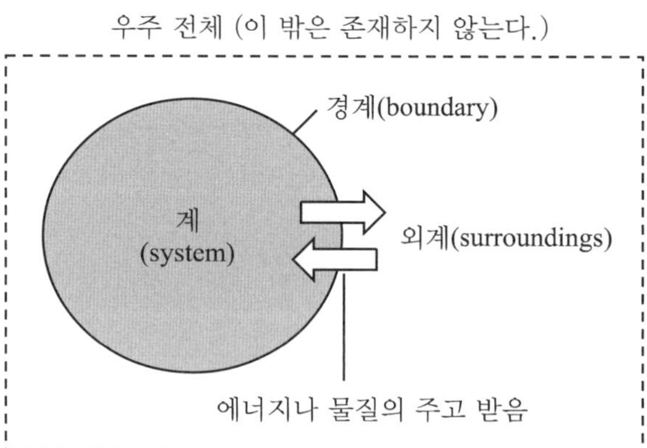

그림 2-1 우주 전체로부터 고찰 대상인 「계」를 잘라내다.

계는 외계와의 에너지 및 물질의 주고받음의 조건에 따라, **고립계**(isolated system), **닫힌계**(closed system), **열린계**(open system)의 세 가지로 크게 분류된다(사용하자! Box 2-1). 고립계는 외계와 에너지도 물질도 주고받지 않는 계, 닫힌계는 외계와 에너지는 주고받지만 물질은 주고받지 않는 계, 개방계는 에너지도 물질도 주고받을 수 있는 계를 말한다.

사용하자! Box 2-1 외계와의 에너지나 물질의 주고받음의 가능성에 따른 계의 분류

계의 종류	경계를 넘는 이동 가능성		온도 일정 하의 자발 변화의 방향성의 판정
	에너지	물질	
고립계	×	×	엔트로피 변화
닫힌계	○	×	자유 에너지 변화
열린계	○	○	화학 포텐셜 변화

계의 종류에 따라서, 온도 일정 하에서의 자발적인 변화의 방향성의 판정에 사용되는 열역학량이 달라지게 되므로, 자신의 고찰 대상이 어떤 계로 분류되는지 반드시 의식하도록 하자. 물질 변화를 따르는 화학에서는 열린계를 다루는 경우가 대부분이다.

계에 관한 이 세 가지의 분류에 기초하여, 자신이 생각하는 계가 어떤 계인지를 우선 파악하는 것이 열역학적인 고찰을 하는데 중요하다고 하는 것도, 자발적인 변화의 방향성을 생각할 때, 가정하고 있는 상태 변화가 일어날 수 있을지 없을지의 판단에 편리한 열역학량이 이러한 계의 차이에 따라 달라지기 때문이다. 이에 대해서는 제7장 이후에 논한다.

우주 전체는 그 바깥쪽에는 세계가 없다고 가정되기 때문에, 고립계라고 생각할 수 있다. 열을 전달하는 것이 가능한 소재로 만들어진 밀폐 용기에 갇힌 물질은 에너지를 주고받을 수 있지만, 외계와 물질을 주고받을 수는 없기 때문에 닫힌계로 분류된다. 한편, 뚜껑이 열린 반응 용기나 음식을 섭취 및 배출하는 생물과 같이 에너지나 물질 모두를 외계와 자유롭게 주고받을 수 있는 물질은 열린계로 분류된다. 실은 화학이나 생물이 대상으로 하는 대부분의 계는 이러한 열린계이다. 개방계의 화학 열역학은 제8장 이후에서 다루도록 한다.

2.2 처음 상태와 나중 상태가 열역학적 평형에 달하는지를 확인하자

> 당신은, 아직 열역학적 평형에 달하지 않은 상태에서, 온도나 부피, 압력 등을 적용시키고 있는 것은 아닌가?

앞 절에서는 고찰하는 대상 물질 −계−를 먼저 확실히 하는 것을 배웠다. 다음으로, 계가 상태 변화를 하는 것을 생각하자. 이 때 계의 시작 상태를 **처음 상태**(initial state), 끝난 상태를 **나중 상태**(final state)라고 한다. 계의 처음 상태, 나중 상태는 모든 상태에 적용되는 것이 아니고, 열역학적인 계산을 하기 위해서는 모든 상태가 **열역학적 평형상태**(thermodynamic equilibrium state)일 필요가 있다. 그렇다면 이 열역학적 평형이란 어떤 상태일까?

계가 열역학적 평형에 달하기 위해서는, 아래의 3요소를 충족해야 한다.

(1) 계의 내부 온도가 어디든 균일하여, 계의 내부에 온도가 높은 부분이나 낮은 부분이 있는 등 불균일하지 않다.
(2) 계의 내부 압력이 어디든 균일하여, 계의 내부에 압력이 높은 부분이나 낮은 부분이 있는 등 불균일하지 않다.
(3) 계의 내부에서, 물질의 농도(조성)의 불균형이 없다.

(1)은, 열적 평형 조건이라고 할 수 있다. 만일 계의 내부에 온도의 고저차가 있다면, 온도가 높은 곳부터 낮은 곳으로 열의 이동이 일어나며, 아직 열적 평형에 달하지 않았다고 판단된다. 그리고 계의 내부에 온도의 고저차가 있다면, 한 가지의 온도 T로 계를 대표할 수 없다.

(2)는, 역학적 평형 조건이라고 할 수 있다. 만일 계의 내부에 압력의 고저차가 있다면, 압력이 높은 쪽에서 낮은 쪽으로 부피의 팽창 등이 일어나, 계의 압력 P와 부피 V가 일정한 값으로 정해지지 않는다.

(3)은, 화학적 평형 조건이라고 할 수 있다. 아직 계 내부에 화학 반응이 진행 중인 경우, 최종적인 물질량 n과 각 성분의 조성비가 최종적으로 정해지지 않는다. 또한, 예를 들어 물 속의 소금 결정이 용해 및 석출되는 중과 같이 계의 내부에서 농도나 밀도가 일정하지 않을 경우에는, 이들을 한 가지의 값으로 대표할 수 없다.

만일, 아직 계가 위의 (1)~(3) 중의 어떠한 변화가 발생하면, 변화가 없는 상태로 안정될 때까지 시간을 두고 기다린다. 이 모습을 모식적으로 그림 2-2에 나타냈다. 화학 열역학의 법칙과 식을 적용하기 위해서는, 각각이 계의 모든 곳에서 일정한 상태, 즉 평형 상태에 달할 때까지 기다려야 할 필요가 있다. 하지만, 이런 일정한 상태에 달하기까지의 시간이 우리의 일상 시간 스케일에 비해 충분히 길 경우에는, 언뜻 보기에는 변화가 멈춰 있는 것처럼 보인다. 이를 **정상 상태**(steady state)라 부르며, 이미 열역학적 평형 조건에 달해 있다고 착각하기 쉬우므로 주의를 요한다. 열역학적 평형 조건이 갖추어지면, 온도, 압력, 부피, 물질량(조성)의 적은 수의 열역학적 변수에 의해 극히 많은 수의 원자 및 분자의 집합체로 이루어진 계의 상태를 대표하여 나타내는 것이 가능하다.4)

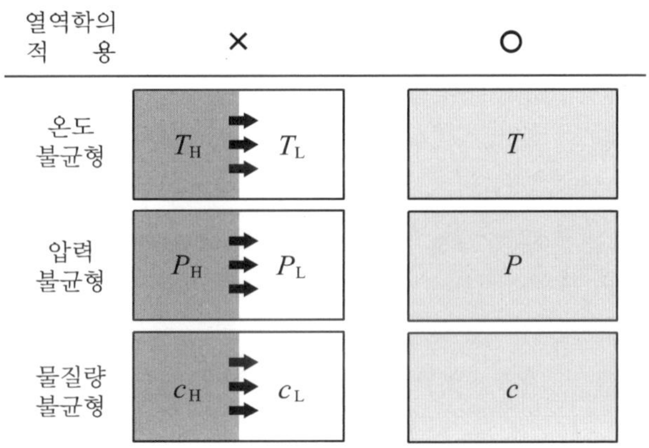

그림 2-2 계가 열역학적 평형에 도달할 때까지 기다린다.
그림 속의 온도(T), 압력(P), 물질 농도(c)의 첨자의 기호 H는 높은 부분, L은 낮은 부분을 나타낸다.

4) 열역학적 평형 상태에 달하지 않으면, 이후의 화학 열역학적 고찰의 순서에 적용할 수 없는 점은, 열역학 및 화학 열역학의 한계라고도 말할 수 있다. 하지만 이는, 극히 많은 수의 원자 및 분자의 집합체로 이루어진 계의 상태를, 극히 적은 수의 열역학적 변수로 다룰 수 있다는 굉장히 큰 이점을 위한, 어쩔 수 없는 제약 조건이라고 말해진다. 아직 변화하는 중의 동적인 계를 다루고 싶은 경우에는 비평형 열역학 및 동역학(kinetics)이라고 불리는 학문 체계가 있으므로, 흥미나 관심이 있는 학생들은, 반드시 책 말미의 참고 문헌에 소개된, 그 방면의 입문서나 교과서를 참고하길 바란다.

2.3 내부에너지 변화와 열역학 제1법칙

> 당신은, 에너지는 새롭게 만들어 내는 것이 가능하거나, 혹은 사라져버릴 수 있는 것이라고 생각하고 있지는 않은가?

어떤 물질이 부피가 변화하거나 물질을 구성하는 원자의 결합의 조합이 변화하는, 즉 화학 반응을 일으켰다고 하자. 이 때 열로써 에너지가 방출되기도 하고, 일로써 무언가를 움직이는 힘이 생겨나는 등, 변화하는 물질과 외계 사이에 에너지의 주고받음이 생겨난다. 따라서 물질 내부에는 원래 어떠한 에너지가 어느 정도 저장되어 있다고 생각하는 것이 자연스럽다고 말할 수 있을 것이다. 그래서 제1장에서는 물질 내부에 저장된 에너지를, 내부에너지 U라고 두었다.

하지만, 이렇게 해두는 것만으로는 금방 벽에 부딪히게 된다. 왜냐하면 물질 내부에 저장된 에너지의 절대값을 간단히 알 방법이 없기 때문이다. 그 물질에 온도계를 꽂는다면 언뜻 알 수 있을 것 같기도 하다. 그렇다면 같은 온도를 나타내는 두 가지의 다른 물질이 있다고 가정하여, 외계에서 열 에너지를 가해서 같은 정도로 온도를 상승시키는 경우를 생각해 보자. 그러면 필요한 열 에너지량이 물질의 종류에 따라 다른 것을 알 수 있다. 즉, 온도는 내부에 저장된 에너지의 총량과는 직접적으로 연관되지 않다는 것을 알 수 있다. 온도와 저장된 에너지의 총량을 이렇게 구별한 것은, 열역학의 발전에 있어서 중요한 이정표가 되었다.

아무래도 내부에너지의 절대값 U을 의논하는 것은 보통 수단으로는 안 될 듯하다. 여기서 발상을 바꿔서, 내부에너지의 절대값을 구하는 것은 일단 포기하고 상태 변화의 전후, 즉 나중 상태와 처음 상태의 내부에너지의 차이를 생각하도록 하자. 실제 우리는 이미 어떤 에너지를 저장하고 있는 물질에 외부에서 어떠한 조작이나 변환을 행할 때, 어느 정도의 에너지가 그 물질에서 외계(환경)로 배출되는지 그 양 자체에 흥미가 있다.

그렇다면 고찰하는 대상인 물질, 즉 계가 외계와 열이나 일과 같은 방법으로 에너지를 주고받을 경우, 처음(처음 상태)의 내부에너지 값에서 주고받은 후(나중 상태)의 값과의 차이, 즉 변화량을 생각해 보자. 이 때 처음 상태와 나중 상태의 내부에너지의 절대값을 각각 U라고 두자. 여기서 첨자 i는 initial state(처음 상태)의 앞글자, f는 final state(나중 상태)의 앞 글자에서 따왔다. 이 첨자는 이후에도 빈번하게 사용된다. 일단 이렇게 가정한 것뿐으로, 이들의 절대값은 몰라도 된다.

계가 새로운 상태로 변화하거나, 그 변화의 과정에서 외계에 대해 어떠한 일을 했을 경우 반드시 계는 외계와 열을 주고받는다. 계는 외계로부터 열을 받아서 그 일부를 변환하여 외계에 대해 일이라는 방법으로 에너지를 이동하거나, 계 자체의 형태를 변화시키는 데에(예를 들면, 얼음에서 물로의 변화나 원자간의 결합 그 자체가 변화하는 화학 반응 등에) 이용한다. 이 때 주의 깊게 계와 외계 사이에 주고받는 열량이나 일량을 측정하면, 주고받거나 저장되는 에너지의 총량은 새롭게 증가하거나 감소하지 않고 그저 그 형태를 바꿀 뿐이라는 것을 알 수 있다.

여기서 계에 주어지는 열량을 Q, 계에 주어지는 일량을 W라고 하면, 원래 물질 내부에 내부에너지 U_i가 저장되어 있었기 때문에, 이 조작이 완료되었을 때의 내부에너지 U_f는

$$U_f = U_i + Q + W \qquad 2\text{-}(1)$$

라고 나타낼 수 있다. 이 때 계의 내부에너지의 변화량 ΔU는 2-(1)식에 의해 아래와 같이 기술된다.

$$\Delta U = U_f - U_i = Q + W \qquad 2\text{-}(2)$$

이 식은 **열역학 제1법칙** (the first law of thermodynamics)을 나타내며, 그 본질은 에너지 양에 관한 보존 법칙이다. 2-(2)식이 나타내는 내용을 **보인다! Box 2-1**에 나타냈으므로 참고하길 바란다. 계에 가해진 에너지는 어떤 형태로 변환되어 보존되는지는 알지 못해도 열이나 일 등의 방법으로 외계에서 계에 이동된 에너지의 총량은 '계의 내부에너지의 증가'와 같은 형태로 보존되고 있다는 것을 나타내고 있다.

앞에서 말했듯이, 내부에너지의 절대값은 그렇게 간단히 짐작할 수 없기 때문에, 이 법칙은 변화 전후의 내부에너지의 변화량 ΔU으로 기술되어 있는 것에 주의하기 바란다. 학생 여러분의 시험 답안을 보면, $U = Q + W$라는 실수를 적잖이 발견한다. 이는 계의 에너지 상태를 나타내는 양과 계와 외계 사이에 주고받는 에너지의 이동량을 혼동해버린 전형적인 오류이다. 이 개념을 **사용하자! Box 2-2**에 정리하였으므로, 이 법칙에 기초하여 계산할 때에 잘못 사용하지 않기 바란다. 또한, 열이나 일은 에너지의 「이동」의 형태와 그 양을 나타내기 때문에, 방향이 중요하다. 국제적인 규칙으로 외계에서 계에 열이나 일의 형태로 에너지가 이동할 경우의 값을 양이 되도

보인다! Box 2-1 외계에서 계로의 에너지 전달 방법의 내역과 그 양, 그리고 내부에너지 변화량과의 관계

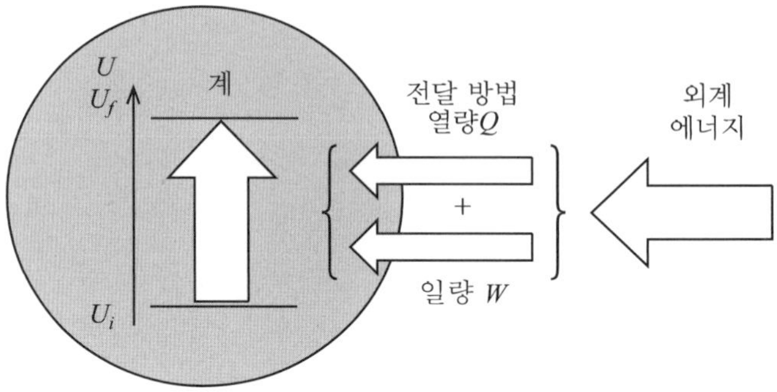

$$\Delta U = U_f - U_i = Q + W$$

외계에서 계로의 에너지 전달 방법은 열적 혹은 역학적인 것으로 분류되지만, 그 총량은 보존된다.

사용하자! Box 2-2 열역학 제1법칙의 표시

× $U = Q + W$ (자주 있는 오류)

○ $\Delta U = Q + W$

좌변을 상태량 U의 나중 상태와 처음 상태의 차,
즉 변화량(Δ)으로 나타낸다는 것에 주의하자!

록 정해져 있다. 따라서, 만일, 계에서 외계로 열이라는 형태로 에너지가 3 J 이동했다면, 기호는 그대로지만 $Q = -3$ J이 되고, 음의 값을 취하는 것에 주의하자.

2-(2)식은, 계가 외계로부터 열이나 일의 형태로 에너지를 받는다면 "그것을 내부에너지로 저장한다"는 것을 나타내기 때문에 언뜻 보기에는 당연하게 느껴진다. 하지만 잘 생각해 보면, 신기하다. 즉, 에너지는 계와 외계의 경계를 통해서 출입할 때, 그 전달되는 방법은 다르지만 그 총량 자체는 잃어버리거나 새롭게 생겨나지 않는다고 바꿔 말할 수 있다.

우리는 일상생활에서 「에너지 방전」이라는 단어를 사용한다. 이는 어떤 물질에 어떠한 일을 하려고 할 때, 콘센트로부터 전기나 탱크로부터 가솔린 등을 어떠한 형태로서 물질에 에너지를 주입하여 그 물질에 어떠한 동작(일)을 하게 되면, 새롭게 에너지가 되는 무언가를 보급하지 않는 한 언젠가는 반드시 그 동작이 멈추게 된다는 것을 알고 있기 때문이다. 하지만 이것은 「일」이라는 에너지 이동의 방법만을 생각한 경우의 이야기로, 여기에 「열」과 같은 다른 에너지 이동 방법을 생각했을 때, 이들 양의 총합은 도중에 사라지거나 늘어나는 일 없이 확실히 보존된다는 것을 의미하게 된다. 이처럼 2-(2)식은 우변을 원인, 좌변을 결과로 보고 내부에너지를 저장한다는 관점으로부터 에너지 총량 보존의 관점으로 잘 설명된다.

한편 반대로, 즉 좌변을 원인, 우변을 결과로 한 다른 견해도 유용하다. 만일 어떠한 요인에 의해 물질의 내부에너지가 변화할 경우, "물질로부터 외부로의 에너지 배출 방법은 크게 두 가지로 나뉜다."라고 해석할 수 있다.

실은 에너지 이동 방법을 열과 일로 구분한 것은 획기적인 것이다. 하지만 **열역학 제1법칙**은 적어도 양이라는 관점에서는 "열량과 일량은 같다"는 것을 의미한다. 에너지 단위에 그 이름을 남긴 줄[5]은, 물통 안에 날개바퀴를 붙여 날개바퀴와 추를 도르래를 통해 연결해 추의 낙하에 의한 날개바퀴를 돌리는 일량과 수온의 상승으로부터 열의 일당량이라고 불리는 다음의 관계식(현재는 더 정밀도가 높은 값으로 바뀜)을 도출하였다.

$$1\ \text{cal} = 4.184\ \text{J} \qquad 2\text{-}(3)$$

이는 지금도 자주 이용되는 관계식이다.

5) James Prescott Joule (1818-1889), 영국의 실험가. 자택과 가업의 영조 공장 내에 세워진 실험실에서 에너지에 관한 선구적인 실험을 행하였다. 20대에, 전기적 일이나 역학적 일과 열의 등량성을 도출해 낼 여러 가지 실험을 행해, 에너지 보존 법칙을 실증적으로 도출해냈다. 30세를 맞이하는 1847년, 당시 22세의 윌리엄 톰슨(후의 켈빈 경)에게 그 일의 중요성이 발견되어, 1850년에 왕립협회의 회원으로 선출된다. 그의 에너지에 관한 일련의 훌륭한 실험을 칭송받아, SI 단위계의 에너지 단위 J(줄)에, 그의 이름이 새겨졌다.

2.4 내부에너지와 상태 함수

당신은 상태 함수와 경로 함수를 확실히 구별할 수 있는가?

앞장에서 변화 전후의 상태와, 그 사이를 연결하는 과정 모두를 파악하는 것이 중요하다는 것을 배웠다. 그럼, 물질이 기체일 경우, 그 상태를 규정하기 위해서는, 고등학교의 화학에서는 온도, 압력, 부피, 물질량 n (mol) 등의 양이 나왔다. 만일 물질이 이상기체일 경우에는 아래의 **이상기체의 상태 방정식**이 성립하므로, 어떤 한 가지를 몰라도 남은 상태량만 측정할 수 있다면 알아 낼 수 있다.

$$PV = nRT \tag{2-(4)}$$

그렇다면 물질 내부에 저장된 내부에너지 U의 값은 온도, 압력, 부피, 물질량 n (mol)을 규정한다면 유일한 값으로 정해질까? 만일 같은 온도, 압력 등을 규정해도, 내부 에너지의 값이 한 가지로 정해지지 않다고 가정하자. 지금, 어떤 상태 1 (P_1, T_1, V_1, n_1)에서 다른 상태 2(P_2, T_2, V_2, n_2)로 바뀌는 경우를 생각하자. 이 때 상태 1, 2의 내부에너지를 각각 U_1, U_2라고 하자. 지금, 상태 1에서 상태 2로 가는 방법으로 두 가지의 경로 A, B를 생각했다고 하자(그림 2-3을 참고하길 바란다). 만일, 상태 2에 도달하는 경로의 차에 의해, 상태 2의 내부에너지 U_2가 다른 값을 갖는다 하면, 경로 A를 거칠 경우의 상태 2의 내부에너지를 U_{2A}, 경로 B를 거칠 경우의 내부에너지를 U_{2B}라고 하자. 만일, U_{2A}의 경우가 U_{2B}보다도 크다면, 상태 1 → 경로 A → 상태 2 → 경로 B의 반대 → 상태 1 → 경로 A⋯⋯ 와 같이 빙글빙글

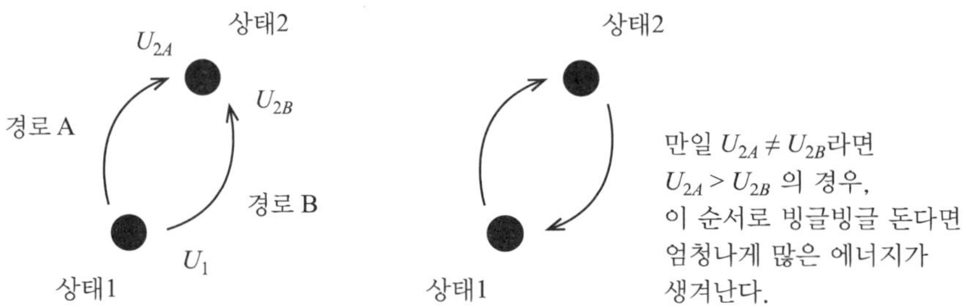

그림 2-3 내부에너지는 상태량일까 아닐까

사이클을 돌리면, 내부에너지는 1사이클 돌 때마다 $U_{2A} - U_{2B}$만큼 저장되어, 무한히 에너지를 만들어내는 것이 가능하다.

이는 무한히 에너지를 만들어 내는 꿈의 기관(**영구기관**)이다. 인류는 지금까지 영구기관의 실현을 위해 굉장히 노력해 왔지만 이는 실현되지 않았으며, 자연계에도 이에 상응하는 기괴한 현상은 지금까지 한 번도 관측되지 않았다. 따라서, 만일 상태2의 온도, 압력 등을 규정했다면, 대응되는 내부에너지 U_2도 어떤 한 가지의 값으로 정해진다고 생각하는 것이 타당하다. 그러면 내부에너지 U는, 그 상태가 실현된 경로와 상관없이 계의 상태, 즉 온도, 압력, 부피 등의 상태 변수가 결정되면 일정한 값으로 정해지는 것이라고 할 수 있다. 내부에너지와 같이, 계의 상태 변수만으로 일정한 값을 갖는 것을 **상태 함수**(state function)라고 한다. 상태 변수도 상태 함수도 계의 상태가 정해지면 그 값이 일정해지므로 상태량이다.

앞서, 에너지를 생각할 때에, 도중의 경로를 생각하는 것이 중요하다고 논했지만, 이런 상태량은 도중 경로를 불문하고 그 값이 일정하게 정해지므로 과거의 경력에 좌우되지 않는 굉장히 다루기 쉬운 열역학량이다. 실제로 거쳐 온 경로가 계측 불가능 혹은 계산 불가능한 경우에도, 처음 상태와 나중 상태를 움직이지 않고, 도중의 경로를 계측 혹은 계산 가능한 다른 경로로 처음 상태와 나중 상태를 연결할 수 있다면, 실제 지나온 경로를 알지 못해도 상태량의 변화량을 계산 가능하다. 만약, 상태변화가 정적 변화, 즉 부피 변화를 동반하지 않는 경우에는 계는 외계로부터 팽창 일에 대한 영향을 받지 않기 때문에, 다른 전기적 일 등도 행해지지 않았을 경우에는 $W = 0$가 되며 열역학 제1법칙에 의해 $\Delta U = Q_V$가 된다. 여기서 Q의 첨자 V는 부피 일정이라는 조건이 붙어있음을 나타낸다. 즉, 내부에너지 변화는, 정적 반응열을 나타낸다.

내부에너지에 관한 다른 한 가지 중요한 점을 논해놓자. 이상기체의 경우, 내부에너지는 부피에 관계없이 온도만으로 이루어진 함수가 된다. 이는 이상기체에 관한 줄의 법칙이라고 불리며, 줄에 의해 실험적으로 발견된 법칙으로, 8장의 8-2절에서 소개한 화학 열역학의 관계식으로 증명할 수 있다. 이상기체일 경우, 2-(4)식이 성립하므로, 1 mol의 이상기체에 대한 부피와 온도가 정해진다면 남은 압력은 자동적으로 결정된다. 기체의 내부에너지는 줄어드는 일이 없기 때문에, 그 부피와는 관계없이 온도만으로 이루어진 함수가 된다. 이상기체의 경우, 부피가 팽창해도 온도 변화가 없다면 내부에너지의 변화가 없다고 말할 수 있다.

상태량인 내부에너지 U의 변화량 ΔU와, 계가 외계로부터 받는 열량 Q나 일량

W는, 열역학 제1법칙에 의해 $\Delta U = Q + W$로 관계 지어졌는데, Q나 W는 상태량이라고 할 수 있을까? 답은 '아니요'이다. 원래 상태를 나타내는 양이 아니다. 주고받는 에너지의 이동 방법과 그 양을 나타낸다고 해버리면 끝이지만, 확인을 위해 표 2-1을 보기 바란다. 확실히 같은 ΔU값을 갖는 경우에도, 그 변화의 과정, 즉 경로의 차이에 따라 Q와 W가 여러 가지 조합으로 실현될 수 있다는 것은 자명하다. 열량이나 일량과 같이 경로에 의존하는 것을 **경로 함수**(path function)라고 한다. 그렇다면 과정을 일단 정하면 Q나 W를 구할 수 있을까? 다음 장에서는, 우리의 일상생활에서 가장 일반적인 '일정 압력 하'라는 경로(과정)에서 상태 변화시켰을 경우의 계와 외계의 열과 일의 교환을 생각하자.

표 2-1 내부에너지 변화와 열량 및 일량간의 관계

ΔU	Q	W	계가 에너지를 주고받는 모양새
5	0	5	일이라는 방법만으로 얻는다
5	5	0	열이라는 방법만으로 얻는다
5	2	3	일과 열, 두 가지의 방법으로 에너지를 얻는다
5	8	−3	열로서 얻고, 외계에 일을 한다.
5	−2	7	열로서 받고, 외계에 열로 방출한다

어떤 경우도, 계의 내부 에너지 변화는 같다는 점에 주의하자. 여기서는 ΔU=5로 예를 들었다.

마지막으로, 이후의 열역학 제1법칙을 사용한 계산에 편리한, 미분형식으로 열역학 제1법칙을 표현해두자.

우선 2-(2)식은 적분형식이라고 불리며, 그 형태는 아래와 같다.

$$\Delta U = Q + W \qquad 2\text{-}(5)$$

이 때, 상태 변화가 아주 근소하고, 내부에너지의 변화량이 극히 적을 경우에는

$$\delta U = \delta Q + \delta W \qquad 2\text{-}(6)$$

라고 나타낼 수 있다. Q와 W의 앞의 미소량의 기호를 d가 아닌 δ로 표현한 것은, 이들이 상태량이 아님을 구별하기 위해서이다. 이 때, 무한하게 작은 미소 변화량 dU를 그 과정에 따라 모두 더해 가면 처음 상태와 나중 상태의 변화량이 되기 때문에,

$$\Delta U = \int_{U_i}^{U_f} dU \qquad 2\text{-}(5)$$

라고 나타낼 수 있다. 미분이나 적분이라면 뒷걸음 치는 학생들도 있을지 모른다. 하지만 계산에 사용되는 입장에서는, 미분은 대충 미소량의 값을 적분은 그 미소량의 덧셈 정도로 파악해 두어도 상관없다. 이러한 모양을 모식적으로 그림 2-4에 나타내었다. 그림 2-4의 상단은 경로를 의식한 그림이다. '천리길도 한 걸음부터'라는 말이 있는데, 경로상의 dU(근소한 한 걸음)를 처음 한 걸음부터 점점 쌓아간다면, 필히 종점에 도착한다. 그림 2-4의 하단은, 밀 크레페라는 얇은 생지를 층층이 쌓아 만든 케이크를 떠올리면 된다. "두께가 dU인 얇은 생지를 한장 한장 점점 U_i부터 U_f에 도달할 때까지 더해간다면, 그것은 ΔU의 두께가 된다"라고 2-(7)식은 나타내고 있을 뿐이다. 덧붙여서 밀 크레페의 밀은 프랑스어로 '천(千)' (즉, 많은)이라는 의미이다. 아직 고등학교에서 '미분'을 배우고, '미분'을 그래프의 기울기를 구하는 방법이라고 생각하고 있는 학생이 있는데, '미분'과 '미분계수'를 혼동하고 있는 것이다. 이들의 차이를 **사용하자! Box 2-3**에 정리해놓았으므로, 이 기회에 다시금 확인하기 바란다.

사용하자! Box 2-3 미분과 미분 계수를 혼동하지 말자

	미분		미분 계수
	$dx\ dy$	$\neq$	$\dfrac{dy}{dx}$
개 념	「양」		「비」
사용법	무한하게 작은 양을 나타낸다		그래프화한 경우 기울기(의존성)를 나타낸다

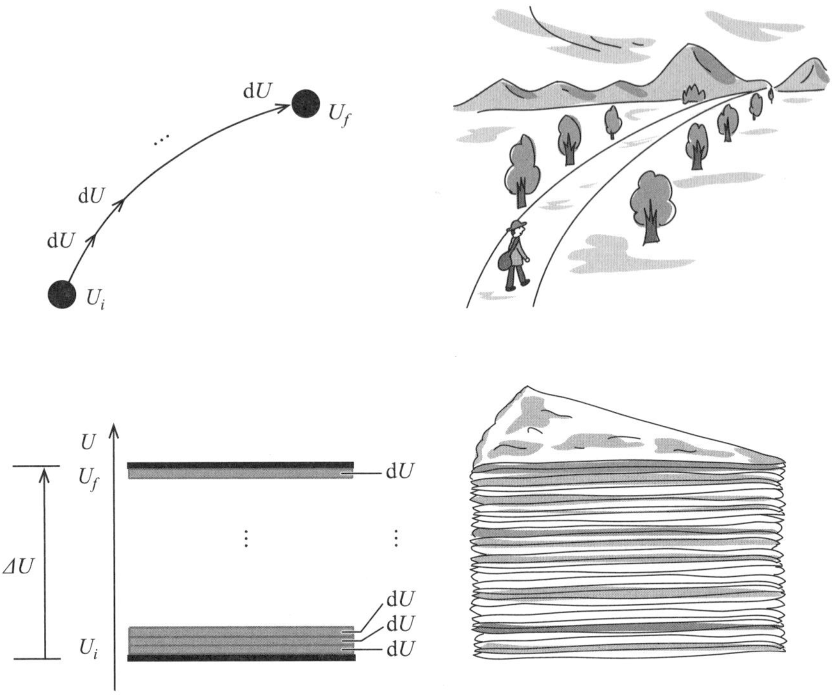

그림 2-4 변화량은 미분의 덧셈으로 구할 수 있다.
(위)경로를 의식한 그림 (아래)적산(積算) 한 그림

2장 연습문제

2-1 1.0 kg의 용기에 들어있는 밀도 1.0 g cm^{-3}의 액체 10 dm^{3}을, 지상으로부터 50 cm 들어 올리면, 몇 cal의 열량을 소비할까? 단, 중력 가속도를 9.8 ms^{-2}라고 한다.
또, 1 dm^3 = 10^{-2} m^3, 1 cal = 4.184 J이다.

힌트 (물체에 작용하는 중력) = (중력가속도) × (질량) 으로 나타낸다.

2-2 10 m의 높이에서, 1.0 kg의 물체를 1.0 dm^{3}의 물 속에 자연낙하시켰다. 물의 온도 상승을 구하여라. 단, 물의 비열을 1.0 cal K^{-1}cm^{-3}, 중력가속도를 9.8 ms^{-2}라고 한다. 단, 1 dm^3 = 10^{-2} m^3, 1 cal = 4.184 J이다.

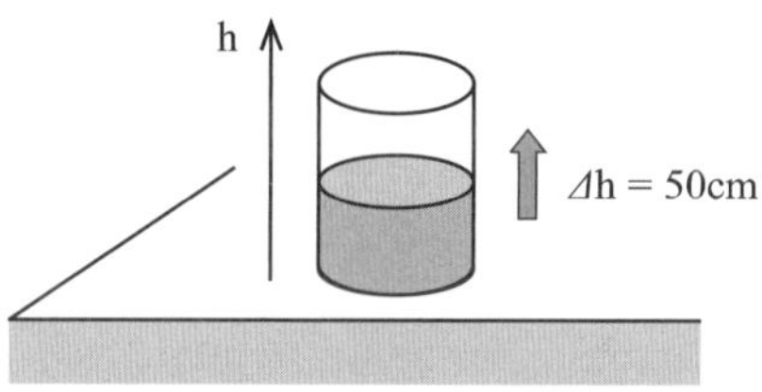

2-3 (부피) × (압력)으로 얻어지는 양이 에너지의 차원을 가짐을 나타내라. 또, 1.0 dm^{3}bar의 에너지를 (1) J, (2) cal의 단위로 환산해라.

2-4 100 g의 총알(비열 0.7 J K^{-1}g^{-1})이 200 ms^{-1}의 속도로 날아와서, 열전도율이 극히 낮은 물체에 충돌하여 정지하였다. 총알은 얼마나 뜨거워질까?

2-5 마루 면적 10 m^2, 천장 높이 2.0 m의 방의 공기(10℃, 1 atm)의 온도를 10℃ 상승시키기 위해서는, 1.0 kW의 히터를 몇 분간 켜두면 될까?
또한, 공기 1 mol의 온도를 1.0℃ 상승시키기 위해 필요한 열량을 7.1 cal라고 한다. 단, 1 cal = 4.184 J, 1 atm = 1.01×10^5 Pa이며, 기체정수 R = 8.314 J K^{-}1 mol^{-1}이다. 그리고, 단위W은, J S^{-1}으로 환산 가능하다.

힌트 1. 기체의 상태 방정식을 이용하여, 방의 공기의 부피로부터 방의 공기의 몰수를 구하여라.
2. 1mol의 공기의 온도를 10K 상승시키기 위해 필요한 열량 칼로리 수를 구하여라.

2-6 지구 표면에서 1.0 kg의 질량이 면적 1.0×10^{-2} mm^2의 바늘 끝을 누르고 있을 때의 압력을 단위 Pa과 atm으로 구하여라. 중력가속도를 9.8 ms^{-2}라고 하자. 또, 1 atm = 1.01×10^5 Pa이다.

2장 연습문제해답

2-1 우선, 각 값의 단위계를 통일하자. 예를 들어 MKSA단위계에서 무게, 길이, 시간의 단위는 각각, kg, m, s이다. 또한 J = kg m^2s^{-2}로 고쳐 쓸 수 있다.
액체의 밀도 : 1.0 g cm^{-3} = 1.0×10^3 kg m^{-3}
액체의 부피 : 10 dm^3 = 1.0×10^{-2} m^3
용기의 질량 : 1.0 kg (그대로)
이동 거리 : 50 cm = 0.50 m
중력 가속도 : 9.8 m s^{-2} (그대로)
액체의 질량은, 1.0×10^3 kg m^{-3} × 1.0×10^{-2} m^3 = 10 kg
이며, 액체와 용기를 합친 질량은, 10 kg + 1.0 kg = 11 kg
이다. 따라서, 액체와 용기에 작용하는 중력은, 11×9.8 m s^{-2} = 108 kg m s^{-2}
이다. 따라서, 용기를 50 cm 들어 올리면,
108 kg m s^{-2} × 0.50 m = 54 kg m^2s^{-2} = 54 J
의 일을 한 것이 된다.
1 cal = 4.184 J의 관계를 이용해서 단위 환산하면, 13cal의 열량을 소비한다.

2-2 물체의 위치 에너지(E)는,
E = 1.0 kg × 9.8 m s^{-2} × 10 m = 98 kg m^2s^{-2} = 54 J
이다. 물 1 dm^3 (= 10^3 cm^3)의 열용량(C)은,
C = 1.0 cal K^{-1} cm^{-3} × 10^3 cm^3 = 1.0×10^3 cal K^{-1} = 4.2×10^3 J K^{-1}
따라서, 온도 상승 ΔT는 $\Delta T = E/C$ = 0.0233⋯ = <u>0.023 K</u>

2-3 MKSA단위계를 생각하면,
[부피] = m^3 ($[L]^3$)
[압력] = N m^{-2} = kg $m^{-1}s^{-2}$ ($[M]\cdot[L]^{-1}\cdot[T]^{-2}$)
따라서,
[부피×압력] = kg m^2s^{-2} ($[M]\cdot[L]^2\cdot[T]^{-2}$)
한편, 운동 에너지($mv^2/2$)를 예를 들면,
[에너지] = kg m^2s^{-2} = [부피×압력]

$1\ dm^3 = 10^{-3}\ m^3$, $1\ bar = 1.0 \times 10^5\ Pa(= N\ m^{-2})$

따라서, $1.0\ dm^3 bar = 1.0 \times 10^{-3}\ m^3 bar = 1.0 \times 10^2\ m^3 Pa$

$= 1.0 \times 10^2\ J$ ······(1)

$= \dfrac{1.0 \times 10^2 J}{4.2\ J/cal} = 24\ cal$ ······(2)

2-4 운동 에너지가 전부 열 에너지가 된다고 하면,

더해진 열 에너지 E J

비열 $C = 0.7\ J/K{\cdot}g = 700\ J/K{\cdot}kg$

총알의 무게 $m = 100\ g = 0.10\ kg$

을 이용해서 온도 변화 ΔT K를 계산하면,

$$\Delta T = \frac{E}{m \cdot C} = \frac{2000\ J}{0.10\ kg \times 700\ J/K \cdot kg} = 285.\cdots K ≒ 29\ K$$

2-5 우선, 방의 공기 (mol수)를 계산하고, 10℃ 올리기 위해 필요한 열량을 구한다.

방의 공기의 부피(V)는, $V = 10\ m^2 \times 2.0\ m = 20\ m^3$

이다. 공기를 이상기체로 가정하면, 상태 방정식

$PV = nRT$에 의해, 공기의 mol수(n)는,

$$n = \frac{PV}{nRT} = \frac{1.01 \times 10^3 Pa \times 10\ m^3}{8.314\ JK^{-1}mol^{-1} \times 283\ K} = 8.59 \times 10^2\ mol$$

이 된다. 1 mol의 공기의 온도를 10 K 상승시키기 위해 필요한 열량은,

$7.1 cal\ K^{-1}mol^{-1} \times 10\ K = 71\ cal\ mol^{-1}$

이므로, 8.59×10^2 mol에서는,

$7.1 cal\ K^{-1}mol^{-1} \times 8.59 \times 10^2\ mol = 6.10 \times 10^4\ cal = 2.56 \times 10^5\ J$

의 열량(에너지)이 필요하다. 1kW ($= 10^3\ J\ s^{-1}$)의 히터는 1초간에 10^3 J의 열 에너지를 공급한다. 따라서, 2.56×10^5 J의 에너지를 공급하기 위해 필요한 시간은,

$2.56 \times 10^5\ J/10^3\ J\ s^{-1} = 2.56 \times 10^2\ s = 4.3$분

2-6 (바늘 끝이 끼치는 힘) = (중력)

$= 1.0\ kg \times 9.8\ m\ s^{-2} = 9.8\ N$

(바닥 면적) $= 1.0 \times 10^{-2}\ mm^2 = 1.0 \times 10^{-2}(10^{-3})^2\ m^2 = 1.0 \times 10^{-8}\ m^2$

(압력) = (중력) / (바닥 면적) 이므로

$$P = \frac{9.8\ N}{1.0 \times 10^{-8}\ m^2} = 9.8 \times 10^8\ Nm^{-2}(Pa) = 9.7 \times 10^3\ atm$$

제 3 장

일정 압력 하에서의 열에너지의 주고받음 -엔탈피의 도입-

이번 장에서는 열과 일로 불리는 에너지 이동 방법의 차이를 적용하여 에너지에 관한 좀 더 깊이 고찰한다. 앞에서 논한 대로, 특히 우리에게 있어서 가장 일반적인 환경인 정압 하에서 주고받는 열 에너지는, 그림 1-1에서도 본 것처럼 일상생활의 많은 장면에서 그 외의 형태의 에너지로 변환되어 이용되기 때문에 빈번히 의논 및 고찰의 대상이 된다.

또, 이번 장에서는, 정압 하에서의 열의 주고받음을 고찰하기 위해 편리한 엔탈피라는 개념을 배운다.

엔탈피는 상태량이며, 반응 전후에서의 변화량인 정압 반응열을 나타낸다. 엔탈피 변화와 온도 변화를 연결하는 비열의 개념을 배운 후, 임의의 온도에서의 정압 반응열을 구할 수 있는 키르히호프의 식을 구한다.

3.1 열과 일의 차이

열과 일의 총량이 보존되는 것은 알았다. 그렇다면 서로 100% 자유롭게 변환 가능할까?

주전자에 물을 넣어 뚜껑을 덮고 주전자의 외부에서 불을 쬐어 안의 물을 끓일 때, 주전자의 뚜껑이 달그락 달그락 움직인다. 이러한 광경을 본 적이 한 번이라도 있을 것이라 생각한다. 물질에 열 에너지를 부여하면 그 부피가 팽창하므로, 물질에 어떠한 일을 시키는 것이 가능하다.

열 에너지를 역학적 일에 변환시키는 장치의 대표로 **피스톤-실린더 장치**가 있다(그림 3-1). 실린더 내부에 저장된 기체를 가열하면(열 에너지를 가하면) 기체의 팽창에 따라 피스톤이 움직이므로, 물건을 움직이는 일이 가능하다. 한편, 피스톤을 움직여 실린더 내부에 갇혀있던 기체를 압축하는 일을 행하면, 내부의 기체의 온도가 상승하는 것을 예상할 수 있다. 이는, 일로 얻은 에너지가 어떤 열적인 에너지로 변환되었다고 생각될 수 있다. 그러면 열량과 일량은 100% 서로 교환 가능할까?

우리의 일상생활에서 활약하는 기계의 작동이나, 많은 화학 반응 프로세스는 우리의 일상적인 환경, 즉 일정한 대기압 하에서 일어난다. 여기서 우선 정압과정에서의

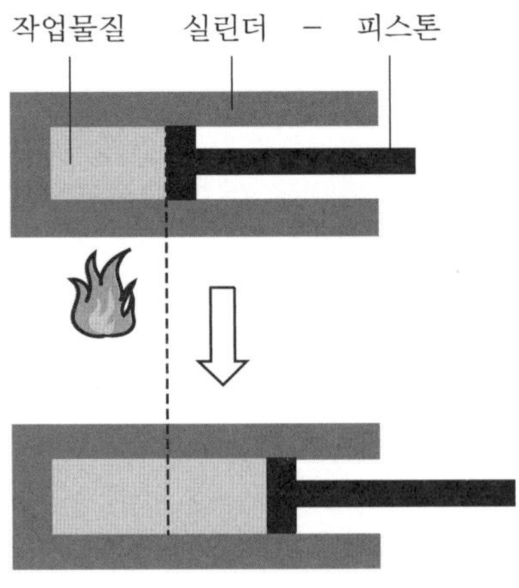

그림 3-1 피스톤-실린더 장치
실린더 내부의 작업 물질(주로 기체)을 가열하면 팽창하고, 피스톤을 움직여서 열 에너지를 일로 변환한다.

계와 외계 간에 주고받는 열량과 일량의 관계를 생각하자. 여기서 정압과정의 이야기로 한정한 것은 이번 장의 서두에서 말했듯이 부피의 팽창 및 수축을 허용하는 정압 하와 그것을 허용하지 않는 정적 하에서는 계와 외계 사이에 열이나 일로 주고받는 에너지의 양이 달라지기 때문이다.

계가 정압 하에서 외계와 주고받는 열량을 **정압 반응열**이라고 하며, 기호 Q_P로 나타낸다. Q에 붙은 첨자 P는 압력을 의미하는 pressure의 대문자 P를 의미하며, 계의 상태변화의 과정 중, 압력을 항상 일정하게 라는 조건이 붙은 Q임을 의미한다.

정압 하에서 계가 얻은 열량 Q_P는 전부 물질 내부에 내부에너지의 형태로 저장될까? 대답부터 말하자면 '아니오'이다. 가장 친근한 정압 하에서의 과정을 진행시켰을 때, Q_P의 열이 계에 흡수되었기 때문에 곁에서 본 사람이 계의 내부에 이만큼의 열에너지가 저장되었구나라고 생각하는 것은 당연하다. 하지만 계는 압력을 일정하게 유지하기위해 부피를 팽창시킨다. 계에 주어진 열 에너지의 일부분이 어쩔 수 없이 부피를 팽창하는 일로서 사용된다.

일에는 여러 가지 종류가 있기 때문에, 계의 팽창 일을 $W_{팽창}$으로 표시하여 다른 일의 형태, 예를 들어 전기적 일 등과 구별한다. 이때의 외계의 압력을 $P_{외계}$, 계의 팽창 전과 팽창 후의 부피를 각각, V_i, V_f라고 하자. 일의 부호는 계가 외계로부터 에너지를 받은 방향을 양으로 하도록 정해져있기 때문에 팽창 $W_{팽창}$은 다음과 같이 나타낸다.

$$W_{팽창} = -P_{외계}(V_i - V_f) = -P_{외계}\Delta V_{계} \qquad 3\text{-}(1)$$

이 때, 계의 부피가 수축($\Delta V_{계} < 0$)할 경우에 양의 값이 되도록, 마이너스의 부호가 붙어있는 것에 주의하자. 즉, 계가 외계로부터 눌려졌을 때($\Delta V_{계} < 0$), 계가 얻은 팽창(실제는 수축하고 있지만) 일의 값이 양이 되도록 한다. 고등학교의 물리에서 일의 정의를 배우지 않은 학생들의 위해서, 이번 장의 말미에 **물리보강①**을 첨부한다. **물리보강①**에서 3-(1)식의 유도 방법을 설명하고 있으므로 참고하길 바란다. 이 때, 압력은 단위 면적 당 미치는 힘이라는 것에 주의하자. 어떤 면적에 미치는 힘의 총량은, 압력에 면적을 곱하면 구할 수 있다.

자, 이야기를 간단하게 하기 위해, 여기서는 일은 팽창 일만을 생각하자. 이 경우, 열역학 제1법칙을 나타내는 2-(2)식으로부터, 정압 하에서의 계와 외계의 에너지의 주고받음을 아래와 같이 나타낸다.

$$\Delta V_{계} = Q_P + W_{팽창} = Q_P - P_{외계}\Delta V_{계} \qquad 3\text{-}(2)$$

여기서, 에너지 입출을 지를 알기 쉽게, 3-(2)식을 아래와 같이 변형한다.

$$Q_P = \Delta U_{계} + P_{외계}\Delta V_{계} \qquad 3\text{-}(3)$$

이처럼 변형하면, 정압 하에서 계에 어떤 열량 Q_P가 가해졌을 경우에, 그 열량이 계의 내부에너지의 증가 $\Delta U_{계}$와 계가 외계에 팽창할 때에 외계에 대해 하는 일 $P_{외계}\Delta V_{계}$로 분배된 모습을 알기 쉽다.

여기서, 피스톤－실린더 장치에 대해서 좀 더 상세히 생각해보자. 계는 외계로부터 열량 Q_P를 받으면서, 계의 압력 $P_{계}$ 외계의 압력 $P_{외계}$가 계와 외계의 경계에 있는 피스톤을 통해서 항상 평형을 유지하면서 팽창했다고 하자. 즉, 처음 상태부터 나중 상태로 가는 팽창의 과정 중 언제나

$$P_{계} = P_{외계} = 일정한 \qquad 3\text{-}(4)$$

라는 역학적 평행 조건이 성립한다고 하자. 이 모습을 피스톤－실린더 장치를 이용해서 도식화하면 그림 3-2와 같다. 이 때 3-(3)식은, 3-(4)식에 의해, 아래와 같다.

$$Q_P = \Delta U_{계} + P_{계}\Delta V_{계} \qquad 3\text{-}(5)$$

여기서, 다시 한 번 반복하게 되지만, 계의 압력 $P_{계}$와 외계의 압력 $P_{외계}$이 어떤 일정한 값을 유지하면서, 즉 각 순간순간에 평형을 유지하며 팽창했다, 라는 것이 중요하다. 이 과정에 의해, 3-(3)부터 3-(5)의 식 변형이 가능하며, 우변이, 전부 계의 상태를 나타내는 상태량만으로 표현된다, 라는 것에 주의하길 바란다. 이것으로 새로운 상태량을 도입하기 위한 준비가 되었다.

학생의 답안을 보면 계의 압력이나 외계의 압력을 구별하지 않고, 같은 기호 P를 사용하여 표현하여 어느 순간 외계의 압력을 계의 압력으로 바꿔서 식을 변형하는 모습이 발견된다. 식 변형 자체는 보기에는 틀리지 않은 것처럼 보이지만, 그 배후에 있는 물리적 조건을 이해하지 못한 채로, 알맞지 않은 상황에서 3-(5)를 사용할 가능성이 있으므로 주의를 요한다.

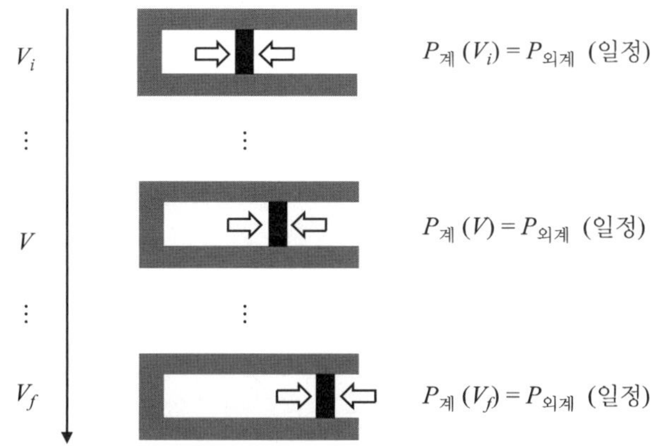

그림 3-2 외계의 압력이 일정한 경우의, 계와 외계의 압력은 평형을 유지하며 팽창

3.2 정압변화에서 열량 교환을 고찰할 경우 편리한 상태량 -엔탈피- 의 도입

> 당신은 열을 엔탈피 변화량과 연결지을 때, 열을 주고받는 과정이 정압 과정인지 어떤지 확인하고 있는가?

앞 절에서는 정압 하에서의 계의 열 에너지의 투입과 그것이 내부에너지와 팽창 일로 할당되는 모습을 확인했다. 3-(5)식을 보면 확실히 정압 조건 하에서 열이라는 형태로 계에 들어간 에너지가 계의 내부에너지의 상승과 계가 외계에 대해서 부피 팽창할 때 한 일로 분배되었다는 입출을 알기 쉽다.

하지만, 그 전에 논했던, '식의 등호의 좌변에 계의 상태변화량을 우변에는 경계를 넘어서 주고받은 에너지 이동의 형태와 양을 나타낸다'라는 열역학 제1법칙과 같이 기술하는 형식에는 아직 준하고 있지 않다. 또한 거의 언제나 일정한 기압 하에서 살아가고 있는 우리에게 있어서 이렇게 정압 과정에서 계가 외계와 열을 주고받는 것은 화학반응 및 상태변화에서는 당연한 것이다. 따라서 빈번하게 사용되는 Q_P의 내용을 하나하나 3-(5)식의 우변과 같은 형태로 나타내는 것은 번거롭다.

여기서, 3-(5)식의 우변이 전부 계의 상태를 나타내는 열역학량만으로 기술되어 있는 점에 착안해서

$$H_{계} \equiv U_{계} + P_{계} V_{계} \qquad 3\text{-}(6)$$

라는 계의 에너지 상태를 나타내는 새로운 양 H를 정의한다. 삼중선($\equiv$)은 정의를 나타내는 기호이다. 이는 계의 내부에너지에 계의 압력과 부피의 곱을 더한 것이다. 내부에너지와 압력, 부피라는 기존의 상태량만으로 기술 가능하므로 상태량 H를 도입했다고 해서 어떠한 완전히 새로운 개념이 더해진 것이 아니라는 점에 주의하자. 지금, 계와 외계의 압력이 변함없이 일정($P_{계}$)한 아래에서 부피가 변화하는 것에 주의해서 3-(6)식을 바탕으로 처음 상태와 나중 상태에 대해 각각 식을 세우면,

$$H_{계i} \equiv U_{계i} + P_{계} V_{계i} \qquad 3\text{-}(7)$$

$$H_{계f} \equiv U_{계f} + P_{계} V_{계f} \qquad 3\text{-}(8)$$

가 된다. 여기서 3-(8)식에서 3-(7)식을 빼면 아래와 같이 된다.

$$H_{계f} - H_{계i} \equiv U_{계f} - U_{계i} + P_{계}(V_{계f} - V_{계i}) \qquad 3\text{-}(9)$$

여기서 제1장에서 배운 Δ기호를 이용해서 3-(9)식을 정리하면

$$\Delta H_{계} \equiv \Delta U_{계} + P_{계} \Delta V_{계} \qquad 3\text{-}(10)$$

그럼, 여기서 3-(10)식과 그 전에 나왔던 3-(5)식을 비교해보자. 정압과정이라는 조건에서는, 두 식의 우변이 완전히 같아지는 것에 주의하자. 따라서, 만일 정압과정에서 계의 상태변화가 진행된다면, 계가 외계로부터 받는 열량 Q_P에 관해서

$$\Delta H_{계} = Q_P \qquad 3\text{-}(11)$$

라는 관계식이 성립하는 것을 알 수 있다. 3-(11)식은 좌변은 계의 에너지 상태의 변화, 우변은 이 변화에 따른 외계로부터 계에 가해진 열 에너지의 양을 나타내며 열역학 제1법칙과 같은 형태로 나타낸다(그림 3-3 참조).

이와 같이 정의된 계의 에너지 상태를 나타내는 양 H를 **엔탈피**(Enthalpy, 그리스어로 「내부 열」의 의미)라고 부른다. 계의 압력이 일정하게 유지된, 즉 정압 하에서, 계가 외계로부터 받은 열량 Q_P는, 계의 엔탈피 변화량 ΔH와 같다. 3-(6)식에서부터 3-(11)식까지, 계의 상태를 나타내는 양임을 명확히 하기 위해서 H에 첨자 「계」를 붙였지만, 일반적으로는 생략하는 경우가 많으므로 주의하기 바란다.

지금까지의 내용은 단순히 기호를 치환한 것과 같다. 하지만 앞 장에서 본대로, U는 상태량임을 떠올리기 바란다. P, V는 원래 상태를 나타내는 양이기 때문에, 3-(6)식에서 H도 상태량임을 알 수 있다. 이는, 처음 상태와 나중 상태만 정해진다면, 그 후는 어떠한 경로를 통해서도 ΔH, 즉 정압 반응열 Q_P의 값은 실제의 경로와는 상관없이 하나의 값으로 구할 수 있다는 것을 의미한다(3-4절 그림 3-4 참조). 이는 실용적으로 굉장히 중요하다. 여러분이 고등학교 과정의 화학에서 열역학 방정식의 문제를 풀 때, 전제조건으로써 「1 atm (bar), 25℃ 하에서」라고 기술되어 있지 않았나? 「1 atm 하에서」라는 조건이 사실은 정압 조건 하임을 나타낸다는 것은 여러분이 구하려는 반응열 Q가 여기서 고찰한 정압 반응열 Q_P라는 것을 가리킨다. 여러분이 고등학교에서 열화학 방정식을 풀어 정압 반응열을 구할 때, 정압 하에서라면 실제로는 지나지 않는 중간 과정의 대수 계산을 이용해서 정압 반응열을 구할 수 있었던 것은 H가 상태량이기 때문에 과정에 상관없이 ΔH가 같은 값이 되는 점에 기초하고 있다. 즉, 여러분은 고교생일 때에 이미 ΔH를 계산했다는 것이다. 다만, 구분 없이 열량 Q에 연관 짓지 않도록, 정압 하에서의 값이라는 조건이 붙은 Q임을 명시하기 위해, Q에 pressure의 앞 글자를 딴 첨자 P를 붙인다.

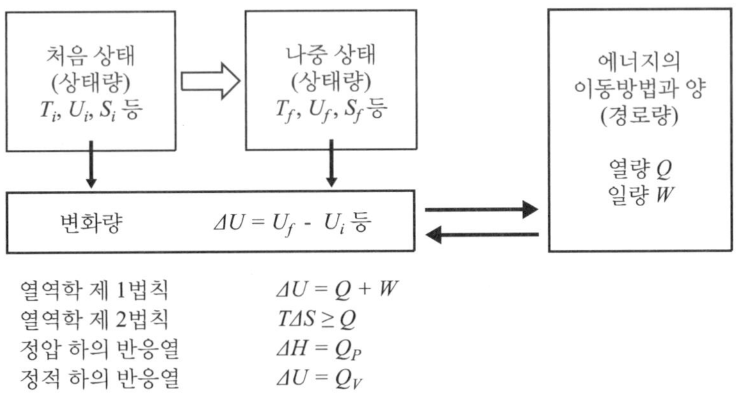

그림 3-3 상태량과 이동량(경로량)과의 관계
상태량의 절대량이 아닌, 상태 변화에 따른 상태량의 변화량이 열량 Q나 일량 W과 연결되는 것에 주의하자. 몇 개의 예를 제시하였다.

3.3 내부에너지 변화와 엔탈피 변화와 온도 변화의 관계 -비열- 의 도입

열역학은, 우선 자신이 무엇을 고찰하고 싶은지를 결정하는 것부터 시작한다.

체온이 높을 경우에 '열이 있다'라고 한다. 우리는 직감적으로 열이라는 에너지의 이동 형태와 온도의 사이에 어떠한 관계가 있는 것을 일상 경험으로부터 느끼고 있다. 하지만 열과 온도의 차이에 대해서 질문을 받으면, 대답하는 데에 머뭇거리게 되지는 않는가? 가령, 사우나의 온도는 90~100℃에 달한다고 하는데, 화상을 입지는 않는다. 하지만 90~100℃의 뜨거운 물을 전신에 끼얹으면 크게 화상을 입는다. 아마도 사우나의 증기와 뜨거운 물은, 같은 온도여도 저장되어 있는 열량이 다른 것이다. 열역학은 우선 온도와 열을 확실히 구별하는 것에서 그 체계를 발전시켜 왔다. 그렇다면 언뜻 보기에 가장 친근한 계의 상태를 나타내는 「온도」는 대체 어떠한 파라미터일까? 그리고 이는 열량과 어떠한 관계에 있을까?

여기서는 일단 열 에너지를 물질(계)에 가해서 그 온도를 상승시켜, 가해진 열량과 온도 상승의 관계를 보는 것을 생각하자. 이 때 가해진 열량이 일부 팽창 일에 사용될지, 전부 물질 내부의 에너지를 높이는 데 사용될 지 아닐 지, 즉 정압과정일지 정적과정일지에 따라 내부에너지의 상승 정도가 달라지기 때문에 결과적으로 계의 온도의 상승 정도도 달라지지 않을까 라고 생각해 보자. 여기서, 경우를 나눠서 생각해 보자.

같은 온도여도...

우선, 정적과정에서 열 에너지를 물질에 가해서, 온도가 올라가는 모습을 관측한다. 그러면 물질의 양을 일정하게 해도, 그 종류에 따라서 온도가 상승하는 방법이 다르다는 것을 실험적으로 알 수 있다. 또한, 이 때 별로 온도 변화가 크지 않은 범위에서는 가해진 열량 Q_V에 온도 상승이 비례하는 것을 알 수 있다. 이 비례계수를 열용량 C_V라고 둔다. 특히 부피가 일정할 경우에서의 물질 1 mol당의 열용량을 **정적 몰 열용량**(Molar heat capacity at constant volume)이라고 한다. 또 첨자의 V는 「부피(Volume) 일정 하」라는 조건을 명확하게 하기 위해서 붙인다. 정적 몰 열용량을 사용하면, 가해진 열량 Q_V와 물질 1mol의 온도 변화 ΔT는 아래와 같은 관계식으로 기술할 수 있다.

$$\Delta T = \frac{Q_V}{C_V} \qquad 3\text{-}(12)$$

열 에너지를 가득 저장해두어서, 좀처럼 온도가 올라가지 않는 물질을 열의 용량, 즉 '**열용량**이 크다'라고 하기 위해서, C_V가 분모에 있는 것에 주의하기 바란다. 부피가 작은 컵과 부피가 큰 컵에 같은 양의 물을 넣어도, 그 높이가 다른 것과 같다. 이 모습을 **보인다! Box 3-1**에 모식적으로 나타냈다.

보인다! Box 3-1 계에 가해진 열량 Q와 계의 온도 상승 ΔT의 관계

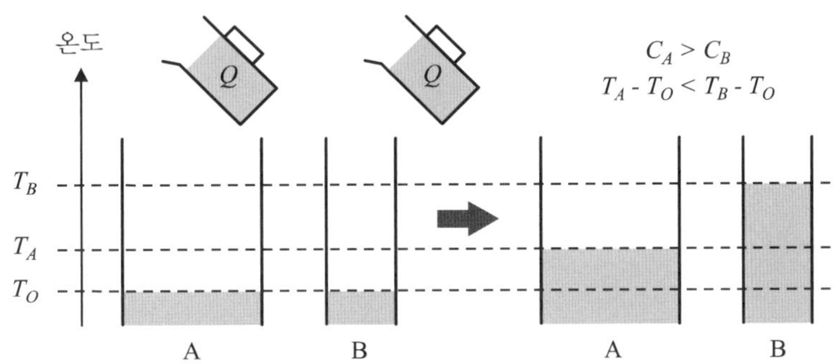

물질에 따라 열을 저장하는 부피(열 용량)이 달라지므로,
같은 열량 Q를 가해도 물질에 따라 온도 상승에 차이가 있는 것에 주의하자.

이번에는 부피 팽창을 허용하는 정압과정에서도, 가해진 열량 Q_P에 온도 상승이 비례한다. 이 때 물질에 의존하는 계수를 C_P로 둔다. 이처럼 압력이 일정한 경우에 물질 1 mol당의 열용량을 **정압 몰 열용량**(Molar heat capacity at constant pressure)라고 한다. 첨자의 P는 「압력(pressure) 일정 하」라는 조건을 명확하게 하기 위해서 붙인다. 이 때, 앞의 정적변화와 같이, 크지 않은 온도 변화 범위에서는 아래의 관계식을 얻는다.

$$\Delta T = \frac{Q_V}{C_V} \tag{3-(13)}$$

또한 3-(12), (13)식에 관해서, 온도를 상태량으로 인식하고 있지 않은 학생들이 혼동하는 개념을 **사용하자! Box 3-1**에 정리해 두었으므로 확인하기 바란다. 이동한 열량과 관계되는 것은 계의 온도 「변화」이다.

사용하자! Box 3-1 계에 주어진 열량 Q와 온도 변화 ΔT이 관계식

	×	○
정적 변화	$Q_V = C_V T$	$Q_V = C_V \Delta T$
정압 변화	$Q_P = C_P T$	$Q_P = C_P \Delta T$
	(자주 하는 오류)	(올바른 표식)

식의 우변은 온도 「변화」인 것에 주의하자. 상태량의 절대량을 생각하려고 하는 지, 그 변화량을 생각하려고 하는 지를 혼동하면, 후에 계산이 맞지 않게 된다.

정압과정에서는, 계가 열 에너지 Q_P를 흡수해도, 그 전부가 내부 에너지로써 저장되지 않고, 일부는 자신의 부피를 팽창시키는데 사용되므로, 동일하게 온도를 ΔT만큼 상승시키려면 정압과정이 정적과정에 비해서 더 많은 열량을 필요로 하는 것을 예상할 수 있다. 즉, 같은 물질이라면 정압 열용량이 정적 열용량에 비해서 크다고 할 수 있다.

실제로 얼마나 다를지 구체적으로 구해보자. 여기서 유도되는 관계식은, 단열과정을 생각하는 경우 등 머지않아 도움이 된다. 이야기를 간단하게 하기 위해서 계와 외

계 사이에서 주고받는 일은 팽창 일만으로 하자. 이 때, 정적과정에서 팽창 일은 없기 때문에, 열역학 제1법칙에 의해

$$Q_V = \Delta U \tag{3-(14)}$$

가 성립한다. 이 식은 정적 반응열은 내부에너지의 변화량과 같다는 것을 서술하고 있다. 한편, 정압과정에서는 아래의 식이 성립한다(Q_P를 사용하고 있는 것일 뿐 실질적으로는 3-(11)식과 같은 내용이다).

$$Q_P = \Delta U \tag{3-(15)}$$

여기서, 정적 하에서는 3-(12)식과 3-(14)식, 정압 하에서는 3-(13)식과 3-(15)식에 의해, 각각 내부에너지 변화 및 엔탈피 변화와 온도 변화 사이에 아래와 같은 관계식이 성립한다.

$$\Delta U = C_V \Delta T \tag{3-(16)}$$

$$\Delta H = C_P \Delta T \tag{3-(17)}$$

실제는 계의 온도에 따라, 계의 정적 비열과 정압 비열의 값이 달라진다. 따라서 C_V, C_P는 정수가 아닌, 각각 온도의 함수 $C_V(T)$, $C_P(T)$가 된다. 3-(16), (17)식은 엄밀하게 $C_V(T)$, $C_P(T)$의 값의 온도에 따른 변화가 무시될 정도로 극히 작은 온도 변화의 범위에서만 성립되는 것에 주의하자.

여기서, 어떤 온도 T에 있는 물질에 대해서 생각하자. 이 때 무한히 작은 온도 변화 dT에 대해 그 온도에서의 정적 열용량, 정압 열용량은 각각 $C_V(T)$, $C_P(T)$로 두기 때문에, 내부 에너지의 변화량, 엔탈피의 변화량을 각각 dU, dH라고 나타내면 3-(16), (17)식은, 아래와 같이 나타낼 수 있다.

$$dU = C_V(T)\,dT \quad \text{혹은} \quad C_V(T) = \left(\frac{\partial U}{\partial T}\right)_V \tag{3-(18)}$$

$$dH = C_P(T)\,dT \quad \text{혹은} \quad C_P(T) = \left(\frac{\partial H}{\partial T}\right)_P \tag{3-(19)}$$

이들 식이 실용적으로 자주 사용되는 온도 변화와 내부에너지 변화 및 엔탈피 변화를 연결 짓는 식이며, 뒷장에서 여러 가지 열역학량의 계산에 자주 사용되므로 외워두기 바란다. 또한 편미분 기호의 아래 첨자는 편미분을 할 경우에 그 변수가 일정

하다는 의미이다. 이렇게 해두면, C_V나 C_P가 온도 변화에 대해서 정수로 간주되지 않는 온도 범위에서도 상태 변화에 따른 내부에너지 변화 (정적 반응열)이나 엔탈피 변화(정압 반응열)를 아래의 적분 계산으로 구할 수 있다. 여기서 U, H, T의 압의 미소량을 나타내는 기호가 전부 d인 것은 U, H, T가 전부 상태량이기 때문이다.

$$\Delta U = \int_{U_i}^{U_f} dU = \int_{T_i}^{T_f} C_V(T)\, dT \qquad 3\text{-}(20)$$

$$\Delta H = \int_{H_i}^{H_f} dH = \int_{T_i}^{T_f} C_P(T)\, dT \qquad 3\text{-}(21)$$

그러면, 같은 물질이라면 C_V와 C_P 사이에서 어떠한 관계가 성립되지 않을까? 여기서 계를 이상기체라고 할 때, 이상기체의 상태 방적식과 엔탈피의 정의식에 의해, C_V와 C_P 사이에 아래의 관계식이 성립되는 것을 알 수 있다.

$$C_P = C_V + nR \qquad 3\text{-}(22)$$

이상기체 n mol에 대해서, 정압 열용량이 정적 열용량에 비해서 nR만큼 크다는 것을 알 수 있다. 여기서, n은 기체의 몰 수, R은 기체 상수이다. 3-(22)식을 **메이어의 관계식**(Mayer's relation)이라고 한다. 메이어[6]는 열역학 제1법칙의 확립에 공헌한 주된 3명 중 1명이며, 열과 일의 에너지적인 등가성에 대해서 최초로 논한 인물이다. 남은 2명은 앞서 나왔단 줄과 헬름홀츠이다. 더구나 3-(22)식을 구하는 방법은 꽤 어렵기 때문에 장 마지막 물리보강②에 기재하였다. 적당히 참조하기 바란다.

또한 정적과정에서 성립하는 식으로 유도한 3-(18)식과 3-(20)식에서 이상기체의 경우, 분자간에 상호작용이 없는 이상기체의 경우, 분자간에 상호작용 없으며 부피를 팽창시키는 경우에 외계로부터 일을 하지 않아도 되므로, 부피를 팽창시켜도 내부에너지는 변하지 않는다. 따라서 이상기체에 한해서, 부피가 변해도 3-(18)식이 성립한다.

6) Julius Rover von Mayer (1814-1478), 독일의 의사. 당시 주류였던 열소설을 부정하고, 열과 일은 같은 근원으로부터 생겨나며 본질적으로는 동일한 것이 아닐까라고 등가성을 최초로 표명하였다. 또 에너지는 그 형태를 바꿀 뿐으로, 그 실체는 보존된다는 에너지 보존 법칙의 사고방식을 표명했다. 단열 변화를 외부와의 일의 주고받음의 관점에서 고찰할 때에 유도된 메이어의 관계식에 그 이름을 남겼다.

3.4 임의의 온도에서의 정압 반응열을 구할 수 있는 키르히호프의 식

임의의 온도에서의 정압 반응열은 어떤 식으로 구할 수 있을까?

고등학교에서는 대부분의 경우 1 atm, 25℃에서 정압 반응열을 구하였다. 확실히 25℃에서의 생성열이나 반응열은 여러 가지 화학 반응에 대해서 구할 수 있으며, 편람 등에 그 수치가 정리되어 있기 때문에 이를 사용하지 않을 수 없다. 하지만 우리가 원하는 화학 반응이 언제나 25℃에서 진행된다고는 할 수 없다. 임의의 온도에서 정압 반응열, 즉 엔탈피 변화 $\Delta H(T)$는 어떤 식으로 구하면 좋을까?

여러 가지 방법이 있지만, 여기서는 엔탈피가 상태량이라는 사실을 이용해서 응용할 수 있는 방법으로 구해보자. 여기서, 일단 25℃를 기준이 되는 온도 T_0(= 25℃, 298.15 K)로 두자. 여기서 굳이 기준이 되는 온도를 추상적인 T_0로 둔 이유는, 생각하려는 문제에 따라서 기준 온도를 25℃ 이외의 온도로 설정하는 편이 편한 경우도 많기 때문이다. 실제 T_0는 몇 K이어도 상관없다.

다음으로, 실제로 고찰하고 싶은 온도를 T라고 한다. 단 T_0와 T의 사이에서 물질의 상전이는 일어나지 않는다고 한다. 지금은 온도 T에서의 정압 반응열의 정보가 없는 상황을 생각하고 있기 때문에 직접 $\Delta H(T)$를 구할 수가 없다. 여기서 H가 상태량임을 이용해서 다른 경로를 지나는 임의의 온도 T에서의 정압 반응열 $\Delta H(T)$을 구해보자. 이 때, 온도 T_0의 정보가 많기 때문에, 온도 T_0를 경유하는 것이 수월하다. 그러므로 그림 3-4에 나타낸 것처럼 우회로를 생각한다.

① 우선, 반응계의 온도를 T [K]부터 T_0[K]로 변화시켰을 때의 정압 반응열 $\Delta H_{A\to B}$를 구한다.

② 다음으로 온도 T_0[K]에서 목적 반응을 진행시킬 때의 정압 반응열 $\Delta H_{B\to C}$를 구한다.

③ 마지막으로 생성계의 온도를 T_0[K]에서 T [K]로 변화시켰을 때의 정압 반응열 $\Delta H_{C\to D}$를 구한다.

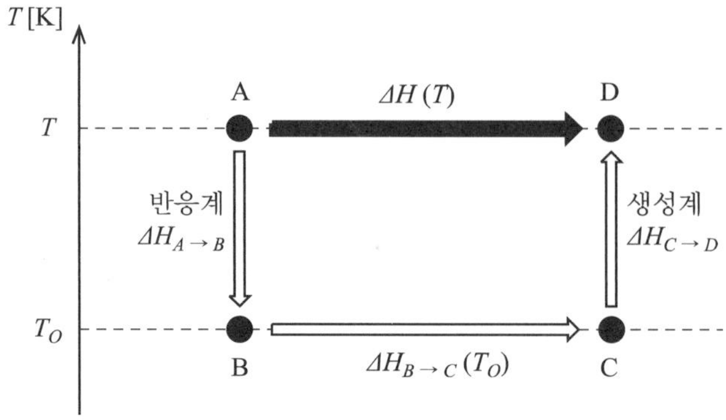

그림 3-4 H가 상태량인 것을 사용하여 $\Delta H(T)$를 구하자
A→D의 상태 변화에 따른 반응열을 직접 구할 수 없으므로, A→B→C→D의 우회로를 생각하자. 상태량이라면 도중 경로를 불문하고, 그 값은 같아진다.

H는 상태량이므로, 처음 상태와 나중 상태가 일치한다면 그 값이 같을 것이므로 아래의 식이 성립한다.

$$\Delta H_{A\to D}(T) = \Delta H_{A\to B} + \Delta H_{B\to C}(T_0) + \Delta H_{C\to D} \qquad \text{3-(23)}$$

이제, 우변의 3개의 항을 각각 구한다. 우선 우변 제1항은 온도를 T에서 T_0로 변화시킬 경우의 엔탈피 변화이므로,

$$\Delta H_{B\to C} = \int_{H(T)}^{H(T_0)} dH \qquad \text{3-(24)}$$

가 된다. 여기서, 3-(19)식에 의해 반응물의 정압 열용량을 이용하여 적분 변수를 온도로 변환하면,

$$\Delta H_{A\to B} = \int_{T}^{T_0} C_{P\text{반응물}}(T)\, dT \qquad \text{3-(25)}$$

마찬가지로, 3-(24)식의 우변 제3항도 생성물의 정압 열용량을 이용하여

$$\Delta H_{C\to D} = \int_{T}^{T_0} C_{P\text{반응물}}(T)\, dT \qquad \text{3-(26)}$$

3-(25), (26)식에서, 적분 구간이 역으로 되어 있는 것에 주의하며 3-(25), (26)식을 이용해서 3-(23)식을 정리하면,

$$\Delta H_{A \to D} = \Delta H_{B \to C}(T_0) + \int_{T}^{T_0} [C_{P\text{반응물}}(T) - C_{P\text{반응물}}(T)\, dT] \quad 3\text{-}(27)$$

여기서, 생성물과 반응물의 정압 열용량 차를 Δ 기호를 이용해서 아래와 같이 정리하면

$$C_{P\text{생성물}}(T) - C_{P\text{반응물}}(T) = \Delta C_P(T) \quad 3\text{-}(28)$$

3-(27)식은 3-(28)식을 이용해서 아래와 같이 정리할 수 있다.

$$\Delta H_{A \to D} = \Delta H_{B \to C}(T_0) + \int_{T}^{T_0} \Delta C_P(T)\, dT \quad 3\text{-}(29)$$

즉, 임의의 온도 T에서의 정압 반응열을 직접 구할 수 없어도, 어떤 기준이 되는 온도 T_0에서의 정압 반응열(우변 제1항)과 생성물, 반응물의 정압 열용량(의 차)을 알 수 있다면, 임의의 온도에서의 정압 반응열을 계산할 수 있다. 이와 같은 굉장히 편리한 식을 **키르히호프의 식**(Kirchhoff's equation)이라고 한다. 우변 제1항에 대해서 기준 온도는 25℃의 값을 사용하지만 실제 문제에 입각해 자유롭게 결정할 수 있다. 25℃의 경우는 고등학교에서 배운 열화학 방정식과 같기 때문에 실측에 따라 구해도 되며 **헤스의 법칙**(Hess's law)을 사용해서 대수계산으로 구해도 된다.

이 식은 화학 반응의 깁스 자유에너지 변화의 계산에 응용할 때에도 굉장히 편리하며, 상세한 내용은 제8장에서 배운다.

Column 열용량과 해풍·육풍

필자가 자주 가는 해변가의 공원에서는, 설날도 아닌데, 연날리기를 하는 모습을 자주 볼 수 있다. 그 이유는, 해변가의 공원에서는 바람이 자주 불기 때문이다. 하지만, 왜 바람이 자주 불까? 사실 여기에는 바다와 육지의 비열 차가 관련되어 있다. 태양으로부터 열량이 동등하게 내리쬐어도, 바다와 육지에서의 온도의 상승이 다르다. 구체적으로는 바다는 온도가 올라가기 어렵고, 육지는 온도가 오르기 쉽다. 비열의 개념을 사용하면, 바다는 열용량이 크고, 육지는 바다에 비해서 열용량이 작다고도 할 수 있다. 아침에 해가 떠오르면 먼저 육지의 온도가 높아진다. 그러면, 육지 위의 공기가 따뜻해져 팽창하고, 밀도가 낮아져서 상승한다. 그러면, 아직 온도가 낮은 바다 쪽의 공기가 육지 쪽을 향해서 흘러 들어간다. 이것이 해풍이다. 하지만 해질녘이 되면, 이번에는 육지는 급속히 식지만 열에너지를 확실히 저장해두었던 바다 쪽의 온도는 금방 떨어지지 않고, 이번에는 바다 쪽의 공기가 따뜻해져서, 육지 쪽에서 바다 쪽으로 공기가 흘러 들어간다. 이것을 육풍이라고 한다.

동경의 바닷가는 워터 프론트라고 불리며 세련된 상업 지구로서 최근 고층 빌딩이 많이 세워졌는데, 그 결과 해풍이 차단되어서, 빌딩 뒤에 분포한 작은 마을들의 기온이 상승하여 옛날에 비해서 여름을 보내기 어렵다고 한다. 열용량의 개념은 물질의 마이크로한 성질뿐만이 아니라 일상생활 속의 환경에도 영향을 끼친다.

장말물리보강 ① 일의 정의

그림3-보강1~3에 일의 정의를 도식화하였다. 어떤 물체를 움직일 때에 움직이는 방향에 반대 방향의 힘이 있을 경우 일이 정의된다. 그림3-보강1로 말하자면, 사람이

물체를 누르는 힘이 아님에 주의하자. 따라서, 만일 이동하는 방향에 반한 힘이 없을 경우는, 일은 0이 된다. 예를 들어, 진공 내에서의 자유팽창은, 진공에 압력이 없기 때문에 진공 내에서 팽창해도 그 일은 0이 된다. 지상에서는, 사람을 포함해서 모든 물체는 사방팔방에서 대기압(지구의 중력으로 받아들여지는 공기의 무게)으로 눌려지고 있기 때문에, 만일 부피가 팽창하려고 하면 항상 사방팔방에서 그 팽창에 반한 힘이 작용하므로 계는 외계에 대해서 일을 하게 된다.

여기서 **피스톤-실린더 장치**로 불리는 그림3-보강2, 그림3-보강3에 나타낸 것과 같은 부피를 변화시킬 수 있는 용기를 생각해보자. 면적 S를 갖는 피스톤이 일정한 대기압 $P_{외계}$에 반해서 거리 $\Delta x(=x_2-x_1)$를 움직였을 경우, 압력은 단위 면적 당의 힘인 것을 생각하면, 피스톤 내부의 기체가 외계에 대해서 한 일은 다음과 같이 나타낼 수 있다.

$$W_{계\rightarrow 외계} = F_{(반하는\ 힘)} \times \Delta x = P_{외계} \times S \times \Delta x$$

$$일 = 반하는\ 힘 \times 움직인\ 거리$$

$$W = F_{(반하는\ 힘)} \times \Delta x$$

그림3-보강1 일의 정의에 대하여①

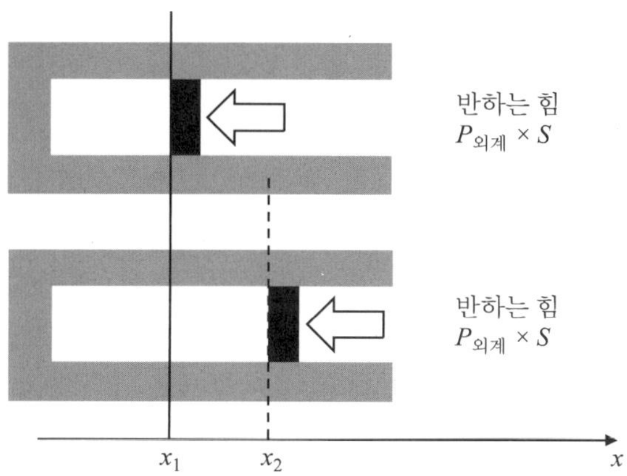

그림3-보강2 일의 정의에 대하여②

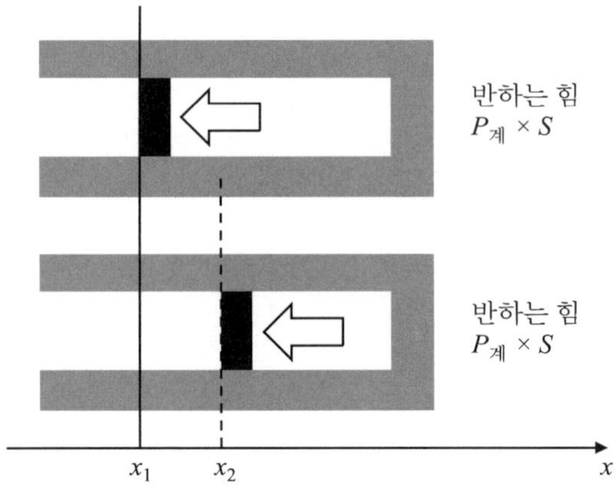

그림3-보강3 일의 정의에 대하여③

이 때, 계의 팽창 전후의 부피 증가분 $\Delta V = V$(팽창 후) $- V$(팽창 전)은

$$\Delta V = S \times \Delta x$$

이 된다. 따라서 계가 외계에 한 일은

$$W_{계 \to 외계} = P_{외계} \Delta V$$

가 된다. 하지만, 이 일은 계가 외계에 한 일이기 때문에 이대로는 열역학 제1법칙의 일의 항목(외계가 계에 한 일)에는 사용할 수 없다는 점에 주의하자. 열역학 제1법칙의 W은 아무것도 써 있지는 않지만, 암묵적 규칙으로 외계가 계에 한 일의 방향을 양으로 정하고 있다. 따라서

$$W = -W_{계 \to 외계} = -P_{외계} \Delta V$$

이 마지막 식은 굉장히 자주 사용된다. 우변의 앞에 마이너스가 붙은 것에 주의하자.

장말물리보강 ②

ΔU나 ΔH와 같이, 시점과 종점만으로 결정되는 상태량은 완전 미분(Exact differential)의 형태로 나타낼 수 있다. 완전 미분이란, 만약 z가 변수 x, y의 함수일 경우, 즉 $z(x, y)$일 경우, 미분 dz는

$$dz = \left(\frac{\partial z}{\partial x}\right)_y dx + \left(\frac{\partial z}{\partial y}\right)_x dy \qquad \text{보강-(1)}$$

과 같은 형태로 주어지고, 그 적분은 경로에 상관없어진다. 이 때, 편미분 기호의 첨자는 그 변수는 일정하게 한다는 의미이다.

여기서, 내부에너지 U를 T와 V의 함수로서 완전 미분의 형태로 나타내면

$$dU = \left(\frac{\partial U}{\partial T}\right)_V dT + \left(\frac{\partial U}{\partial V}\right)_T dV \qquad \text{보강-(2)}$$

양변을 일정한 압력 하에서, dT로 나누면

$$\left(\frac{\partial U}{\partial T}\right)_P = \left(\frac{\partial U}{\partial T}\right)_V + \left(\frac{\partial U}{\partial V}\right)_T \left(\frac{\partial V}{\partial T}\right)_P \qquad \text{보강-(3)}$$

한편, 엔탈피의 정의식 $H = U + PV$에서 P를 일정하게 두고 양 변을 T로 편미분하면

$$\left(\frac{\partial H}{\partial T}\right)_P = \left(\frac{\partial U}{\partial T}\right)_P + P\left(\frac{\partial V}{\partial T}\right)_P \qquad \text{보강-(4)}$$

보강-(4)식의 우변 제1항에, 보강-(3)식을 대입하여 정리하면

$$\left(\frac{\partial H}{\partial T}\right)_P = \left(\frac{\partial U}{\partial T}\right)_P + \left\{P + \left(\frac{\partial U}{\partial V}\right)_T\right\} \left(\frac{\partial V}{\partial T}\right)_P \qquad \text{보강-(5)}$$

여기서 3-(18)식, 3-(19)식에 의해

$$C_P = C_V + \left\{P + \left(\frac{\partial U}{\partial V}\right)_T\right\} \left(\frac{\partial V}{\partial T}\right)_P \qquad \text{보강-(6)}$$

만일 이상기체의 경우, 분자간 인력이 0이므로

$$\left(\frac{\partial U}{\partial V}\right)_T = 0 \qquad \text{보강-(7)}$$

또한 이상기체의 상태 방정식 $PV = nRT$에 의해

$$\left(\frac{\partial U}{\partial V}\right)_T = \frac{nR}{P} \qquad \text{보강-(8)}$$

따라서, 보강-(7), (8)식을 보강-(6)식에 대입하면, 아래의 마이어의 관계식이 도출된다.

$$C_P = C_V + nR \qquad \text{보강-(9)}$$

(증명 완료)

3장 : 연습문제

3-1 1기압(일정), 100℃의 조건에서 1mol의 물을 증발시켰더니, 엔탈피가 4.10×10^4 J만큼 증가했다(기화열). 즉, $\Delta H=4.10\times10^4$ J이었다. 이 때, 물 1 mol의 증발에 따른 내부에너지 변화(ΔU)를 구하시오. 단, 수증기는 이상기체라고 하고, 액체인 물의 부피는 무시 가능하다고 한다. 또한, 1 atm = 1.013×10^5 Pa, $R=8.314\ \mathrm{K\ J^{-1}mol^{-1}}$, 단위[Pa] = [$\mathrm{Nm^{-2}}$]이다.

3-2 고체간의 상전이에서 엔탈피 변화와 내부에너지 변화의 차를 검사한다. 탄산칼슘 $CaCO_3$ 1.0 mol을 석회석 형태에서 아라고나이트 형태로 변환할 때의 내부에너지 변화는 +0.21 kJ이다. 엔탈피 변화를 구하시오. 단, 압력은 1.0 bar(= 1.0×10^5 Pa)이고 고체의 밀도가 각각 2.71 $\mathrm{gcm^{-3}}$, 2.93 $\mathrm{gcm^{-3}}$이라고 하자. $CaCO_3$의 분자량은 100이다.

힌트 우선 1.0mol의 부피를 계산

3-3 900 K으로 가열한 구리 1 mol (63.55 g)을 298 K, 200 g의 물에 넣는다. 평형 달성 후의 온도를 구하시오. 단, 물과 구리의 몰 열용량은 각각 75.3과 24.4 $\mathrm{J\ K^{-1}mol^{-1}}$으로 한다.

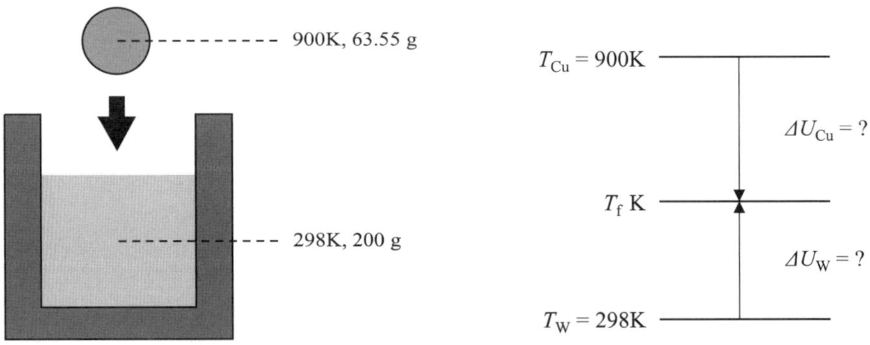

물과 구리의 내부에너지 변화는 각각 어떻게 될까?
물과 구리를 합친 전체의 내부에너지 변화 ΔU_t은 어떻게 될까?

3-4 16 g의 메탄가스를 101.3 kPa(1 atm)에서 300 K에서 500 K로 가열하였다. 메탄의 정압 몰 열용량과 정적 몰 열용량이 다음과 같이 주어졌을 때(엄밀히 말하면 정압·정적 몰 열용량의 관계에는 온도의존성이 존재하지만, 여기서는 편의를 위해 이 관계를 이용하자),

$$C_p=48.12\ \mathrm{JK^{-1}mol^{-1}},\quad C_V=C_P-R$$

이 때 (1) 정압, (2) 정적의 각각의 과정에 대해, 메탄을 이상기체라고 가정하고, 계에 한 일 W, 받은 열량 $Q(=nC\Delta T,\ C=C_V$ 혹은 $C_P)$, 내부에너지변화 ΔU를 구하시오.

제3장 연습문제해답

3-1 일정압력에서는, 물이 받는 열량 $Q_{정압}$은 ΔH와 같다. 따라서

$Q_{정압} = \Delta H = 4.10\times 10^4\ \mathrm{J}$

다음으로, 물의 증발에 의해 부피가 증가함으로, 일(W)을 고려할 필요가 있다. 압력(P)는 일정하므로, 일은 다음의 식으로 구해진다.

$W = -P\Delta V$

여기서, 기체의 상태방정식($PV=nRT$)에 의해, 수증기의 부피는

$$V_{수증기} = \frac{1.00\ \mathrm{mol}\times 8.314\ \mathrm{Pa\ m^3\ K^{-1}\ mol^{-1}}\times 373\ \mathrm{K}}{1.013\times 10^5\ \mathrm{Pa}} = 3.06\times 10^{-2}\ \mathrm{m^3}$$

물 1 mol의 부피(약 $18\ \mathrm{cm^3} = 1.8\times 10^{-5}\ \mathrm{m^3}$)는 무시할 수 있으므로,

$\Delta V \cong V_{수증기} = 3.06\times 10^{-2}\ \mathrm{m^3}$

따라서 $W = -P\Delta V = -1.013\times 10^5\ \mathrm{Pa}\times 3.06\times 10^{-2}\ \mathrm{m^3} = -3.10\times 10^3\ \mathrm{J}$

열역학 제 1법칙으로부터

$\Delta U = Q + W = 4.10\times 10^4\ \mathrm{J} - 3.10\times 10^3\ \mathrm{J} = 3.79\times 10^4\ \mathrm{J}$

[별해] 압력이 일정하므로, $\Delta H = \Delta U + P\Delta V$

따라서 $\Delta U = \Delta H - P\Delta V = 3.79\times 10^4\ \mathrm{J}$

3-2 $\Delta H = \Delta U + P\Delta V$에 의해 구해진다. 여기서, $\Delta V = V$(아라고나이트) $- V$(석회석)이다. $CaCO_3$의 분자량은 100이고, 1.0mol 즉 100g당 부피는 석회석 형태, 아라고나이트 형태 각각 36.9 $\mathrm{cm^3}$, 34.1 $\mathrm{cm^3}$이다. 따라서

$$\begin{aligned}\Delta H &= \Delta U + P\Delta V\\ &= 210\ \mathrm{J} + 1.0\times 10^5\ \mathrm{Pa}\times (34.1\times 10^{-6} - 36.9\times 10^{-6})\ \mathrm{m^3}\\ &= 210 - 0.28 \cong 210\ \mathrm{J}\end{aligned}$$

이 된다. 엔탈피 변화와 내부에너지 변화의 차 $P\Delta V$는 엔탈피 변화의 겨우 0.1%이다. 이것은 부피차가 극히 작기 때문이다. $\Delta H = \Delta U + P\Delta V$에서 $\Delta V \fallingdotseq 0$으로 근사가 가능하므로 $\Delta H = \Delta U$이 된다. 엔탈피 · 내부에너지 변화와 온도 변화의 관계식

$\Delta U = C_V\Delta T \quad \Delta H = C_P\Delta T$

으로부터, 응축상에서는 $C_V = C_P$이 된다.

3-3 각각의 몰수를 n_{Cu}, n_{W}라고 하자. 물과 구리의 내부에너지 변화를 각각 밑의 설명과 같이 된다. 물과 구리를 합한 전체의 내부에너지 변화는 $\Delta U_t = 0$이 된다.
즉, $\Delta U_t = \Delta U_{\mathrm{W}} + \Delta U_{\mathrm{Cu}} = 0$이 된다.

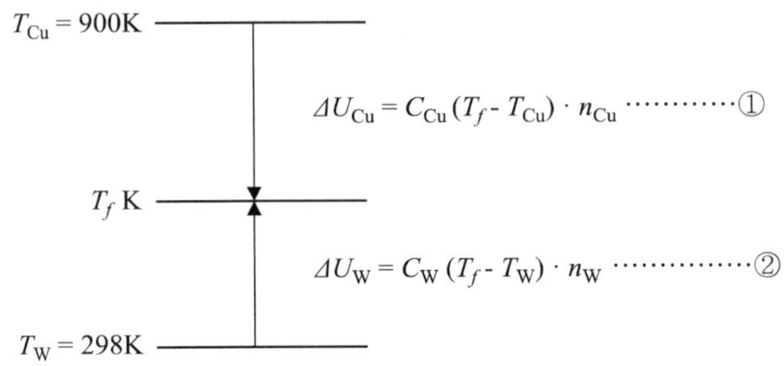

따라서, $\Delta U_{\mathrm{W}} = -\Delta U_{\mathrm{Cu}}$이므로, ①과 ②를 대입하여,
$n_W C_{V_m \cdot W}(T_f - T_W) = -n_{\mathrm{Cu}} C_{V_m \cdot \mathrm{Cu}}(T_f - T_{\mathrm{Cu}})$ ·······························③
이 된다. 여기서, 물과 구리의 몰수는 각각

$$n_{\mathrm{Cu}} = 1\,\mathrm{mol}$$

$$n_W = \frac{200\,\mathrm{g}}{18.0\,\mathrm{g\,mol^{-1}}} = 11.1\,\mathrm{mol}$$

이다. ③식을 T_f에 대해 정리하여 수치를 대입하면

$$T_f = \frac{n_W C_{V_m \cdot W} T_W + n_{\mathrm{Cu}} C_{V_m \cdot \mathrm{Cu}} T_{\mathrm{Cu}}}{n_{\mathrm{Cu}} C_{V_m \cdot \mathrm{Cu}} + n_W C_{V_m \cdot W}} \fallingdotseq 315\,\mathrm{K}$$

3-4 (1) 정압
메탄 16 g은 1.0 mol이다. 메탄을 이상기체라고 하면, 압력일정에서는 $PV = \Delta nRT$이므로

$$W = -P\Delta V = -nR\Delta T$$
$$= -1.0\,\mathrm{mol} \times 8.314\,\mathrm{JK^{-1}mol^{-1}} \times (500-300)\,\mathrm{K} \cong -1.66\,\mathrm{kJ}$$

$$Q = nC_{P_m}\Delta T$$
$$= 1.0\,\mathrm{mol} \times 48.12\,\mathrm{JK^{-1}mol^{-1}} \times (500-300)\,\mathrm{K}$$
$$\cong 9.62\,\mathrm{kJ} = \Delta H$$

$$\Delta U = Q + W = 7.96\,\mathrm{kJ}$$

(2) 정적
부피일정이므로 $W = 0$

$$Q = nC_{P_m}\Delta T = n(C_{P_m} - R)\Delta T$$
$$= 1.0\,\mathrm{mol} \times (48.12 - 8.314)\,\mathrm{JK^{-1}mol^{-1}} \times (500-300)\,\mathrm{K}$$
$$\cong 7.96\,\mathrm{kJ} = \Delta U$$

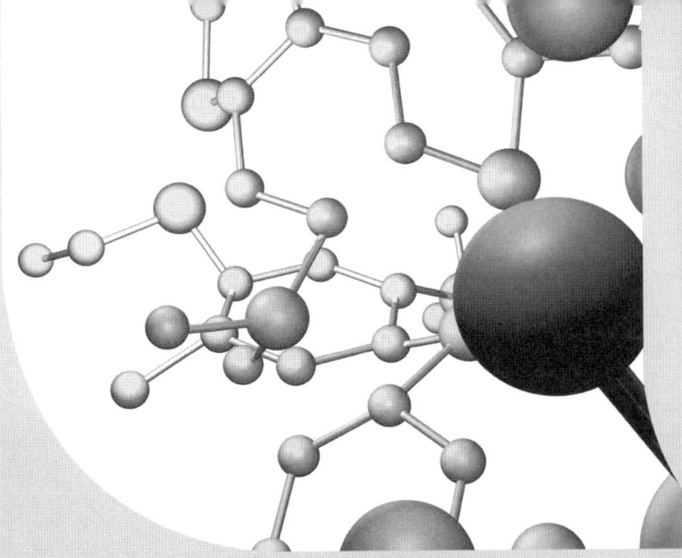

제 4 장

열로부터 일로의 변화 -카르노 사이클의 등장-

제2장과 제3장에서는, 계의 내부에너지 변화와, 계와 외계를 넘나드는 열량과 일량 사이에 양적인 에너지 보존 법칙이 성립함을 배웠다. 하지만, 과연 현실에서 자주 볼 수 있는 열을 일로 변환하는 장치에서는, 열로부터 일로의 변환은 100%의 효율로 일어날까? 제4장에서는 이상적인 열기관 -열을 일로 변환하는 장치-의 대표격인 카르노 사이클의 고찰을 통해서, 일량을 100% 열량으로 변환할 수 있어도, 열량을 100% 일량으로는 변환할 수 없는 점, 즉 에너지에는 전달 방법에 따라서 질의 높고 낮음이 있는 점을 배운다. 물리적인 이야기가 잠시동안 계속되지만, 카르노 사이클은 열역학을 화학의 모든 문제에 응용할 때에 빠지지 않는 엔트로피의 발견, 그리고 그 전의 자유 에너지의 개념으로 연결지을 수 있게 된 프로세스이며, 그 중요성 때문에 시험 문제 등에도 자주 출제된다. 이번 장에서 그 요점을 확실히 이해해두자.

4.1 카르노 사이클과 등온 가역 과정

가역 과정을 실현하기 위해서는 계뿐만이 아니고 외계의 온도－압력에도 신경써야 한다.

제3장에서 팽창 일을 고려할 때 사용한 피스톤－실린더 장치를 다시 떠올리자. 실린더 내에 n mol의 이상기체가 들어있다고 하자. 이것이 반응 물질로서 작용한다. 실린더 내의 기체에 열 에너지를 가해서, 피스톤을 외계 방향으로 밀어내고, 외계에 일을 하는 경우를 생각하자. 여기서는 이 조작을 반복해서 연속적으로 작동하는 장치를 만들려고 한다. 한번 피스톤을 밀어내면, 이를 회전 운동 등의 원하는 운동 형태로 변환하는 것은 용이하다. 실제로, 증기 기관차는 이런 식으로 바퀴를 회전해서 앞으로 나아간다. 하지만 열을 만들어내는 연료(장작이나 석탄)는 물론 공짜가 아니므로, 가능한 한 적은 연료로 피스톤－실린더 장치에 많은 팽창 일을 시키려고 생각하게 된다.

카르노[7]는 그림 4-1에 나타냈듯이, 높은 온도(T_H)에서 외계로부터 열의 형태로 에너지를 받아, 작업물질을 팽창시켜서 외계에 일의 형태로 배출하고, 남은 에너지를 낮은 온도(T_L)일 때에 외계에 열의 형태로 버려서 다시 원래의 상태로 돌아오는 사이클－**카르노 사이클**(Carnot cycle)－을 고안하였다. 카르노 사이클 1주(周)분은 4개의 과정으로 구성되는데, 1주하면 원래의 상태로 돌아오기 때문에, 이 사이클을 몇 번이나 반복해서 시작할 수 있다. 카르노 사이클을 열 에너지가 계로 유출되고 유입되는 과정, 계가 외계에 행하는 팽창 일의 관점으로 부터 살펴보자.

우선 그림 4-1 중의 상태 1에서 상태 2로 향하는 프로세스는 **등온 가역 과정**이라고 한다. **등온**이란 「온도를 일정하게 유지하며」, **가역**(Reversible)이란 「외계에 전혀 영향

7) Sadi Carnot (1796-1832) 프랑스의 물리학자. 정치가이며 공학자였던 부친의 영향을 받아, 효율적인 열기관의 원리에 대해서 고찰하여, 카르노 사이클을 고안하였다. 부친의 효율적인 물레방아의 설계 지침의 연구를 이어받아, 열소가 온도의 높은 곳에서 낮은 곳으로 흘러(보존되어), 열기관이 작동하는 원리를 통해 효율적인 열기관을 고안하였다. 그의 논문은 발표 후 20년간, 세상에 알려지지 않고, 36세의 젊은 나이에 타계하였다. 열소 보존의 사고방식은 후에 부정되었지만, 이 때 나온 보존 법칙(열량을 온도로 나눈 값)이 후에 클라우지우스에 의해 엔트로피로 불리는 상태량의 개념으로 승화되었다.

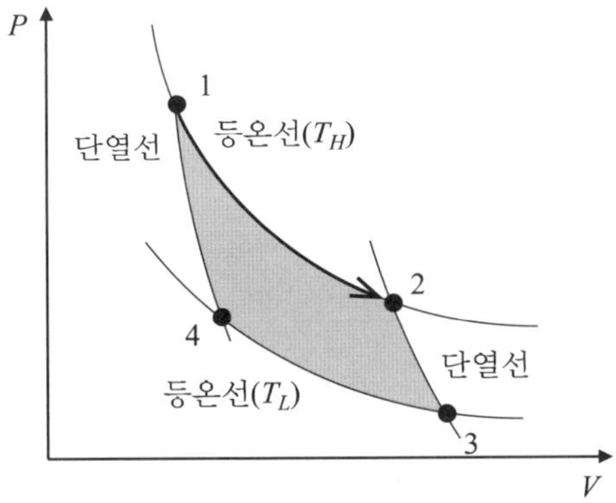

그림 4-1 카르노 사이클을 나타내는 상태도
카르노 사이클은 4개의 과정으로 이루어진다. 1→2, 3→4의 과정은 등온적, 2→3, 4→1의 과정은 단열적으로 진행한다. 점 1, 2, 3, 4로 둘러싸인 면적이 1 사이클에서 계가 외계에 하는 일량을 나타낸다. 가장 중요한 열에서 일로의 변환 효율은 T_H과 T_L의 고저차가 클수록 높다.

을 끼치지 않고 계를 상태 2로부터 상태 1로 되돌리는 것이 가능하다」라는 의미이다. 제1의 과정인 등온 가역 과정에서는 온도를 고온(여기서는 T_H라고 한다)에서 일정하게 유지하면서 외계로부터 열을 얻어, 기체의 부피를 팽창시키고 외계에 대해서 팽창 일($-W_{12}$)을 한다. 여기서 W의 앞에 마이너스가 붙는 것은, W는 외계가 계에 일을 할 때에 양의 값을 갖도록 정해져 있기 때문이다.

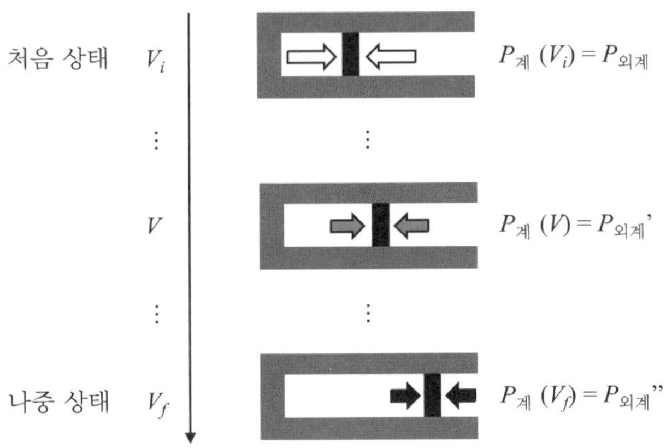

그림 4-2 등온 가역 팽창 시의 계와 외계의 압력 변화와 평형
계의 압력은 계의 부피에 따라서 변하지만, 어떠한 상태에서도 외계의 압력과 평형을 유지한다. 계의 압력이 변하기 때문에, 외계의 압력도 그에 맞춰 조절해야 하는 것에 주의하자. 그림 3-1(정압 과정)과의 차이를 구분해보자.

이 때, 이 과정상의 어떤 순간에 대해서도, 계와 외계의 압력은 평형을 유지한다. 이 모습을 그림 4-2에 나타낸다. 온도는 계와 외계에 대해 일정하므로 열적 평형이 성립하는 것은 당연한 것으로, 계와 외계의 압력 사이에 역학적 평형도 항상 성립한다. 온도가 계와 외계 모두에서 같은 값을 항상 일정하게 유지하므로, 온도가 높은 곳에서 낮은 곳으로 열이 흘러가버리는 비가역 과정은 이 과정상에서는 절대 일어나지 않는다. 또한 압력은 변하는 값이지만, 계와 외계에서 항상 평형을 이루기 때문에, 압력이 높은 쪽에서 낮은 쪽으로 피스톤이 움직여버리는 비가역 과정도 절대 일어나지 않는다. 따라서 이 과정은 가역적이다. 이 가역이란 개념은 나중에 나오는 엔트로피라는 상태량을 생각할 경우, 굉장히 중요한 의미를 갖는다.

이러한 가역 과정을 실현하기 위해서는, 계(System)와 외계 사이에 온도차나 압력차가 생기면 안되기 때문에, 아주 천천히 신중하게 행하는 것이 가장 중요하다. 급히 피스톤을 움직이면, 계외 외계 사이에 온도경사도나 압력경사도가 생겨서, 비가역 과정을 유발하게 된다. 이처럼 거의 무한하게 그리고 천천히 계의 열역학적 평형상태를 유지하면서진행하는 과정을 **준정적 과정**이라고 한다. **보인다! Box 1-3**에서 과정의 분류를 참고하길 바란다. 가역 과정과 준정적 과정은 자주 혼동되는데, 원자 안의 전자 분포의 변동 등은 가역이지만 준정적이지 않은 것이 있기 때문에, 가역 과정과 준정적 과정의 개념간의 관계는, 그림 4-3에 나타냈듯이 포함 관계에 있다고 말할 수 있다. 즉, 온도 및 압력차가 생기지 않도록 준정적으로 과정을 진행하면 이는 가역 과정이 되지만, 가역 과정이라고 해서 반드시 준정적 과정이라고는 할 수 없다. 또한 가역 과정의 개념을 나타내는 삽화를 그림 4-4에 나타냈다. 평형을 유지하는 동안은, 사람은 A점과 B점을 왔다 갔다 할 수 있다(가역). 하지만 과정상에, 만일 순간적으로 평형이 깨지면, 비가역적인 결과(그 이상 A와 B 사이를 왔다 갔다 할 수 없다)가 발생한다.

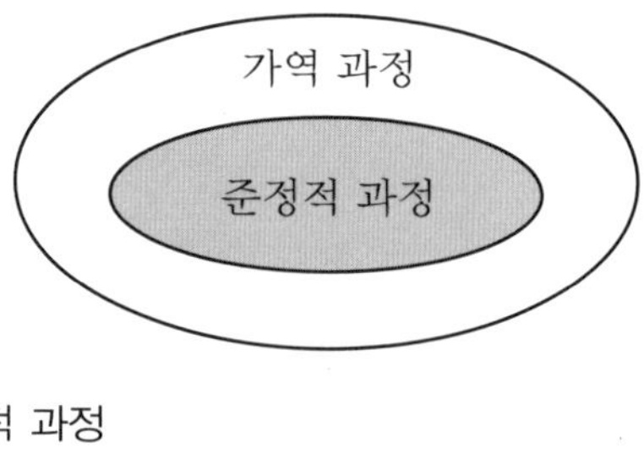

그림 4-3 가역 과정과 준정적 과정
준정적으로 상태 변화를 행하면 가역 과정이 되지만, 가역 과정이라고 해서 준정적 과정을 지난다고는 할 수 없다.

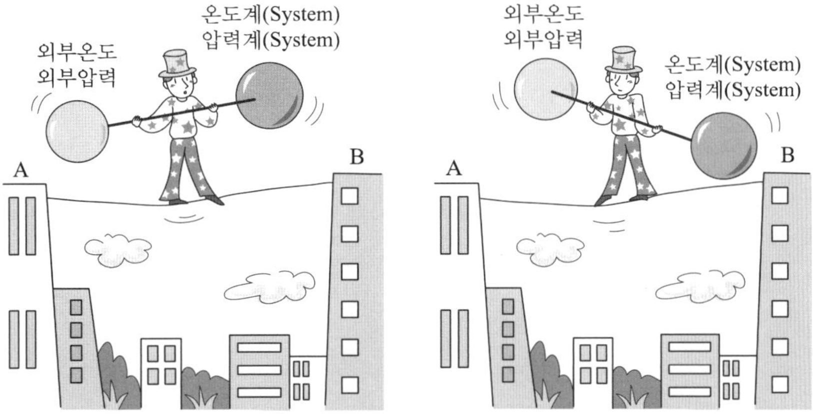

그림 4-4 가역 과정의 이미지도
일정한 온도와 압력의 평형을 유지하면서 진행. 만약 진행 과정 중 짧은 시간 동안이라도 평형이 깨지면, 비가역과정이 된다.

가역 과정이라면 과정상의 어디에서도 열역학적 평형 상태가 성립하므로, 제2장 2-2절에서 설명한대로 과정상의 어떤 점에서도 온도 및 압력, 부피를 정의할 수 있다. 반대로 과정상의 어떤 점에서도 온도 및 압력, 부피가 정의되므로 그림 4-1과 같은 매끄러운 상태도를 그릴 수 있다. 이 때 실린더 내부의 이상 기체에 대해서, $1 \rightarrow 2$의 과정 중에는 항상 아래의 상태 방적식이 성립한다.

$$P_{계}(V_{계}) = \frac{nRT_H}{V_{계}} \qquad 4\text{-}(1)$$

이 때 $P_{계}(V)$는 실린더 내부의 기체의 압력이며, 과정의 진행에 따라 변화된다. 이제, 이 과정에서 부피가 V_1에서 V_2까지 팽창한다고 할 때, 실린더 내의 이상 기체가 외계에 행하는 팽창 일을 구해보자. 여기서 부피가 V_1에서 V_2까지 팽창하는 동안, 실린더 내부의 기체가 피스톤을 누르는 압력 $P_{계}$과 외계의 기체가 피스톤을 누르는 압력 $P_{외계}$가 항상 평형을 유지한다고 하자. 즉, $1 \rightarrow 2$의 과정상, 언제나 아래의 식이 성립한다.

$$P_{계} V_{계} = P_{외계} \qquad 4\text{-}(2)$$

제3장의 정압 과정[3-(4)식]에서도 비슷한 것을 생각하였다. 정압 과정에서는, 압력의 값은 나중 상태에서도 처음 상태에서도 변함없이 일정하였다. 하지만 이번에는 그

림 4-2에서 나타내듯이, 1 → 2의 프로세스가 진행되는 동안, 계의 압력은 이때의 계의 부피 $V_{계}$에 따라서 변화한다. 그 때문에 계의 압력 $P_{계}$가 계의 부피 $V_{계}$의 함수임을 명확하게 하기 위해서, 여기서는 4-(2)식의 좌변을 $P_{계}(V_{계})$라고 쓰고 있다. 가역 과정에서는, 계의 상태 변화에 맞춰서 외계의 압력도 항상 계의 압력과 같아지도록 변화 과정상의 각 순간에 조절되고 있는 점에 주의하자. 이러한 모습을 **보인다! Box 4-1**에 나타내므로 참고하기 바란다.

보인다! Box 4-1 가역 과정을 확대하면…

$$P_{계k} = P_{외계k} \ (k = 1, 2, \cdots n)$$

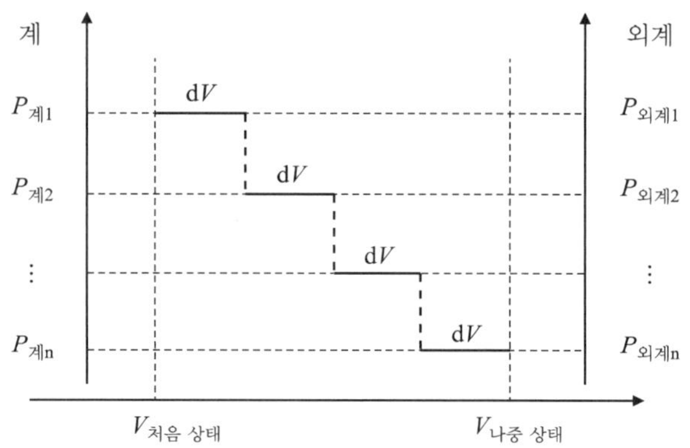

계와 외계의 압력이 같아지도록 운동하여 변화시키고, 각 스텝에서는 항상 압력의 평형을 유지하면서, 미소 부피 dV를 이동시키는 것에 주의하자. 어떤 압력에서 dV의 이동이 끝나면 다음 압력으로 설정해서 다시 dV 만큼 이동시킨다. 라는 스텝을 반복한다. dV는 무한하게 작기 때문에, 그림 4-1의 상태도 상에서는 부드러운 곡선으로 그려진다. 여기서는 $P_{계1}$, $V_{처음상태}$가 각각 상태 1의 압력과, 부피 $P_{계n}$, $V_{처음상태}$가 상태 2의 압력과 부피에 상응한다.

그러면 이러한 과정이 실현되었다고 치고, 부피 V_1에서 V_2까지 팽창하는 동안에 계가 외계에 하는 일 $-W_{12}$을 구해보자. 이 때 일량 W은 외계가 계에 행하는 방향을 양으로 하기 때문에, 마이너스가 붙어있는 것에 주의하자. 우선 과정상의 어떤 점에서 압력이 $P_{계}(V_{계})$일 때, 계의 압력 변화가 무시할 수 있을 정도로 계의 부피가 미소부피 $dV_{계}$만큼 팽창했을 경우, 계가 외계에 하는 미소 일량 $-\delta W$, 계와 외계의 압력이 항상 평형을 이룬다는 것에 주의해서 4-(2)식을 사용하면 아래와 같이 나타낼 수 있다.

$$-\delta W = P_{외계} dV_{계} = P_{계}(V_{계}) dV_{계} \qquad 4\text{-}(3)$$

이를 상태 1에서 상태 2까지 적분하면 $-W_{12}$를 구할 수 있으며,

$$-W_{12} = \int_{상태1}^{상태2} -\delta W = -\int_{V_1}^{V_2} P_{계}(V_{계}) dV_{계} \qquad 4\text{-}(4)$$

위와 같이 나타낼 수 있다. 이번 장의 말미에 적분에 관련된 장말 수학 보강을 첨부하였으므로 참고하기 바란다. 이 때 실린더 내부의 기체는 이상기체이므로 $P_{계}(V_{계})$에 대해서 4-(1)식이 성립하며, 또한 과정 1→2는 등온으로 진행된다는 점, 즉 계의 온도가 이 과정 중 T_H가 항상 일정하다는 것에 주의하면 4-(4)식은 아래와 같이 된다.

$$-W_{12} = nRT_H \int_{V_1}^{V_2} \frac{1}{V_{계}} dV_{계} \qquad 4\text{-}(5)$$

여기서 자연 대수를 이용해서 4-(5)식의 우변을 적분 계산하면,

$$-W_{12} = nRT_H \ln \frac{V_2}{V_1} \qquad 4\text{-}(6)$$

이 된다. 등온 가역과정이면, 계가 외계에 하는 팽창 일량은 4-(6)식과 같이 기술할 수 있다. 제3장에서 구한 정압 과정에서의 일량과는 다르므로 주의하자.

그렇다면, 1→2의 과정에서 계가 외계로부터 얻은 열량 Q_{12}는 어떻게 될까? 제2장 2-4절에서 배운 대로, 이상기체에서 내부에너지는 온도만으로 이루어진 함수이다. 따라서 만약 온도가 변화하지 않으면, 변화의 전후 내부에너지의 변화가 없다. 여기서 열역학 제1법칙에 의해

$$\Delta U_{12} = Q_{12} \div W_{12} = 0 \qquad 4\text{-}(7)$$

즉

$$Q_{12} = -W_{12} = nRT \ln \frac{V_2}{V_1} \qquad 4\text{-}(8)$$

이 된다. 즉, 카르노 사이클의 제1과정인 등온 가역 팽창에서는, 계가 외계로부터 얻은 열량 Q_{12}는 전부 팽창 일로 사용되어, 내부 에너지의 축적분은 0이다. 이 프로세

스만으로 보면 열을 팽창 일에 100% 변환한 것처럼 보이지만, 반복해서 작동하는 것을 생각하면 다시 원래의 상태에 돌아가야 한다. 하지만, 지금 도달한 경로(과정 1 → 2)를 그대로 다시 돌아가려고 하면, 이미 한 일을 전부 그대로 계에 되돌려줘야 하므로 실질적인 일을 했다고는 할 수 없다. 그렇다면, 어떻게 하면 원래의 상태로 되돌려서, 또한, 열의 형태로 얻은 에너지를 실질적인 일량으로 변환할 수 있을까?

4.2 카르노 사이클과 단열 가역 과정

단열 과정에서는 팽창 일에 내부에너지를 사용한다. 그 결과, 계의 온도가 변하는 것에 주의하자.

다음으로, 사이클의 제2과정인 단열 가역 팽창에 대해서 생각하자. 우선 단열이라는 점 때문에, 열역학 제1법칙에서 외계로부터 계로의 열의 유입 및 유출이 없으므로 과정의 각 순간에서 $\delta Q = 0$이 된다. 따라서 제2장 2-(6)식에 의해 아래의 관계가 성립한다.

$$dU = \delta W_{\text{외 계} \to \text{계}} \qquad 4\text{-}(9)$$

좌변, 우변을 각각 온도, 압력의 함수로서 다시 쓰는 경우를 생각하자. 좌변은 부피가 변해버려도 이상기체라면 3-(18)식을 쓸 수 있으며, 또한 우변은 가역 과정 상에서 일을 상태량의 미분량으로 나타낸다는 점에서, 4-(9)식은 아래와 같이 바꿔 쓸 수 있다. 여기서 $\delta W(\text{외계} \to \text{계}) = -P_{\text{외 계}} dV_{\text{계}}$인 것에 주의해서,

$$C_{V\text{계}}(T)dT_{\text{계}} = -P_{\text{외 계}} dV_{\text{계}} \qquad 4\text{-}(10)$$

여기서 우변 $P_{\text{외 계}}$는 외계로부터 피스톤을 누르는 압력인 것에 주의하자. 1 → 2의 과정과 똑같이, 2 → 3의 과정도 가역이므로, 실린더 내부의 기체가 피스톤을 안쪽에서부터 누르는 압력 $P_{\text{계}}$와, 외계에서 피스톤을 누르는 압력 $P_{\text{외 계}}$가, 실린더 내부의 기체의 부피가 변화해도, 과정상에서는 항상 평형을 이루므로 4-(2)식과 같이, 아래의 식이 성립된다.

$$P_{외계} = P_{계}(V_{계}) \qquad 4\text{-}(11)$$

또한 실린더 내부의 기체에 대해서, 이상기체의 상태 방정식에 의해 아래의 식이 성립한다.

$$P_{계}(V_{계}) = \frac{nRT_{계}}{V_{계}} \qquad 4\text{-}(12)$$

4-(1)식과의 차이는, 등온 가역 과정에서는 온도가 일정치 T_H이었던 것에 비해, 4-(12)식에서는 변수 $T_{계}$인 점이다. 여기서 4-(11), (12)식을 4-(10)식에 대입함으로써 4-(10)식의 좌변, 우변의 상태량을 전부 계에 대한 값으로 한 아래의 4-(13)식을 도출할 수 있다.

$$C_{V계}(T_{계})dT_{계} = -\frac{nRT_{계}}{V_{계}}dV_{계} \qquad 4\text{-}(13)$$

이후는 표기의 번잡함을 피하기 위해서 기호의 「계」라는 첨자를 생략한다. 양변을 T로 나누고, 좌변을 T의 함수, 우변을 V의 함수로 정리한다. 이렇게 변수로 좌변 및 우변을 정리하는 계산 방법은 자주 나오므로 이 기회에 익혀두자. 그러면 4-(13)식은

$$\frac{C_V(T)}{T}dT = -\frac{nR}{V}dV \qquad 4\text{-}(14)$$

이 된다. 위 식은 이상기체의 단열 과정에서의 일반적인 식이다. 여기서 단순화하기 위해서, 생각하고 있는 온도 변화 범위에서 정적 비열 $C_V(T)$는 온도에 의존하지 않는 상수라고 한다. 또한 실린더에는 작업물질의 누출이 없으며, 실린더 내부를 구성하는 기체 분자의 물질량 n mol은 변화하지 않는다고 한다. 이 때 계의 온도, 부피가 각각 $[T_2,\ V_2]$에서 $[T_3,\ V_3]$으로 변화하며, $-nR$이나 C_V가 상수인 것에 주의해서 4-(14)식을 이 구간에서 적분하면

$$\int_{T_2}^{T_3}\frac{C_V(T)}{T}dT = \int_{V_2}^{V_3}-\frac{nR}{V}dV \qquad 4\text{-}(15)$$

이 된다. 적분 계산을 실행하면,

$$C_V\ln\frac{T_3}{T_2} = -nR\ln\frac{V_3}{V_2} \qquad 4\text{-}(16)$$

이 된다. 4-(16)식을 정리하면,

$$\ln\frac{T_3}{T_2} = \ln\left(\frac{V_3}{V_2}\right)^{-\frac{nR}{C_V}} \qquad 4\text{-}(17)$$

여기서 대수 속의 값을 비교하여 다음 식을 얻는다. 이 때, 지수의 마이너스를 플러스로 하기 위해서 분모와 분자를 거꾸로 쓰는 것에 주의하기 바란다.

$$\frac{T_3}{T_2} = \left(\frac{V_3}{V_2}\right)^{\frac{nR}{C_V}} \qquad 4\text{-}(18)$$

여기서 제3장에서 소개한 마이어의 관계식 [3-(22)식]을 사용하여 4-(18)식을 다시 정리하면,

$$\frac{T_3}{T_2} = \left(\frac{V_3}{V_2}\right)^{\gamma-1} \qquad 4\text{-}(19)$$

여기서 γ는 **비열비**(Heat capacity ratio)라고 부르며,

$$\gamma \equiv \frac{C_P}{C_V} \qquad 4\text{-}(20)$$

라고 정의된다. 4-(19)식을 다음의 형태로 정리하는 것도 가능하다.

$$T_2 V_2^{\gamma-1} = T_3 V_3^{\gamma-1} \qquad 4\text{-}(21)$$

따라서, 단열 팽창 과정에 대해서는 다음과 같은 표현도 가능하다.

$$TV^{\gamma-1} = \text{일정} \qquad 4\text{-}(22)$$

또한 과정상의 어떤 점에서도 성립하는 이상기체의 상태 방정식 [1-(1)식]을 이용하면, 4-(22)식은 압력과 부피를 사용한 다음의 형태로도 표현 가능하다.

$$PV^{\gamma} = \text{일정} \qquad 4\text{-}(23)$$

4-(22)식 또는 4-(23)식은 **푸아송의 식**(Poisson's equation)이라고 불리며, 단열 과정에서 일정하게 유지되는 열역학적인 양을 나타낸다. 이상기체의 상태 방정식과 의미나 사용법을 혼동하지 않도록 주의하자. 이들을 정리한 것을 **사용하자! Box 4-1**에 나타냈다. 또 4-(23)식에 의해, 일반적으로 $\gamma > 1$이므로, 그림 4-1에 나타낸 것처럼, 단열 과정의 쪽이 부피의 증가에 대한 압력의 감소가 급격하다는 것도 함께 파악해두기 바란다.

사용하자! Box 4-1 상태방정식과 푸아송 식의 사용 구분

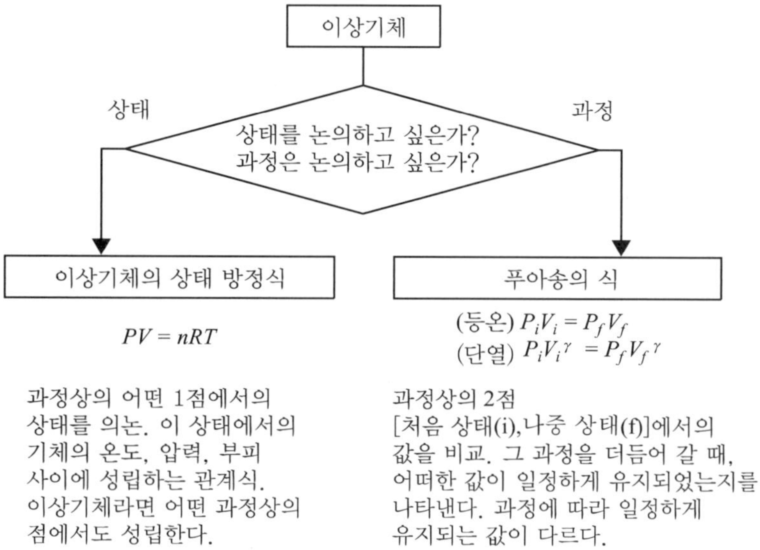

이제, 단열 가역 과정에서 계와 외계의 에너지 입출을 구하기 위해, 계가 얻는 열량과 계가 외계에 하는 일량을 구하자. 우선 계가 얻는 열량은 단열 과정이므로 그 이름대로 0이 된다. 그러면 열 에너지의 유입 없이 일을 해야 한다. 그러기 위한 에너지는 어디에서 빌려올까? 외계로부터 들어오지 않으므로 내부에 저장해 둔 에너지, 즉 **내부에너지**를 사용할 수밖에 없다. 여기서 계가 상태2로부터 상태3으로 향할 때, 온도가 T_H에서 T_L까지 내려간다고 하고, 이 온도 변화의 범위 내에서 이상기체의 열용량은 일정하다고 가정하자. 이상기체의 경우, 제3장 3-3절에서 논한 대로, 부피가 변화해도 그 열용량은 정적 열용량 C_V로 나타내므로 이 과정에서 내부에너지 변화는 아래와 같이 나타낼 수 있다.

$$\Delta U_{23} = C_V(T_L - T_H) \tag{4-(24)}$$

이 때, 압력과 부피가 함께 변화하지만 이상기체의 경우, 내부에너지는 온도만으로 이루어진 함수인 것을 이용하고 있다. 계가 외계로부터 얻은 열량 Q_{23}이 0인 것에 주의하면, 열역학 제1법칙에 의해 $\Delta U_{23} = Q_{23} + W_{23} = W_{23}$이므로, 이 과정에서 계가 외계에 한 일 $-W_{23}$은

$$-W_{23} = -\Delta U_{23} = -C_V(T_L - T_H) \qquad 4\text{-}(25)$$

라고 나타낼 수 있다. $C_V > 0$, $T_L < T_H$에 의해 ΔU_{23}은 음, $-W_{23}$은 양의 값이 되는 것에 주의하기 바란다.

여기서 카르노 사이클의 반환점에 도달하였다. 여기까지는 부피가 팽창하는 과정이었지만, 이제부터는 처음 상태에 돌아가기 위해 부피는 수축하게 된다. 상태3에서 상태4로 향하는 제3의 과정은, 다시 등온 가역 과정이다(그림 4-1). 단, 과정 $1 \rightarrow 2$의 등온 가역 과정과는 온도가 다른 T_L이라는 것에 주의하자. 과정 $3 \rightarrow 4$에서 계가 얻는 열량 Q_{34}, 계가 외계에 한 일 $-W_{34}$는 각각 과정 $1 \rightarrow 2$의 경우와 똑같이

$$Q_{34} = nRT_L \ln \frac{V_4}{V_3} \qquad 4\text{-}(26)$$

$$-W_{34} = nRT_L \ln \frac{V_4}{V_3} \qquad 4\text{-}(27)$$

이 된다. 각각 과정 $1 \rightarrow 2$에서의 4-(8), (6)식과 비교해보기 바란다.

그리고, 드디어 상태 4에서 상태 1(원점)에 돌아간다. 상태 4는, 과정 $4 \rightarrow 1$이 과정 $2 \rightarrow 3$과 똑같이 단열 과정이 되는 것처럼, 상태 1을 지나는 단열 과정을 나타내는 선과, 상태3을 지나는 등온 과정을 나타내는 선의 교점에 나타낸 것이다. 따라서 바꿔 말하면, 이 두 개의 선의 교점에 도달할 때까지 먼저 등온 가역 과정을 지나고, 교점에 도달하면, 시작점인 상태 1에 단열 가역 과정으로 돌아가면서 순환 과정이 만들어진다고 할 수 있다. 이 과정 $4 \rightarrow 1$은 단열 과정이므로 먼저 계가 외계로부터 얻은 열량은 0, 한편 계가 외계에 한 일량 $-W_{41}$은 과정 $2 \rightarrow 3$과 완전히 같은 방법으로 아래와 같이 구해진다.

$$-W_{41} = -\Delta U_{41} = -C_V(T_H - T_L) \qquad 4\text{-}(28)$$

4-(28)식은 모든 기호에 마이너스가 붙어 계산하는 것만을 생각하면 쓸모없지 않을까 하고 생각하는 학생이 있을 지도 모른다. 하지만, 이 마이너스는 물리적으로는 중요하다. 카르노 사이클에서는, 계에 행해지는 일(W_{41})이 아닌, 방향이 반대인 열 에너지를 얻는 계(피스톤－실린더 장치)가 외계에 하는 일량($-W_{41}$)에 흥미와 관심이 있다. 역방향이 되므로 계에 행해지는 일량 W_{41}에 마이너스가 붙는다. 과정에 의해 플러스와 마이너스를 생각해서, 그 때마다 어떤 방향을 양으로 할지를 하나하나 정의

하는 것 보다, 계가 외계로부터 얻은 열 및 일의 방향을 양으로 정해둔다면, 후에 어떤 쪽을 양으로 했는지 알 수 없게 되는 혼란을 피할 수 있어 편리하다.

다음 절에서 카르노 사이클을 일주했을 때의 열량과 일량의 입출에 대해서 고찰하자.

4.3 카르노 사이클에서의 열량과 일량의 입출

가역적인 카르노 사이클을 이용하여, 열의 형태로 얻어진 에너지를 전부 일로 변환할 수 있을까?

먼저 카르노 사이클을 한 바퀴 돈 경우의 계가 외계로부터 얻은 실질적인 열량 Q_{cycle}을 구하자.

$$Q_{cycle} = Q_{12} + Q_{23} + Q_{34} + Q_{41} \qquad 4\text{-}(29)$$

과정 1→2에서는 계가 외계로부터 열의 형태로 에너지를 얻기 때문에 Q_{12}는 양의 값이 된다. 한편, 과정 3→4에서는, 실제로는 계에서 외계에 에너지를 열로 버리기 때문에 Q_{34}는 음의 값이 된다. 단열 과정 2→3, 4→1에서는, 열로서의 에너지 유출입은 0이므로 $Q_{23}=0$, $Q_{41}=0$이 된다. 따라서 4-(8), (26)식에서부터 4-(29)식은

$$Q_{cycle} = nRT_H \ln\frac{V_2}{V_1} + nRT_L \ln\frac{V_4}{V_3} \qquad 4\text{-}(30)$$

이 된다. 여기서, 우변의 부피 비의 부분을 조금 더 정리하자. 단열 과정 2→3, 4→1에 착목하면 단열 과정을 나타내는 푸아송의 4-(22)식에 의해, 각각의 과정에서 아래의 식이 성립한다.

$$T_H V_2^{\gamma-1} = T_L V_3^{\gamma-1} \qquad 4\text{-}(31)$$

$$T_H V_1^{\gamma-1} = T_L V_4^{\gamma-1} \qquad 4\text{-}(32)$$

각각 우변끼리, 좌변끼리 나누면,

$$\left(\frac{V_2}{V_1}\right)^{\gamma-1} = \left(\frac{V_3}{V_4}\right)^{\gamma-1} \qquad 4\text{-}(33)$$

이 된다. 부피는 모두 양의 값을 가지며, 또한 4-(23)식에 의해 $\gamma > 1$이므로 부피에 대해서 아래의 관계식이 성립한다.

$$\frac{V_2}{V_1} = \frac{V_3}{V_4} \qquad 4\text{-}(34)$$

여기서 4-(34)식을 이용하여 4-(30)식을 정리하면 아래의 식의 형태가 된다.

$$Q_{cycle} = nR(T_H - T_L)\ln\frac{V_2}{V_1} \qquad 4\text{-}(35)$$

다음에 1사이클 분량의 계가 외계에 한 실질적인 일에 대해서 생각하자.

$$W_{cycle} = -W_{12} + (-W_{23}) + (-W_{34}) + (-W_{41}) \qquad 4\text{-}(36)$$

여기서, W는 계가 외계로부터 얻었을 경우의 일량으로 정의되기 때문에, 기호 W의 앞에 마이너스가 붙는 것에 주의하자. 여기서 4-(6), (25), (27), (28)식에 의해 $-W_{23}$과 $-W_{41}$이 상쇄되는 것에 주의해서,

$$-W_{cycle} = nRT_H\ln\frac{V_2}{V_1} + nRT_L\ln\frac{V_4}{V_3} \qquad 4\text{-}(37)$$

여기서 Q_{cycle}의 경우와 같이, 4-(34)식을 이용하여 4-(37)식을 정리하면

$$-W_{cycle} = nR(T_H - T_L)\ln\frac{V_2}{V_1} \qquad 4\text{-}(38)$$

이것으로 카르노 사이클이 일주한 경우의 계가 얻은 총 열량과, 계가 외계에 한 총 일량을 구하였다.

열에서 일로의 변환 효율의 문제를 생각하기 전에, 우선 1바퀴 돌아서 계가 원래의 상태로 돌아간 경우 열역학 제1법칙이 성립하는가를 확인해두자. 계는 다시 원래의 상태 1에 돌아가기 때문에 부피, 압력, 온도는 물론 내부에너지의 값도 다시 최초의 상태와 같아질 것이다. 즉,

$$\Delta U_{cycle} = Q_{cycle} + W_{cycle} = 0 \qquad 4\text{-}(39)$$

가 되지 않으면, 에너지 보존 법칙에 위반된다. 4-(38)식에서, 계가 외계로부터 얻은 일 W_{cycle}은

$$W_{cycle} = -nR(T_H - T_L)\ln\frac{V_2}{V_1} \qquad 4\text{-}(40)$$

이다. 여기서 4-(39)식에 4-(35), (40)식을 대입하면,

$$\Delta U_{cycle} = 0 \qquad 4\text{-}(41)$$

이 되며, 분명히 열역학 제1법칙을 만족하고 있다는 것을 알 수 있다.

4.4 카르노 사이클의 열에서 일로의 변환 효율

가역적인 카르노 사이클을 통해서도, 열은 100% 일로 변환되지 못한다.

열을 일에 변환할 때의 효율은, 에너지의 형태 변환의 최대의 관심사이다. 이번 절에서는 열에서 일로의 변환 효율을 생각한다. 카르노 사이클에서는, 고온부에서의 등온 가역 과정 1→2에서 계가 외계로부터 열의 형태로 에너지를 얻어, 저온부에서의 등온 가역 과정 3→4에서 얻은 에너지의 일부를 열로 외계에 버린다. 열역학 제1법칙을 생각하면, 얻은 열량과 버려진 열량의 차이가 팽창 일에 변환되는데, 얻은 열량이 팽창 일에 100% 변환되지 않는 것을 알 수 있다. 이 모습을 그림 4-5에 나타낸다.

여기서는 계가 고온부에서 얻은 열량 중에서, 얼마만큼을 팽창 일에 변환할 수 있을지 그 비율을 생각해보자. 그 비율은 아래의 효율(η)을 이용하여 나타낸다.

$$\eta = \frac{-W_{cycle}}{Q_{12}} \qquad 4\text{-}(42)$$

여기서 4-(8), (38)식에 의해

$$\eta = 1 - \frac{T_L}{T_H} \qquad 4\text{-}(43)$$

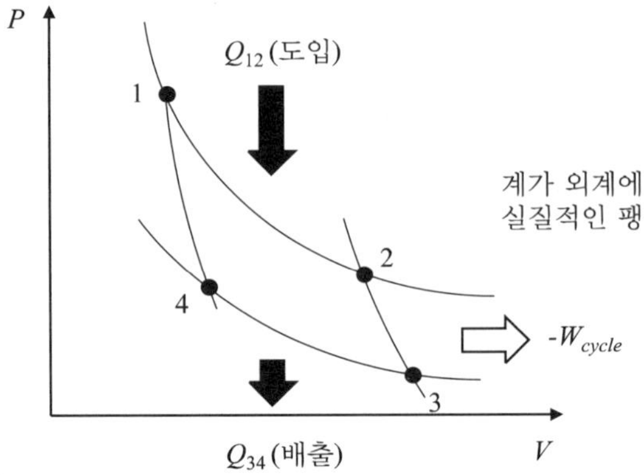

그림 4-5 카르노 사이클에서의 열의 주고 받음과 실질적인 일
효율적인 카르노 사이클을 만들기 위해서는, 얻은 열 에너지의 일부를 어떻게 버리는지도, 얻는 방법과 마찬가지로 중요하다. 사이클을 순환시키기 위해 고온부에서 얻은 열 에너지 (Q_{12})의 일부를 저온부에서 버려야하는 것($-Q_{34}$)에 주의하자. 이 때 좀 더 저온에서 버릴수록, 얻은 열 에너지를 효율적으로 실질적인 팽창 일 $-W_{cycle}$로 변환할 수 있다. 하지만 저온부를 절대영도로 만들 수 없으므로, 열 에너지를 100% 일로는 변환할 수 없다.

효율은 고온부와 저온부의 온도만으로 이루어진 함수로 표현되는 것을 착안하기 바란다. 이는 가역적인 카르노 사이클을 이용해서 열을 일로 변환시키기 위해서는, 어떤 온도에서 열을 얻고 어떤 온도에서 열을 버리는지가 유일하게 그 변환 효율을 정한다는 것을 가리킨다. 만일 계가 얻은 열을 100% 일에 변환했다면 η은 1이 되지만, 4-(43)식은 저온부는 100%가 될 수 없다는 것을 가르쳐 준다. 절대 0도와 무한 고온은 실현 불가능하다. 따라서 4-(43)식은, 실상 가역 사이클을 이용하여도, 계가 얻은 열 에너지 전부를 일 에너지로 변환하는 것이 불가능하다는 것을 가르쳐 주고 있다. 이 상황을 당시의 과학자는 아래와 같은 말로 정리하였다.

톰슨(후의 켈빈 경)의 표현

「순환 과정에 의해, 1개의 열원으로부터 열을 얻어, 그것을 완전히 일로 바꾸는 것은 불가능하다」

한편, 실은 동등한 것을 말하고 있지만, 클라우지우스도 다른 말로 정리하고 있다.

클라우지우스의 표현

「저온의 물체로부터 열을 얻어, 그것을 고온의 물체에 옮기는 이외에 어떠한 변화도 남기지 않게 하는 것은 불가능하다.」

실은 이러한 표현은 **열역학 제2법칙**(second law of thermodynamics)을 각각 다른 말로 표현하고 있으며, 자세히는 다음 장에서 배운다. 클라우지우스의 표현은, 이해하기 어려울 수도 있으므로, Column을 참고하기 바란다.

그러면 어떻게 카르노 사이클을 설계하면 효율이 높아질까? 4-(43)식은, 우변 제2항을 작게 하면 할수록, η가 1에 가까워지므로, 열에서 일로의 변환 효율이 좋은 열기관이 되는 것을 가르쳐 주고 있다. 구체적으로 우변 제2항을 작게 하기 위해서는 어떻게 하면 좋을까? 이는 식의 형태로부터, 가능한 분자의 T_L을 작게 하고, 분모의 T_H를 크게 하면 된다. 결국, 가능한 높은 온도에서 외계로부터 열을 얻고, 가능한 낮은 온도에서 외계로 열을 버릴수록, 즉 고온부와 저온부의 온도의 고저차를 크게 설정하면 설정할수록, 열을 일에 효율적으로 변환할 수 있다. 화력 발전이나 원자력 발전, 또는 지열 발전의 예를 Column에 소개하므로 참고하기 바란다.

장말수학보강 적분-압력이 부피에 따라 변화하는 경우의 일량의 계산을 예로 들어-

압력이 일정한 조건에서 계가 외계에 하는 일량($-W$)의 계산은, 압력이 부피에 상관없이 일정하기 때문에 간단하다.

$$-W = P_{\text{외계}} \Delta V$$

그렇다면 압력이 부피 변화에 따라서 점점 변해가는 경우는 어떻게 계산할 수 있을까? 이 때 압력은 부피의 함수가 되므로, $P(V)$로 나타낸다. 먼저, 압력의 변화가 무시할 수 있을 정도로, 부피를 미소 변화시킨다고 하자. 즉 $\Delta V \rightarrow dV$라고 하면 된다. 또 계와 외계의 압력은 항상 평형을 이룬다고 하자. 이 때 계가 외계에 한 미소 일을 $-\delta W$라고 하면

$$-\delta W = P(V)\, dV$$

처음 상태의 부피에서 나중 상태의 부피까지, 부피를 조금씩 변화시키면서, 그 때마다의 부피의 압력에 따른 무한하게 작은 일을 더해 가면, 전체적인 일이 된다. 마치 무한하게 얇은 밀 크레페를 한 층 한 층 쌓아 올려서, 두꺼운 케이크를 만드는 방법과 닮아 있다. 이 무한하게 얇은 층을 쌓아 올리는 방법을 적분이라고 한다. 직분이란 무언가 고도의 수학 기술이라고 여겨져서 멀리하는 경우가 많지만, 단순히 축적

시키는 다시 말해 덧셈이다. 덧붙이자면 **인테그럴의 기호($\int$)는, 덧셈(summation)의 앞글자 S를 기초로 하고 있다**. 영어의 integral의 동사는 integrate이며, 이를 직역하면 「통합하다」의 뜻이다. 무한하게 얇은 것을 적층시켜 두께가 있게 통합해서 밀 크레페를 만들면, 과연 한 층 한 층은 굉장히 얇지만, 쌓이면 어느 정도의 유한한 두께에 달한다.

$$-W = \int_{\text{처음상태}}^{\text{나중상태}} -\delta W = \int_{V_i}^{V_f} P(V)dV$$

위의 식을 그대로 읽으면, $P(V)dV$를, V가 V_i에서 V_f가 될 때까지 더한다는 것이 된다. $P(V)dV$가 의미가 있는 1개의 덩어리라는 것에 주의하자. $P(V)dV$의 이미지는 그림을 참고하기 바란다. 여러분은 이미 고등학교 수학에서, 적분 계산으로 함수 $y=f(x)$의 면적을 구하는 방법을 배웠다. $f(x)$의 값은 x에 따라 변하는데, x에서의 무한하게 폭이 작은 직사각형의 면적은 $f(x)dx$로 나타내며, 이를 적분 구간 내에서 더하여 면적을 구하는 것과 완전히 같다.

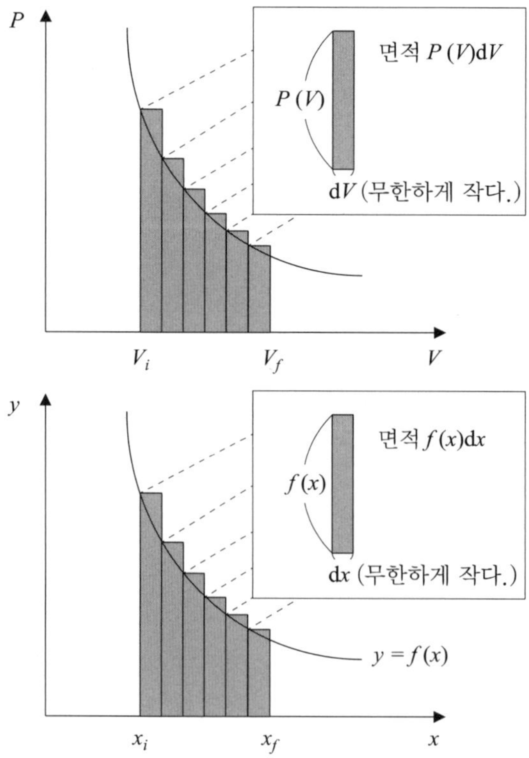

그림4-보강1

(위) 압력이 부피에 따라서 변하는 경우의 일량의 계산

(아래) $f(x)$의 값이 x의 값에 따라서 변하는 경우의 면적의 계산

Column 가역적인 카르노 사이클을 반대방향으로 일주하면?...° 일상에서 발견할 수 있다

카르노 사이클은 가역적이다. 가역적이라는 것은 반대 방향으로 도는 것도 가능하다는 것을 의미한다. 그렇다면 역일주를 하면 과연 어떤 것이 될까? 카르노 사이클에서는 계가 고온일 경우에 열을 얻고, 저온인 경우에는 열을 버려서 외계에 일을 하는데, 이는 반대 방향으로 일주를 할 때의 에너지의 흐름은, 외계로부터 계에 일을 하고 계는 저온부에서 열을 얻어 고온부에서 열을 버린다고 생각할 수 있다. 저온부로부터 열을 빼앗아 고온부를 향해 열을 버리는 장치, 이는 바로 일상 속의 냉장고나 에어컨이라고 할 수 있다. 이 경우, 저온부는 냉장고 안 혹은 에어컨이 틀어진 실내이다. 어떤 장치도 외부로부터 전기 에너지를 받아서 작동한다. 이는 우물로 생각하면, 내버려두면 높은 쪽에서 낮은 쪽으로 물이 자연스럽게 흐르기 때문에 그 반대의 경우를 행하고 있는 것이다. 온도가 낮은 쪽에서 높은 쪽으로 열을 퍼 올리고 있으므로, 이는 사람(혹은 전기)이 일을 해서 우물에서 물을 퍼 올리는 것에 상응하며, 일반적으로는 히트 펌프(heat pump)라고 한다. 앞에서 나온 클라우지우스의 표현은 조금 이해하기 어렵지만, 「외계로부터 계에 어떠한 일을 하지 않고, 열을 저온부로부터 고온부에 퍼 올리는 것은 불가능하다(이 일을 하기 위해서는 외계의 에너지는 감소한다)」 혹은 「외계로부터 어떠한 일을 하지 않고, 자발적으로 저온부로부터 고온부에 열이 이동하는 경우는 없다」라고 바꿔 말할 수 있다.

냉장고는, 일반적으로 뒤쪽에서 열을 버리기 때문에, 냉장고의 뒤와 벽 사이의 공기가 따뜻해지기 쉽다. 한편, 여름에 빌딩이 밀집한 도심부가 실제 기온보다 더운 것은, 빌딩 안에서 퍼 올린 열을 빌딩의 바깥으로 버리는 것이 가장 큰 원인으로 여겨지며, 열섬 현상이라고 부른다.

Column 왜 화력 발전소나 원자력 발전소는 바다 옆에 있을까?

화력 발전소도 원자력 발전소도, 연료를 태울 때의 열이나 핵 반응에 의한 열을, 고온 열원으로 이용하여, 고온 고압의 수증기를 발생시키고 순환시켜서 터빈을 돌려 전력을 얻는다. 열로 에너지를 얻는 것만을 생각하면, 에너지의 원료만 운반할 수 있다면 화력 발전소나 원자력 발전소는 어디에 건설해도 괜찮을 것 같지만, 모든 화력 및 원자력 발전소는 바다 옆에 있다. 왜 그럴까?

실은, 카르노 사이클에서 배운 대로, 열로써 얻은 에너지를 역학적인 일로 변환하기 위해서는, 열 에너지를 얻는 고온부뿐만 아니라, 열 에너지를 버리는 저온부도 존재하지 않으면, 사이클이 이루어지지 않는다. 화력 발전소나 원자력 발전소에서는, 이 열을 버리기 위한 저온 열욕을 만드는 데에 다량의 해수가 사용되고 있다. 예컨대 지구(바다)가 거대 저온 열욕으로 작용하고 있는 것이다.

그렇다면 지열 발전은 어떨까? 지열 발전은 지구 내부가 뜨거운 것을 이용한 발전 방식이다. 일본에는 화산이 많기 때문에 입지적으로는 이 발전 방식이 적합하다고 말할 수 있다. 세계적으로 유명한 것은 아이슬란드의 지열 발전이다. 어느 쪽이든, 이 경우 고온 열욕은 지구 내부가 된다. 깊은 우물을 파서 지구 내부의 고온을 이용하여, 수증기를 발생 및 순환시켜서 일 또는 전기로 변환하고 전력을 얻는다. 그렇다면 이 경우는 어떻게 저온부를 설계하고 있을까? 여러분은 밑의 일러스트(右)에 나타낸 것 같은 탑을 실물이나 사진으로 본 적이 있는가? 실은 지열 발전 등에서 반드시 볼 수 있는 이 탑은 냉각탑이라고 하며, 고온 고압이 된 수증기를 최종적으로 지구 대기로 식히기 위한, 즉 저온 열욕의 기능을 하고 있다.

고온에서 열로 얻은 에너지를 일로 변환하기 위해서는 저온에서 그 일부를 버리는 것이 필요하다는 점과, 또한 그를 위한 사람들의 여러 가지 궁리한 흔적을 느낄 수 있었으면 한다.

4장 연습문제

4-1 안지름 1.00 m인 원통 실린더 안의 기체가, 2.00기압의 외압에 의해서 피스톤을 4.00 m 밀어 올리는 경우를 생각해보자. 실린더 안과 밖의 계 사이에 열의 출입이 없다고 가정할 때, 안의 기체의 내부에너지(U)는 얼마나 변화하는지 구하시오. 단, 피스톤의 질량, 마찰은 무시한다.

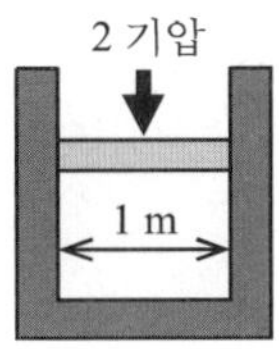

4-2 그림과 같이 실린더 내부에, 300 K, 압력 P의 이상기체 1 mol이 들어있다. 항상 내압과 외압이 평형을 이루는 상태에서 부피를 V_1에서 V_2로 변화시킬 때의 계가 외계에 한 일 $(-W)$은, 다음과 같이 PdV를 적분하여 계산하는 것이 가능하다.

$$-W=\int_{V_1}^{V_2} P\,dV$$

위의 식을 이용하여, 20 dm^{3}에서 40 dm^{3}까지 하선부의 조건으로, 즉 가역적으로 팽창했을 때의 계가 외계에 한 일을 구하시오.
또한, 외압이 항상 일정하고, 이상기체의 부피가 40 dm^{3}일 때의 내압과 같을 때, 이 외압에서 20 dm^{3}에서 40 dm^{3}까지 팽창했을 때의 계가 외계에 한 일을 구하여, 앞의 결과와 비교하시오.

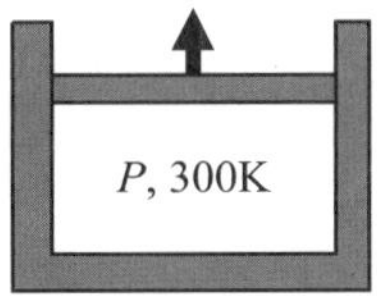

4-3 고열원(온도 T_H)과 저열원(온도 T_L) 사이에서 작동하는 가역 열 사이클의 일종에서 가장 효율이 높은 카르노 사이클에 대해 생각하자. 이 사이클은 아래의 4개의 과정으로 이루어져있다.

· 과정 A → B　온도 T_H로 열을 등온흡수 (Q_H), 팽창
· 과정 B → C　단열팽창
· 과정 C → D　온도 T_L로 열을 등온방출 ($-Q_L$), 수축

· 과정 D → A 단열수축
단, 점 A, B, C, D의 부피는 V_A, V_B, V_C, V_D로 하고, 이 기체상기체의 부피 몰 열용량을 C_V 라고 한다.

(1) 각 과정에서 이상기체가 받는 열과 일을 구해, PV그래프를 작성하시오. 기체상수는 R로 한다.

(2) 이 사이클이 가역이기 위해서 V_A, V_B, V_C, V_D가 만족해야하는 관계식을 구하시오.

힌트 과정 B → C, D → A가 각각 단열팽창, 단열압축의 과정인 것을 이용하자. 가역 단열과정의 온도와 부피의 관계식은 다음과 같다.

$$\frac{T_f}{T_i} = \left(\frac{V_f}{V_i}\right)^{\frac{R}{C_V}}$$

제4장 연습문제해답

4-1 외압 $P_{외계}$는 2.00기압(= 2.026×10^5 Pa)으로 일정하므로

$$W = -\int_{V_1}^{V_2} P_{외계}\, dV = -P_{외계}\Delta V$$

$$= -2.026\times 10^5\ \text{Pa}\times(3.14\times 0.50^2\times 4.00)\ \text{m}^3$$

$$= -6.36\times 10^5\ \text{Pa m}^3 = -6.36\times 10^5\ \text{J}$$

열의 출입이 없기 때문에($Q=0$)

$\Delta U = Q + W = W = -6.36\times 10^5$ J

단열적으로 일을 했기 때문에 내부에너지가 감소한 것을 알 수 있다.

4-2 이상기체의 상태방정식에 의해

$$P = \frac{nRT}{V} = \frac{1\ \text{mol}\times 8.31\ \text{J K}^{-1}\text{mol}^{-1}\times 300\ \text{K}}{V} = \frac{2.49\times 10^3\ \text{J}}{V}$$

따라서,

$$-W = \int_{20\,\text{dm}^3}^{40\text{dm}^3} P\,dV = \int_{20\,\text{dm}^3}^{40\text{dm}^3} \frac{2.49\times 10^3\text{J}}{V}\,dV$$

$$= 2.49\times 10^3\ \text{J}\times \ln\frac{40\ \text{dm}^3}{20\ \text{dm}^3} = 1.73\times 10^3\ \text{J}$$

또한, 외압이 일정할 때, 이 압력은 V=40 dm^{3}일 때와 일치하므로

$$-W = \int_{20\,\mathrm{dm}^3}^{40\mathrm{dm}^3} P_{외계}\, dV = \int_{20\,\mathrm{dm}^3}^{40\mathrm{dm}^3} P_{계}\, dV = \int_{20\,\mathrm{dm}^3}^{40\mathrm{dm}^3} \frac{2.49\times 10^3\mathrm{J}}{40\ \mathrm{dm}^3}\, dV$$

$$= \frac{2.49\times 10^3\ \mathrm{J}}{40\ \mathrm{dm}^3}(40\ \mathrm{dm}^3 - 20\ \mathrm{dm}^3) = 1.246\times 10^3\ \mathrm{J} \cong 1.25\times 10^3\ \mathrm{J}$$

가역에서 팽창했을 때와 비교하여, 정압에서 팽창했을 때, 계가 외계에 한 일량이 감소하고 있는 것을 알 수 있다.

4-3 (1) **과정 A→B 가역등온팽창**

$$-W = \int_{V_i}^{V_f} P\,dV = \int_{V_i}^{V_f} \frac{nRT}{V}dV = nRT\ln\frac{V_f}{V_i}$$

의 관계식으로부터

$$-W = nRT_H \ln\frac{V_B}{V_A}$$

이 때, 이상기체 및 등온변화 ($\Delta U = C_V \Delta T = 0$)이므로,

$$\Delta U = Q + W$$

$$Q = \Delta U - W = -W = nRT_H \ln\frac{V_B}{V_A}$$

과정 B→C 가역단열팽창

$$Q = 0$$

$$-W = -\Delta U = -\int_{T_i}^{T_f} C_V\,dT = -C_V\Delta T$$

$$-W = -C_V(T_L - T_H)$$

과정 C→D 가역등온압축

과정 A→B와 같이

$$-W = nRT_L \ln\frac{V_D}{V_C}$$

이 때, 이상기체 및 등온변화 ($\Delta U = C_V \Delta T = 0$) 이므로

$$\Delta U = Q + W$$

$$Q = \Delta U - W = -W = nRT_L \ln\frac{V_D}{V_C}$$

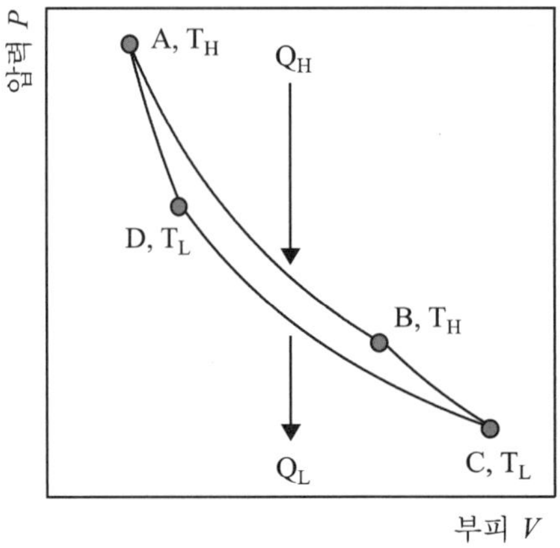

과정 D→A 가역단열압축

$Q=0$

$-W=-\Delta U=-C_V\Delta T$

$-W=-C_V(T_H-T_L)$

(2) 과정 B→C, D→A이 각각 단열팽창, 단열압축이므로

$\frac{T_L}{T_H}=\left(\frac{V_B}{V_C}\right)^{\frac{nR}{C_V}}$ 및 $\frac{T_H}{T_L}=\left(\frac{V_D}{V_A}\right)^{\frac{nR}{C_V}}$

따라서 $\frac{V_B}{V_A}=\frac{V_C}{V_D}$가 만족해야하는 관계식이다.

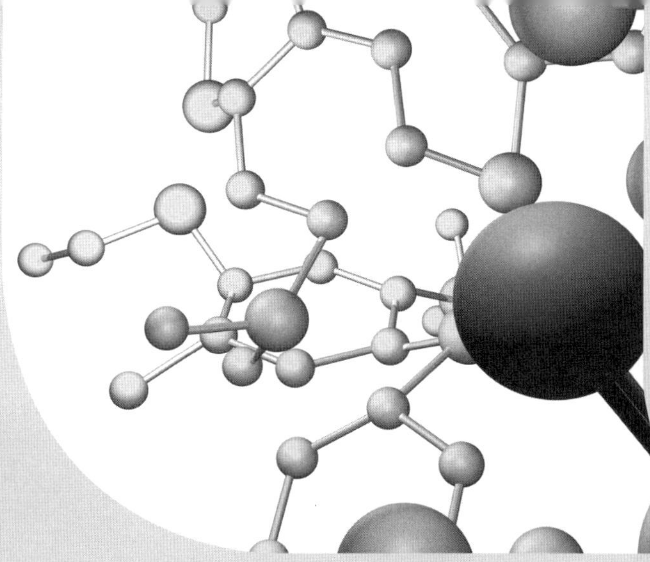

제 5 장

엔트로피와 열역학 제2법칙

앞 장에서는, 카르노 사이클을 구성하는 4개의 가역 과정에서, 각각 계에 출입하는 열량과 일량을 구하였다. 또한 가역적인 카르노 사이클을 1순환하는 경우의, 계가 얻은 실질적인 열량 Q_{cycle}과, 계가 외계에 한 실질적인 일량 $-W_{cycle}$을 비교하여, 대표적인 에너지의 이동 형태인 열과 에너지의 변환 효율에 대해서 생각하였다.

이번 장에서는 가역적인 카르노 사이클을 보존량의 관점에서 고찰하면서, 계의 열적 상태를 나타내는 새로운 상태량인 「엔트로피」를 도입한다.

다음으로, 만일 반응이 가역적으로 진행되지 않을 경우에, 엔트로피의 수치가 어떻게 되는지를 살펴보자. 그리고 새롭게 도입된 상태량(엔트로피)이 자연계 안의 고립계의 자발적인 변화의 방향성을 이해하기 위해, 굉장히 중요한 지표를 부여하는 것을 배운다. 이는 물질의 변화를 다루는 학문(화학)에 있어서, 굉장히 중요한 의미를 갖는다.

5.1 엔트로피의 발견을 향하여

카르노 사이클을 물레방아에 비유하면, 물레방아의 물의 양에 상당하는 열역학량은, 과연 무엇이 될까?

회전하는 것에 의해 일을 하는 장치에는 물레방아가 있다. 이 경우 물레방아의 물이 흘러 떨어지는 땅의 고저차는, 카르노 사이클의 경우 온도의 고저차에 상응한다. 물레방아의 경우 높은 곳에서부터 낮은 곳으로 중력에 따라 물이 흐르는데, 증기 등을 생각하지 않으면 총량(질량) 자체는 보존되어 손실되지 않는다. 그렇다면, 물레방아에서 말하는 물의 총량은 카르노 사이클에서는 어떠한 열역학량에 상응할까?

보통 생각하면, 계에 들어온 열량과 나가는 열량이 이에 상응하지 않을까하고 생각하게 된다. 여기서 실제로 카르노 사이클의 외계로부터 계에 유입된 열량 Q_{in}, 계로부터 외계에 방출된 열량 Q_{out}을 구하여 비교해보자. 그림 4-5를 참고하여 각각 4-(8), (26)식으로부터

$$Q_{in} = Q_{12} = nRT_H \ln\frac{V_2}{V_1} \qquad 5\text{-}(1)$$

$$Q_{out} = -Q_{34} = -nRT_L \ln\frac{V_4}{V_3} = nRT_L \ln\frac{V_2}{V_1} \qquad 5\text{-}(2)$$

이 때, 5-(2)식의 마지막 변형에는, 4-(34)식을 이용한다. 5-(1)식과 5-(2)식을 비교하면 식의 형태는 비슷하지만, 온도 부분이 다르기 때문에, 들어오는 열량 Q_{in}과 나가는 열량 Q_{out}은 보존되지 않는다는 것을 알 수 있다.

그러면 물레방아에서의 물의 양에 상응하는 것은 카르노 사이클에서는 과연 무엇일까?

5-(1), (2)식의 차이는 열을 주고받을 때의 계의 온도 부분뿐이기 때문에, 각각의 열량을 주고받는 경우의 계의 온도로 나눈 값을 생각해보자. 즉

$$\frac{Q_{in}}{T_H} = \frac{Q_{out}}{T_L} = nR\ln\frac{V_2}{V_1} \qquad 5\text{-}(3)$$

이 된다. 이 값이라면 들어올 때와 나갈 때에 보존된다.

Column 열기관 : 카르노적 사고에 의하면 물레방아가 아닌 열차(熱車)?

카르노 사이클이 일을 행할 수 있는 본질은, 온도가 높은 곳에서 열을 얻어 온도가 낮은 곳에 그 열을 버리는 것에 있다. 아래의 그림은 그 원리를 나타내고 있다. 물레방아의 경우, 유입, 유출로 보존된 물 분자의 양에 상응하는 것이, 카르노 사이클에서는 열량이 아닌 이를 얻었을 때의 온도로 나눈 값이다.

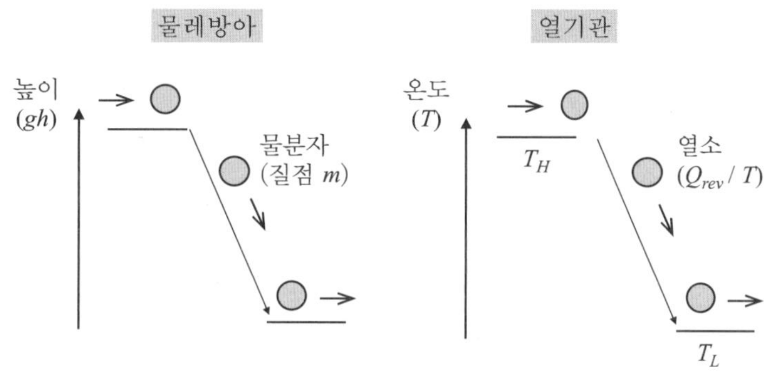

등온 가역 과정에서 주고받은 열량을 그 때의 온도로 나눈 이 값은, 과연 어떤 의미를 가질까? 카르노는 물레방아와의 유추로부터, **열소**[8]라고 불리는 어떠한 실체가 있는 것이, 물레방아에서의 물과 같이 흐르고 있다고 고찰하였다. 이 모습을 Column에 정리하였으므로 참고하기 바란다. 이후, 열소의 개념 자체는 부정되었지만, 가역적인 카르노 사이클에서 발견된 이 보존량에는 실은 굉장히 중요한 의미가 포함되어 있다.

열이라면 어느 정도 실감이 가지만, '얻은 열량을 얻었을 때의 온도로 나눈다'라는 감각적으로 파악하기 어려운 양을 계가 얻었을 때, 계의 상태는 어떻게 변화할까? 계의 상태를 나타내는 변수로 제일 먼저 떠올리는 것은 온도, 압력, 부피이다. 하지만 「온도가 일정한 상태로 열 에너지를 얻는다」라는 조건에 의해 계의 온도는 변화하지 않는다.

압력과 부피는, 온도가 일정하다면 만일 이상기체의 경우, $PV=$일정이라는 제약을 받는다. 하지만 그 절대량에 관해서는, 위의 불가사의한 양을 얻을 때의 계의 온도 이외에 어떠한 제한이 없으므로(즉, 5 atm의 기체로서도, 10 atm의 기체로서도 얻을 수 있으므로), 압력이나 부피에서는 이 불가사의한 양이 계에 유입된 경우의 계의

8) 열소(caloric) : 17~18세기 개념으로 열을 어떠한 실체가 흐르고 있는 것으로 정의하고 이 흐르는 실체를 열소(caloric, heat fluid)라 함. 실체라면 무게가 존재하여야 하는데 이를 설명하지 못함.

상태 변화를 일정하게 기술할 수 없다. 상태량이란, 상태가 규정된다면 그 값이 일정하게 정해져야 하므로, 압력이나 부피에서는 이 불가사의한 양의 유입에 의한 계의 상태 변화를 기술할 수 없다.

여기서 **클라우지우스**[9]는, 계의 열역학적 상태를 나타내는 새로운 상태 변화 S를 정의하여, 이를 **엔트로피(Entropy)**라고 명명하였다. 그리고 카르노 사이클의 고찰에서 발견한, 얻은 열량을 얻었을 때의 온도로 나눈 양과, 계의 엔트로피 변화를 아래와 같이 연결지어 고찰하였다.

$$\Delta S_{12} = S_2 - S_1 = \frac{Q_{12}}{T_H} = \frac{Q_{in}}{T_H} \qquad 5\text{-}(4)$$

과정 1→2만을 보면, $Q_{in} > 0$, 온도는 양이므로, 열을 얻게 되면 계의 엔트로피가 늘어나는 것을 알 수 있다. 또한 카르노 사이클을 한 바퀴 돌아 원래의 상태로 돌아오면

$$\begin{aligned} \Delta S_{cycle} &= \Delta S_{12} + \Delta S_{23} + \Delta S_{34} + \Delta S_{41} \\ &= nR\ln\frac{V_2}{V_1} + 0 - nR\ln\frac{V_2}{V_1} + 0 \\ &= 0 \end{aligned} \qquad 5\text{-}(5)$$

가 되며, 상태량 S는 다시 원래대로 돌아오는 것을 알 수 있다.

여기서, 5-(4)식을 조금 더 일반화하여 나타내면, 계가 어느 온도 T에서 그 온도를 일정하게 유지하면서, 즉 가역적으로 외계로부터 열량 Q를 얻을 때 열을 얻기 전과 얻은 후의 계의 엔트로피의 변화량은, 그 때의 온도와 얻은 열량을 이용하여 아래 식과 같이 정의한다.

$$\Delta S_{계} = \frac{Q_{rev}}{T_{계}} \qquad 5\text{-}(6)$$

또는, 앞의 내부에너지 변 ΔU의 경우와 같이, 좌변에 상태량의 변화량, 우변에 이

9) Rudolf Clausius (1822-1888). 폴란드 태생의 물리학자. 초기 열역학의 기초를 확립하였다. 열역학의 학문 체계의 창시자로 유명. 두 가지의 위대한 업적이 있으며, 한 가지는 1865년, 당시 지배적이었던 열소설을 부정하고 에너지가 열역학적인 상태량임을, 다른 한 가지는 엔트로피라고 명명한 계의 상태를 표현하는 새로운 상태량을 정의하였고, 열역학 제2법칙을 유도하였다. 1871년 이후, 독일의 본 대학에서 종신교수를 위임하였다.

동량을 써서 아래 식과 같이 나타내는 것도 가능하다.

$$T_{계}\Delta S_{계} = Q_{rev} \tag{5-(7)}$$

또한, 5-(6)식을 미분형으로 표현한 아래의 정의식도 계산에서 자주 사용된다.

$$dS_{계} = \frac{\delta Q_{rev}}{T_{계}} \tag{5-(8)}$$

어떤 식이든지, Q_{rev}는 계가 외계로부터 가역적(Reversible)으로 얻은 열량이라는 조건이 붙은 열량임에 주의하자. 가역이라고 하는 조건을 알기 쉽도록 첨자에 *rev*라고 표기하고 있다. 가역적으로 열량을 얻는다는 것은, 계와 외계의 온도의 평형을 유지하면서 열 에너지를 외계로부터 계에 이동시킨다는 의미이다. 만일 계와 외계 사이에 온도차가 있다면 온도가 높은 쪽에서 낮은 쪽으로 비가역적으로 열 에너지가 이동하게 되며, 이는 원래대로 돌아가지 못하기 때문에 가역 과정이 될 수 없다. 학생의 시험 답안들을 보면, 이것저것 할 것 없이 5-(6)식의 우변에 열량을 넣어서 엔트로피 변화를 계산하는 실수를 발견할 수 있기 때문에, **사용하자! Box 5-1**에 이 점을 강조해두었다. 지금까지 기술한 여러 과정에서 계가 얻는 열량과 상태량 변화의 관계를 **사용하자! Box 5-2**에 정리해두었다. 정리하여 과정에 따라 자유롭게 구분하여 사용할 수 있도록 하자.

사용하자! Box 5-1 엔트로피의 정의식과 계산 방법

$$\Delta S = \frac{Q_{rev}}{T}$$

① 「가역적」으로 얻은 열이라는 조건이 붙은 것에 주의

② 비가역 과정의 경우, S가 상태량인 것을 활용하여 처음 상태와 나중 상태를 가역적 과정으로 연결하여 계산한다.

사용하자! Box 5-2 과정에 따라 계에 유입되는 열량이 다르다

과정	정적	정압	가역
기호	Q_V	Q_P	Q_{rev}
대응하는 계의 상태량 변화	ΔU	ΔH	$T\Delta S$

등온 하에서는 $Q_V < Q_P < Q_{rev}$의 순서로 커지며, Q_{rev}가 최대치가 된다.
(5-3절 클라우지우스의 부등식을 참조)

엔트로피 S는 계의 어떠한 상태를 나타내는 양이기 때문에, 본질적으로는 계의 상태를 나타내는 온도나 압력, 부피 등의 상태량의 동료가 늘었다고 할 수 있다. 여기서, 상태량을 역학적인지 열적인지 구분하는 관점과, **시강성**(Intensive)인지 **시량성**(Extensive)인지 구분하는 관점에서 정리하면 파악하기가 쉽다. 시강성의 변수는 물질의 양에 의존하지 않는 변수이다. 예를 들면, 대기압 하에서 1 atm의 기체 2리터와 1 atm의 기체 3리터를 섞어도 1 atm의 기체 5리터가 될 뿐이다. 이 예와 같이, 압력은 물질의 양에 의존하지 않는다. 온도에 대해서도 25℃의 물 2리터와 25℃의 물 3리터를 섞어도 25℃의 물 5리터가 될 뿐이다. 압력이나 온도와 같이 계의 물질량에 관계없는 상태량을 시강성의 상태량이라고 한다. 한편, 부피와 같이 그 값이 계의 물질량에 비례하는 것을 시량성의 상태량이라고 한다. 그렇다면 엔트로피는 어떨까? 5-(3)식과 정의식 5-(6)식에 의해, 그 양의 변화는 계의 부피에 의존한다는 것을 알 수 있다. 따라서, 엔트로피는 물질의 양에 의존하는 상태량이다. 이 모습을 표 5-1에 정리하였으므로 참고하기 바란다.

이러한 상태량의 차원을 생각하면, 역학적인 변수이며 시강성 변수인 압력 N/m^2과 시량성 변수인 부피 m^3를 곱한 것이 일(에너지)의 단위 $N \cdot m = J$가 되는 점 또한 열역학적인 변수이며, 시강성 변수인 온도 K와 시량성 변수인 엔트로피 J/K를 곱한 것은 5-(7)식을 보면 열(에너지)의 단위 J이 된다는 점에 주의하기 바란다. 아마도, 시강성 변수와 시량성 변수에는 각각에 대응하는 쌍이 있어서, 이들을 곱하면 에너지의 차원이 된다.

시강성 변수는 별명으로 포텐셜이라고 불리며, 포텐셜이 높은 쪽에서 낮은 쪽을 향해서 대응하는 '시량성 변수가 이동한다'라는 관계에 있다. 예를 들어, 부피는 압력이

높은 곳에서 낮은 곳을 향해서 이동(팽창)한다. 일기 예보에서 자주 듣는 서고동저의 겨울형의 기압 배치라면, 서쪽에 있는 차가운 러시아 쪽이 동쪽에 있는 일본보다 기압이 높기 때문에 러시아 상공의 차가운 공기가 팽창해서 일본 방향으로 흘러들어 기온이 낮아지게 된다. 또한, 온도가 높은 쪽에서 낮은 쪽으로 엔트로피가 흘러가는 것은 물레방아의 유추에서 카르노 사이클에서 고찰한 것과 같다. 시강성 변수(포텐셜)와 대응하는 시량성 변수, 그리고 그것들의 곱과 에너지와의 관계는, 다음 장에서 화학 포텐셜의 개념이 나올 때 다시 정리할 예정이므로, 이번 장에서의 해설은 여기까지로 해둔다. 여기서는 계의 열역학적 상태를 나타내는 변수가 시강성 혹은 시량성이라는 관점에 의해 분류되면 상태량과 에너지를 파악하기 쉽게 된다는 것을 이해하기 바란다.

최후에 표 5-1의 상태량 분류에 따라서, 카르노 사이클을 역학적인 상태량의 세트로 바라본 경우와 열적인 상태량의 세트로 바라본 경우에 대해서, 그림 5-1에 정리해 두었다. 카르노 사이클은 종종 PV그림으로 표현되지만, TS그림은 굉장히 간단하여 이해하기 쉽다. 각각의 그림에서, 1234로 둘러싸인 면적은, PV그림에서는 1사이클 당 계가 외계에 대해서 한 실질적인 일($-W_{cycle}$)을 의미하고 TS그림에서는 1사이클 당 계가 외계로부터 얻은 실질적인 열량($Q_{in}-Q_{out}$)을 의미하므로, 열역학 제1법칙에 의해 적절한 눈금 범위에서 두 경우의 면적은 같다.

표 5-1 계의 열역학 상태를 기술하는 상태 변수

	시강성	시량성
역학적	P	V
열적	T	S

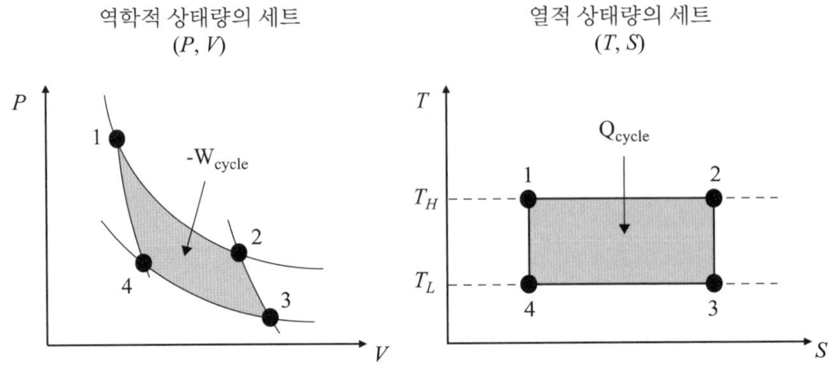

그림 5-1 카르노 사이클을 역학적인 상태량으로 바라본 경우(왼쪽)와 열적인 상태량으로 바라본 경우(오른쪽)의 비교
1234로 둘러싸인 면적이 왼쪽의 그림에서는 1사이클에서의 계가 외계에 한 실질적인 $(-W_{cycle})$, 오른쪽 그림에서는 계가 외계로부터 얻은 실질적인 열량$(Q_{cycle} = Q_{in} - Q_{out})$이 된다.

그러면, 새롭게 도입된 계의 상태량 「엔트로피」는 과연 어떠한 양일까? 다음 절에서 좀 더 자세하게 살펴보도록 하자.

Column 엔트로피 잡감

드디어 엔트로피가 정의되었다. 하지만, 일반적으로는 계에 열 에너지를 가한다면, 계의 온도가 상승해 버릴 것이다. 만일 온도를 변화시키지 않고 계에 열을 가할 수 있다면, 순수하게 엔트로피 변화의 효과를 직감적으로 파악할 수 있을 것이다. 이러한 모습은 어떤 장면에서 발견할 수 있을까?

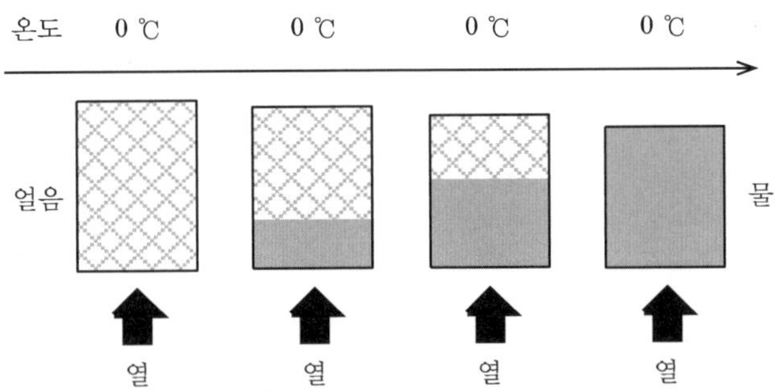

그림 얼음에서 물로의 상전이

1 atm, 0℃(273.15 K)에서, 1 mol 당의 얼음은 6.01×10^3 J의 열을 흡수하여 같은 물질량의 물로 상전이를 하는데, 이 때 온도가 변화하지 않는 것에 주의하기 바란다. 흡수한 열은 어디로 갔을까? 또한 사소한 부분이지만 그림이 오른쪽으로 갈수록 부피가 작아지게 되는 것은 당신의 기분 탓이 아니다. 얼음의 밀도는 0.9168 g/cm^3, 물의 밀도는 0.9998 g/cm^{3}이며, 완전히 물이 되면 10% 정도 부피가 작아진다.

이번 장에서 나온 카르노 사이클의 과정 1→2와 과정 3→4가 이에 상응한다. 카르노 사이클은 폐쇄계이며 작업물질이 이상기체라면, 압력이나 부피가 변할 때 이들이 등온 과정인 이상, 처음 상태와 나중 상태에서 내부에너지는 변하지 않는다. 예를 들어, 과정 1→2에서는 부피가 증가하면 같은 분자여도 자신이 차지할 수 있는 실린더 내의 위치, 즉 공간적 자유도가 상승한다고 말할 수 있다.

또한 얼음이 물로 상전이할 때, 얼음에 열을 가해도 전부가 물로 상전이할 때까지 온도가 변하지 않기 때문에 좋은 예가 된다. 위의 그림에서 얼음 1 mol(18 g)을 0℃, 1 atm에서 물로 상전이 시킬 때의 모습을 모식적으로 나타냈다. 열을 천천히 가하면 질서 정연한 얼음은 천천히 녹아서 자유롭게 움직이는 물이 되어 그 위치나 공간 배치의 자유도가 상승한다. 이 때 온도는 변하지 않는 것에 주의하자. 그렇다면 계가 흡수한 열 에너지는 어디로 갔을까? 에너지는 사라지지 않기 때문에, 온도라는 형태로는 감지되지 않지만 어딘가로 수용되었을 것이다. 이는 엔트로피 변화로 물질의 상태를 변화시키고 있는 것이다.

엔트로피는 물질의 무질서도 지표로 불린다. 무질서란 같은 0℃의 얼음 속과 물속에서의 물 분자의 움직임이라는 관점에서는 납득할 수 있지만, 카르노 사이클의 과정 1→2에 대해서 생각해보면, 상태 1과 상태 2는 균일하며 무질서도함이 늘었다는 느낌은 들지 않는다. 무질서도라는 단어를 분석해보면 「흐트러지다」, 「엉성하다」라고 할 수 있다. 컵 속의 물에 색을 띠는 잉크를 한 방울 떨어뜨릴 경우, 떨어진 당시에는 색깔이 진 얼룩이 생기겠지만, 충분히 시간이 지나면 균일하게 잉크 분자가 컵 전체에 분산된다. 시간이 지나서 엔트로피의 값이 최대로 달할 때 색은 균일하게 된다. 이는 어느 쪽이 흐트러져있거나 엉성한가라는 질문에 대해서는 미묘한 표현이다. 만일 집 벽에 페인트를 칠하는 경우를 생각하면, 사람에 따라서는 장소에 따라 얼룩이 있는 편을 칠하는 방식이 엉성하다 혹은 칠하는 방식이 흐트러져 있다고 표현할 지도 모른다. 「무질서도의 정도」라는 표현이 유효한 경우가 많은 것은 의심할 여지가 없지만, 이 표현에만 의지하는 것은 무언가 부족하다는 것이 최근 젊은 사람들의 생각이다.

그렇다면 조금 더 확실한 표현은 없을까? 그러던 어느 날, 강의가 끝난 후에 한 학생이 「선생님, 열용량과 엔트로피의 차원이란 $\mathrm{J\,K^{-1}}$으로 똑같은데, 같은 것인가요?」라는 질문을 던져왔다. 열용량도 엔트로피도 사람이 만든 개념으로, 물리적인 정의가 다르기 때문에(그러므로 다른 이름이 부여되었다), 같은 것인가라고 질문을 받으면 「그건 다르죠」라고 말하는 것이 일단의 대답이 된다. 실제로 열용량은 엔트로피 그 자체가 아니고 온도나 부피 등의 비를 통하여 관계 지어졌다. 하지만 이 학생의 질문에는 날카로움과 묘미가 있었다. 날카로운 점은 물리적인 「차원」이 같은 점을 알아차린 점이다. 재미있는 것은, 아직 통계역학을 배우지 않았지만 열용량의 개념을 배운 단계의 학생이 알기 어려운 엔트로피의 개념을 전해주는 힌트를 포함하고 있다는 점이다. 구체적으로는 「열용량」의「용량」이라는 단어는 「무질서도」이외에 시험할 가치가 있는 다른 이미지를 보여주는 듯하다.

필자는, 엔트로피의 증가는 「무질서도의 증가」라고 하는 것보다 「(열)에너지의 수납 방식의 자유도 증가」, 좀 더 쉽게 말하자면 「에너지를 수납하는 형태 수의 증가」라는 편이 조금 더 이미지를 갖고 전달되지 않을까 하는 생각을 가지고 있다. 「엔트로피가 늘었다」라는 것을, 「에너지를 넣을 수 있는 서랍의 수가 늘었다」, 「수용하는 선반이 증축되었다」라고 한다면, 이상한 얼굴을 하게 될까? 「무질서도」보다 좀 더 확실히 상상되는 단어는 없을까? 그 단어의 이미지에 다가가기 위해, 사족일 수도 있지만, 다음과 같은 질문을 생각해보았다.

Q1. 호텔의 1박 요금과 방의 등급은 같지만, 좁은 방과 넓은 방의 두 종류가 준비되어 있다고 하자. 당신은 어느 쪽을 선택할 것인가?

Q2. 방문할 수 있는 나라의 수가 한정되어 있는 여권과 무제한의 여권 중, 어느 하나를 지금 받을 수 있으며, 자유롭게 선택할 수 있다고 하자. 당신은 어느 쪽을 선택할 것인가? 물론 실제로 갈지 어떨지는 당신의 자유이다.

Q3. 같은 금액의 백화점 상품권과 현금 중에 하나를 받을 수 있다고 하자. 당신은 어느 쪽을 선택할 것인가?

어떻게든지 생각할 수 있을 것 같지만, 보통의(즉, 대다수의) 생각으로는, 어떠한 질문에도 후자의 선택지가 좋다고 생각하는데 어떠한가? 좀 더 「넓은」, 「여유로운」쪽으로, 좀 더 「자유도」가 높은 쪽으로……. 그런데, 어떠한 이야기와 비슷하지 않은가? 「얻을 수 있는 경우의 수」는 어떠한가? 「자연은 좀 더 자유로운 상태를 선호한다」라는 것도 좋은 표현일지도 모른다. 독자 여러분은 좀 더 좋은 단어나 이미지가 떠올랐을 수도 있다. 「무질서도의 정도」이외에 무언가 좋은 표현을 생각해보는 것도 즐거울 것이다.

앞의 질문으로 이야기를 되돌리면, 우리의 선택에 대한 의사 결정(뇌 속에서의 정보 처리)는 뇌 속에서 어떠한 물질이 행하고 있을 것이다. 만일 대다수의 사람의 선택이 「자연스럽게」향하는 방향성과 엔트로피는 어딘가 깊은 곳에서 연결되어 있을 지도 모른다. 이번에 기회가 된다면 뇌 분야의 과학자에게 질문해보고 싶다.

5.2 고립계의 변화의 방향성과 열역학 제2법칙

뜨거운 물과 차가운 물을 접촉시킬 경우에, 왜 자발적으로 균일한 온도의 미지근한 물이 될까? 이 당연한 자연스러운 변화의 방향성을 판정하기 위해서 엔트로피가 이 정표가 되어준다.

앞 절에서 고찰한 가역적인 카르노 사이클이, 한 바퀴 돌아 원래의 상태에 돌아올 경우, 엔트로피 변화에 대해서 아래의 관계식이 성립한다.

$$\Delta S_{\text{계},cycle} = 0 \qquad 5\text{-}(9)$$

이 때 외계는 어떨까? 외계의 엔트로피 변화를 생각하면, 고온부에서는 Q_{12}의 열량을 계에 가하며, 저온부에서는 $-Q_{34}$의 열량을 얻기 때문에 4-(8), (28), (34)식에 의해

$$\Delta S_{\text{계},cycle} = \frac{-Q_{12}}{T_H} + \frac{-Q_{34}}{T_L} = 0 \qquad 5\text{-}(10)$$

이 된다. 여기서 계와 외계를 더한 것이 우주 전체가 된다. 이 때 우주의 외계는 없다

고 가정하고, 우주는 우주 밖으로부터 열을 얻거나, 우주 밖에 열을 방출할 수 없다고 생각한다. 즉, 우주는 고립계라고 한다. 이 때, 가역 사이클을 일주했을 경우의 우주 전체(고립계)의 엔트로피의 변화는

$$\Delta S_{\text{우주전체(고립계)},cycle} + \Delta S_{\text{계},cycle} + \Delta S_{\text{외계},cycle} = 0 \qquad 5\text{-}(11)$$

이 된다.

하지만, 세상에서 일어나는 모든 변화가 가역 과정은 아니다. 오히려 가역 과정은, 계와 외계의 온도차나 압력차가 전혀 없도록 진행시키지 않는다면 실현되지 않으므로, 실제로는 무한한 시간이 걸리게 되어 실현할 수 없다. 예를 들어, 위에서 서술한 카르노 사이클에서는, 일반적으로 피스톤–실린더 장치가 이용되지만, 피스톤이 유한한 속도로 움직인다면, 계와 외계의 사이에 압력차나 온도차가 생길 것이며 피스톤과 실린더 사이에 마찰력도 작용하므로, 그에 따른 여분의 마찰력이 발생하고 만다. 원래 열에서 일로의 변환 효율은 100%가 아니지만 열역학 제1법칙에 의해 에너지의 총량은 보존되므로 만일 마찰에 의해서 여분의 열이 발생된다면, 그 만큼 내보낼 수 있는 일량은 더욱 감소하게 된다.

따라서 현실의 프로세스에서는 마찰 등에 의해 발생한 여분의 열이 저온부에서 추가분의 열로서 버려지기 때문에, **클라우지우스의 부등식**(The inequality of Clausius 혹은 Clausius's inequality)이라고 불리는 아래의 부등식이 성립된다.

$$\frac{Q_{in}}{T_H} < \frac{Q_{out}}{T_L} \qquad 5\text{-}(12)$$

이번 장의 후반에서, 좀 더 일반적인 클라우지우스의 부등식을 도출하는데, 사이클의 어딘가에서 비가역 과정이 한 번이라도 발생한다면, 계가 외계에 방출하는 열량이 가역 과정의 경우보다 늘어나기 때문에 외계의 엔트로피 변화는 가역 과정의 경우에 비해 커지게 된다. 따라서 비가역적인 과정이 한 번 발생하면, 사이클을 일주했을 때 외계의 엔트로피 변화가 0이 아닌 양의 값이 된다. 즉,

$$\Delta S_{\text{외계}} > 0 \qquad 5\text{-}(13)$$

이며, 이 때 여분으로 발생한 열 에너지는 일로 변환되지 못한 에너지이며, 가역 과정으로 진행된 경우에 비해서 내보내진 팽창 일은 감소하게 된다. 한편, 계의 상태를 나타내는 엔트로피는 1순환하면 다시 원래의 상태로 돌아오므로

$$\Delta S_{계} = 0 \qquad 5\text{-}(14)$$

가 된다. 따라서, 만일 사이클 도중에 한 번 마찰열의 발생 등 비가역적인 현상이 발생하면, 우주 전체는

$$\Delta S_{우주전체} = \Delta S_{계} + \Delta S_{외계} > 0 \qquad 5\text{-}(15)$$

가 되며, 우주 전체(고립계)의 엔트로피는 증가한다고 할 수 있다.

그렇다면, 사이클이 아니며 열도 새롭게 발생하지 않는 비가역 과정이지만 고립계라면 5-(15)식의 관계가 성립할까?

우주 전체를 언제나 생각하는 것은 너무 규모가 크기 때문에, 그림 5-2에 나타낸 것처럼 보온병(단열 용기) 안을 전열성의 칸막이로 구분지은 것을 생각해보자. 이 때 $T_1 > T_2$라고 하며, 양쪽 방의 온도 변화를 무시할 수 있을 정도의 무한 미소 열량 δQ이 왼쪽의 구획 1에서 오른쪽의 구획 2로 흐른다고 하자. 온도가 높은 곳에서 낮은 곳으로의 열의 이동은 자발적으로 일어나며, 반대의 경우는 자연적으로 일어나지 않으므로 이 열량의 이동은 비가역적이다. 이때 이 단열 용기 내, 즉 고립계의 엔트로피 변화는 어떻게 될까? 구획 1에서 구획 2로 전열 벽을 통하여 이동한 미소 열량 $\delta Q > 0$은 도중에 줄거나 늘지 않으므로, 이 계 전체의 엔트로피 변화는 아래와 같이 나타낼 수 있다.

$$dS_{단열용기내(고립계)} = dS_{구간1} + dS_{구간2} = \frac{-\delta Q}{T_1} + \frac{-\delta Q}{T_2} \qquad 5\text{-}(16)$$

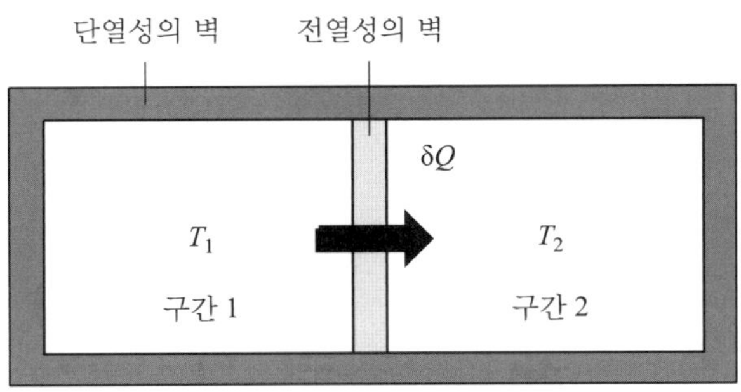

그림 5-2 단열 용기 안에서 일어나는 자발적 변화
구간 1의 온도(T_1)가 구간 2의 온도(T_2)보다 높은 경우, 구간 1에서 구간 2로의 열 에너지의 이동(δQ)은 자발적일까?

$T_1 > T_2$이므로, 고온부에서 저온부로의 자발적인 열의 이동에서,

$$dS_{단열용기내(고립계)} > 0 \tag{5-(17)}$$

이 성립한다. 이처럼 자발 과정이 일어난 경우, 고립계인 단열 용기 전체 에너지의 엔트로피는 증가하고 있음에 주의하자. 우주 전체도 단열 용기 내도 외계와 열이나 일 등의 에너지를 주고받지 않는 고립계이므로, 이러한 모습을 통일적으로 표현하면 다음과 같다.

「고립계에서 자발적으로 일어나는 과정에서는 엔트로피는 증가한다」

이 자연의 법칙을 **열역학 제2법칙**(the second law of thermodynamics)라고 하며, 고립계의 자발적인 변화의 방향성을 고찰할 때에 굉장히 도움이 된다. 이때의 엔트로피의 증가는 고립계의 내부 전체 온도가 똑같아질 때까지, 즉 열적 평형을 이룰 때까지 계속되므로, 다음과 같이 표현할 수 있다.

「고립계의 열 평형 상태는, 가해진 조건 하에서 그 엔트로피가 최대가 되는 상태이다」

이들 엔트로피의 방향성과 나중 도착점에 달하는 조건을 정리하면, 아래와 같다.

「여러 가지 자발적인(즉, 비가역적인) 변화가 진행된 경우, 열 평형에 도달할 때까지 우주 전체(고립계)의 엔트로피는 증가한다」

두 곳에 밑줄 친 것은 「엔트로피가 증가한다」라는 단어나 조건이 확대 해석되어 오용되는 경우가 많기 때문이다. 자주 있는 오해 중 한 가지는 엔트로피는 항상 끝없이 증가한다하고 생각하는 경우가 있다. 이는 고립계가 열 평형에 달했을 때 엔트로피의 증가가 멈추므로 잘못된 생각이다. 또한 자발 변화가 일어났을 때, 계의 엔트로피는 반드시 증가한다고 생각하는 경우도 있다. 반드시 증가한다고 할 수 있는 것은 계가 고립계일 경우이다. 만약 계가 고립계가 아닐 경우는 열 에너지를 외계에 버리게 되므로 계의 엔트로피가 자발적으로 줄어든다. 이 경우에도 이러한 변화가 자발 과정이라면, 계가 버린 열 에너지를 외계가 얻게 되므로, 외계의 엔트로피는 계의 엔트로피의 감소 이상으로 늘어서 계와 외계를 합친 우주 전체(이는 고립계라고 할 수

있다)에서 본다면 역시 엔트로피가 증가하게 된다.

이상으로, 만약 고립계에서 자발적인 과정이나 비가역적인 과정이 어딘가에서 진행되면, 그 엔트로피는 증가하는 것을 알았다. 이 상황을 일반적으로 나타내면 아래와 같다.

$$\Delta S_{고립계} > 0 \qquad 5\text{-}(18)$$

클라우지우스는 열역학 제1법칙과 제2법칙을 아래와 같이 요약하고 있다.

「우주의 에너지는 일정하며, 엔트로피는 최대값으로 향한다」

이 법칙은 「고립계에서는, 그 상태량인 엔트로피를 사용하면, 자연계 물질의 자발적인 변화의 방향성을 판단하는데 사용할 수 있다.」라는 것을 의미한다. 좀 더 적극적으로 말하자면, 미지의 화학 반응을 생각할 때, 그 반응의 전후에서 우주 전체의 엔트로피 변화를 계산해보고, 그 값이 양이라면 그 화학 반응은 자발적으로 일어난다. 만약 그렇지 않다면 자발적으로는 일어날 수 없다, 등의 판단에 사용할 수 있다는 것을 의미한다.

5.3 클라우지우스의 부등식과 열역학 제2법칙

가역 과정에서 열의 유출입의 결과, 계에서 증가 혹은 감소하는 엔트로피와 비가역 과정에서 계에 새롭게 생겨나는 엔트로피, 이 2가지를 나눠서 생각하면 이해하기 쉽다.

앞 절에서는, 고립계에서 자발 과정이나 비가역 과정이 진행되면 그 엔트로피가 증가하는 것을 배웠다. 여기서는 좀 더 일반적인, 열을 주고받는 계에 착목한 열역학 제2법칙의 표식을 생각해보자. 구체적으로 외계와 열을 주고받은 결과, 변화한 계의 엔트로피와 비가역적인 변화가 일어난 결과 발생한 엔트로피를 나눠서 생각한다. 여기서는 계가 외계로부터 열 에너지 δQ를 얻었을 때, 계에서 변화한 엔트로피를 $dS_{계,교환}$이라고 한다. 이 때 δQ를 얻는 방법은 가역적, 비가역적 어느 쪽이든 좋다. 이 때, $dS_{계,교환}$

은 양 · 음 · 0의 어떤 값도 취할 수 있다. 또한 엔트로피 변화의 첨자에 「교환」이라고 쓴 이유는, 계와 외계 사이에서 열 에너지 δQ를 주고받은 결과, 변화한 엔트로피라는 것을 명시하기 위해서이다. 한편 비가역 과정이나 자발 변화를 통해서 계에 새롭게 발생한 엔트로피를 $dS_{계,발생}$라고 하고, 계의 엔트로피 변화 전체 $dS_{계}$를 고찰하자. 이때, 계 전체의 미소 엔트로피 변화는 아래와 같이 나타낼 수 있다.

$$dS_{계} = dS_{계,교환} + dS_{계,발생} = \frac{\delta Q}{T} + dS_{계,발생} \qquad 5\text{-}(19)$$

만일 계가 「가역적으로」 열 에너지를 얻을 경우, $\delta Q = \delta Q_{가역}$, $dS_{계,발생} = 0$이므로,

$$dS_{계} = \frac{\delta Q_{가역}}{T} \qquad 5\text{-}(20)$$

이 되고, 5-(8)식과 일치한다. 만일 「비가역적으로」 외계로부터 계로 유입된다면 $\delta Q = \delta Q_{비가역}$, $dS_{계,발생} > 0$이므로, 5-(19)식에 의해

$$dS_{계} > \frac{\delta Q_{비가역}}{T} \qquad 5\text{-}(21)$$

이 된다. 따라서 5-(19), (21)식에 의해 가역, 비가역에 상관없이 아래의 부등식이 성립한다.

$$dS_{계} \geqq \frac{\delta Q}{T} \qquad 5\text{-}(22)$$

등호는 가역 과정에서, 부등호는 비가역 과정에서 성립한다. 가역 과정과 비가역 과정 모두를 내포하는 5-(22)식을 **클라우지우스의 부등식**(the inequality of Clausius)라고 한다. 여기서는 외계와 열을 주고받는, 좀 더 일반적인 계(폐쇄계)를 생각했는데 고립계의 경우는 $\delta Q = 0$가 되며, 비가역 과정의 경우는 5-(22)식에서 부등호가 성립되므로 5-(22)식은 고립계의 5-(17)식의 내용도 내포한 조금 더 일반적인 열역학 제2법칙을 나타내는 식이 되었다. 5-(22)식은 외계와 열을 주고받는 계에서 열역학 제2법칙을 표현하는 식으로 자주 이용되며, 다음 장에서 자유에너지의 도입에 이용된다. 엔트로피는 상태량이므로, 그 변화량 $dS_{계}$은 가역 과정에서도 비가역 과정에서도 변하지 않는다. 따라서 5-(22)식은 폐쇄계에서 온도 일정(T) 하에서 등호가 성립하는 경우, 즉 가역 과정에서 계가 얻는 열량이 최대가 되는 것을 나타낸다.

5.4 온도 -열역학 제0법칙-

엔트로피의 한 쌍을 이루는 시강성 변수 「온도」는 과연 무엇일까?

일상생활에서 온도는 온도계를 통해서 가시화되며, 어떻게든 직감적으로도 파악하기 쉽다. 또한 고등학교에서 이미 절대 온도의 개념을 배웠으며, 과학적으로도 온도라는 개념을 고민 없이 잘 다루어 왔다. 절대 온도를 T[K], 1기압에서의 물의 응고점을 0℃, 끓는점 100℃라고 하고 그 사이를 100 등분한 셀시우스 온도를 ℃라고 한다. 이상기체의 상태 방정식 $PV=nRT$에서 $PV=$일정의 직선을 외삽하여 이것이 0이 되는 값을 절대 온도로 정하면, 절대 온도의 수치는 셀시우스 온도의 수치에 273.15를 더하면 되었다. 즉, 0℃는 273.15 K이며, 100℃는 373.15 K이다. 이상기체상태 방정식의 온도에 수치를 대입할 때, 절대 온도인 것을 잊지 않는다면 어떠한 불편함도 없었다.

하지만 잘 생각해보면, 이상기체라는 것은 사람이 가상적으로 생각한 기체이며, 실제로는 (이에 가까운 것은 있지만) 존재하지 않는다. 그렇다면 위의 이야기는 물질에 따라서 달라져 버리는 것일까? 앞에서 시량성 변수, 시강성 변수의 쌍으로 엔트로피와 온도가 짝이 된다는 것을 배웠다. 즉, 만일 온도에 고저차가 있는 물체가 전열재를 통해서 접촉시키면 온도가 높은 쪽에서 낮은 쪽으로 에너지가 열이라는 형태로 이동하며, 양쪽의 온도가 똑같아질 때까지 이러한 이동이 계속된다. 이 상황을 보이는 것처럼 쓴 것을, **보인다! Box 5-1**에 나타냈다.

보인다! Box 5-1에서는 물질 A와 물질 B의 열적 평형을 생각하였다. 열 평형에 달할 때, 물질 B의 온도(그림에서라면 높이)를 기록해둔다. 다음으로 물질 B를 물질 A와 분리 후, 다른 물질 C를 접촉시키는 경우를 생각하자. 이 때, 당연히 B와 C 사이에서 열의 이동이 일어나는데, 물질 B와 물질 C가 열 평형에 달할 때, 먼저 물질 A와 물질 B가 열 평형에 달한 경우의 높이와 완전히 같은 높이에서 온도를 나타내는 지표가 멈췄다고 하자. 이 때, 물질 A와 물질 C는 접촉시키지 않아도 같은 온도라는 것을 알 수 있다. 즉, 온도는 물질의 종류와 상관없이 지도의 등고선의 해발 0 m에 상당하는 것과 같이 물질의 열적인 상태를 나타내는 절대적인 지표라는 것을 경험적으로 알 수 있다. 이를 **열역학 제0법칙**(The zero's law of thermodynamics)이라고 한다. 말로 정리하면 다음과 같다.

보인다! Box 5-1 열적 평형과 온도

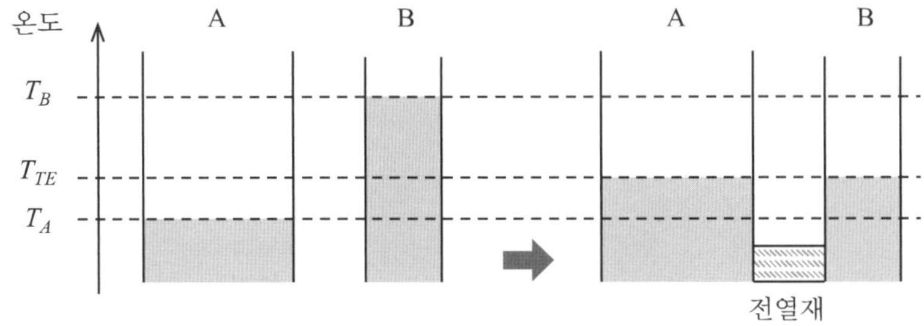

종류도 온도도 다른 두 가지의 물질 A, B 사이에 저장되어 있는 열 에너지의 주고받음을 전열재 등을 통해서 허용하면, 열용량의 차이에 관계없이, 양쪽의 온도가 같아질 때까지 열 에너지가 이동한다. 이동이 멈춘 상태를 열 평형이라고 하며, 이때의 온도를 평형 온도 T_{TE}라고 한다. 첨자의 TE는 thermal equilibrium의 앞 글자에서 따왔다.

「A와 B가 열 평형을 이루고, B와 C가 열 평형을 이룬다면, A와 C는 열 평형을 이룬다」

이런 자연계의 성질이 있기 때문에 우리는 물질 B, 즉 온도계를 통하여 실제로 물질 A와 물질 C를 접촉시키지 않아도 각각의 온도를 절대적 기준으로 비교하는 것이 가능하다. 이 모습을 그림 5-3에 나타냈다. 단, 온도계는 온도 변화를 물질의 부피 변화나 전기 신호로 변환하여 가시화하는 장치이며, 우리가 실제로 보는 것은 온도 그 자체가 아니다.

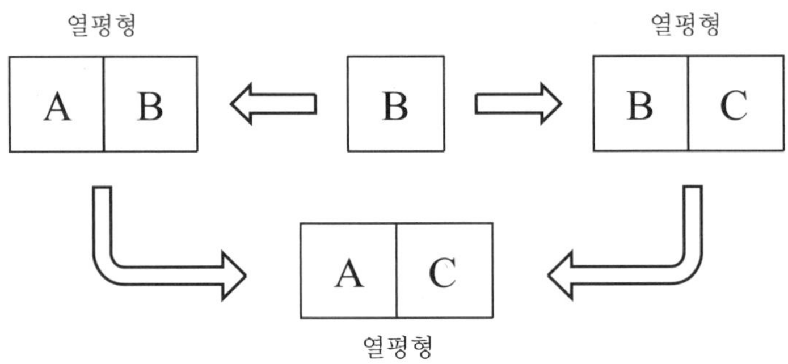

그림 5-3 열역학 제0법칙 : 절대 기준으로서의 온도의 존재
만일 B를 A와 C 각각에 접촉시켜 A와도 열 평형, C와도 열 평형을 이룬다면, A와 C를 접촉하지 않아도 A와 C가 열 평형 상태에 있는 것을 알 수 있다. 이 성질은 물질의 종류에 상관없이 절대적인 상태의 기준인 온도의 존재를 나타내며, 이 경우 B는 온도계가 된다.

하지만 이것만으로는 온도라는 절대 기준이 존재하는 것을 서술한 것에 불과하며, 온도란 무엇인가를 아직 설명하지 않았다. 온도의 개념의 정확한 이해에는 통계역학을 배울 필요가 있으므로, 여기서는 지면의 사정상 Column과 이 책 말미에 읽기 쉬운 책을 소개해두었다. 온도에 대해서 좀 더 깊이 알고 싶은 학생은 반드시 참고하기 바란다. 온도는 가장 일상적으로 사용되면서 굉장히 깊이 있는 개념이라고 할 수 있다.

Column 온도란 무엇일까?

이 책의 첫 장에서, 열역학적 평형을 이루고 있다면, 굉장히 많은 수의 입자로 이루어진 계의 열적 혹은 역학적 상태를 하나하나의 입자의 상태를 쫓지 않고, 아주 적은 수의 파라미터로 대표할 수 있는 것이 열역학의 강점이라고 서술하였다. 온도도 이러한 파라미터의 한 종류로서 구체적으로는 어떠한 것일까?

자세히는 통계역학을 배우면 알 수 있으며, 어느 온도 T로 대표되는 열 평형에 도달한 계를 구성하는 각각의 입자의 에너지는 전부 균등하지 않는 분포를 가지고 있으며, 높은 에너지를 갖는 입자일수록 그 입자를 발견할 확률은 지수 함수적으로 감소한다. 왜 지수 함수적인 분포가 되는가는 통계역학을 배울 때의 즐거움으로 두고, 만일 에너지(E)에 대해서 그 존재 확률이 지수 함수적인 분포를 나타낸다면, 그 분포를 하나의 파라미터(β)로 대표할 수 있다.

$$\frac{\text{에너지 } E \text{ 상태의 점유수}}{\text{기준이 되는 최저 에너지 } E_o \text{ 상태의 점유주}} = e^{-\beta(E-E_o)}$$

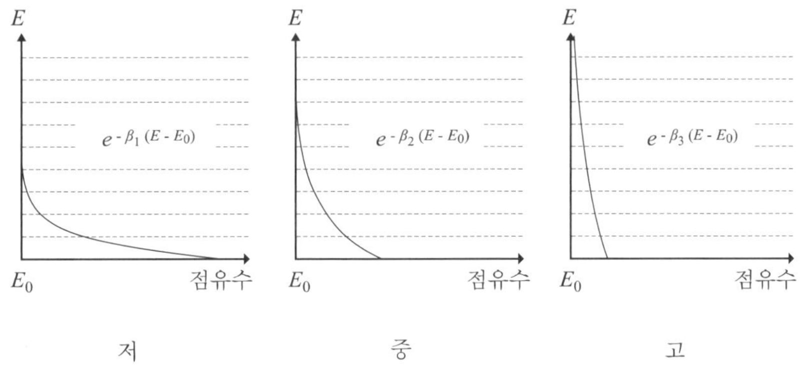

그림. 온도의 차이에 따른 구성 입자의 에너지 분포 차이
온도가 높을수록 높은 에너지 준위에서 입자를 발견할 확률(점유수)이 늘어난다. 어떤 온도에서도 에너지가 높은 입자를 발견할 확률은 지수 함수적으로 감소한다. 온도 T는 구성 입자가 얻을 수 있는 에너지의 분포를 대표하는 파라미터라고 할 수 있다. k_B는 볼츠만 상수를 나타낸다.

가로축을 입자가 얻을 수 있는 에너지 E라고 하고, β값에 따라 어떻게 입자의 에너지 분포가 변하는지를 그림으로 나타냈다. β값이 작아질수록, 높은 에너지에도 분포가 넓어지는 것을 알 수 있다. 온도 T는 β의 역수이며, 볼츠만 정수 k_B와 그림 속에 나타낸 식의 관계로 연결되어 있다. 즉, 온도 T는 입자의 에너지 분포 정도를 나타내는 파라미터이다. 어떤 온도에서도 에너지가 높아질수록 그 존재 비율은 지수함수적으로 감소하지만, 온도가 높을수록 높은 에너지 상태에서 입자를 발견할 확률은 확실히 늘어난다.

$$\beta_1 > \beta_2 > \beta_3, \quad \beta = \frac{1}{\kappa_\beta} \text{일 때}$$

에너지 준위를 선반에 비유하면, 온도가 높으면 높은 쪽의 선반에도 입자가 배치된다고 할 수 있다.
앞에서 엔트로피에 대해서「얻을 수 있는 상태의 자유도」라는 단어를 이용하였는데, 여기서 나온 볼츠만 상수 k_B는 얻을 수 있는 상태의 수 W와, 엔트로피 S를 직접 연결하는 상수이기도 하며, $S = k_B \ln W$라는 관계를 성립한다.

5.5 엔트로피 -열역학 제3법칙-

반응열 등의 표를 보면, 왜 엔트로피만 변화량이 아닌 절대값으로 기재되어 있을까?

앞 절에서, 온도는 물질의 종류에 상관없이 물질의 열적 상태를 나타내는 절대 기준이 된다는 것을 소개하였다. 그렇다면, 물질의 열적 상태를 나타내며, 시강성 및 시량성의 관점에서의 온도의 짝인 엔트로피에서도 물질의 종류에 의존하지 않는 절대 기준이 존재할까?

지금까지는 내부에너지도 엔트로피도 동일한 작업물질(그 대부분은 가상적인 이상기체)에 대해서 고찰해왔기 때문에, 절대량을 알 필요 없이 열역학 제1법칙은 ΔU, 열역학 제2법칙은 ΔS, 즉 처음과 나중의 상태량의 차를 안다면 충분하였다. 하지만 이후 이번 장까지 배운 열역학의 기초를 화학 반응, 즉 물질의 변환에 응용할 때, 반응계와 생성계에서는 물질의 종류 자체가 달라진다. 온도와 같은 절대 기준이 엔트로피에 대해서도 정해지지 않을까?

네른스트[9]는 여러 가지 실험 사실에 기초하여, 다음의 정리를 1906년에 제안하였다.

고체상(결정)만이 관여하는 등온 화학 반응 $A \rightarrow B$를 생각하자. 이 때, 화학 반응에 따른 엔트로피 변화 $\Delta S = S_B - S_A$는 압력에 상관없이, 온도 0 K의 극한에서 0에 수렴한다. 식으로 나타내면 다음과 같다.

$$\lim_{T \to 0} \Delta S(T) = \lim_{T \to 0} \{S_B(T) - S_A(T)\} = 0 \qquad 5\text{-}(23)$$

이를 **네른스트의 열 정리**(Nernst's heat theorem)라고 한다. 5-(23)식은 엔트로피는 물질의 종류에 상관없이, 절대 0도에 가까워지면 그 값은 어떤 일정한 값에 수렴한다는 것을 의미한다. **플랑크**[10]는 나아가 이 사고방식을 발전시켜 그 일정값을 0으로 가정하여 다음과 같은 표현을 도입하였다.

「모든 순물질의 완전 결정의 엔트로피는 0K에서 0이 된다」

식으로 나타내면 아래와 같이 된다.

$$\lim_{T \to 0} S(T) = 0 \qquad 5\text{-}(24)$$

이를 **열역학 제3법칙**(The third law of thermodynamics)이라고 한다. 이 법칙에서, 물질을 순물질에 한정하는 이유는, 혼합물이면 혼합 엔트로피가 절대 0도에서도 남

---

9) Walther Hermann Nernst (1864-1941). 폴란드 태생의 물리학자 및 물리 화학자. 헬름홀츠, 볼츠만, 콜 라우슈들과 함께 물리학을 배우고, 1887년, 뷔르츠부르크 대학에서 물리 박사 학위를 얻었다. 라이프치히 대학을 지나, 1905년 베를린 대학으로 옮기고부터 극저온에서의 물질의 거동을 연구하고 열역학 제3법칙을 제안하였다. 열역학 제3법칙에 의해 평형 정수 등을 화학 반응의 열적 데이터로 계산하는 것이 가능해져, 「열역학에서의 공적」에 의해 1920년 노벨 화학상을 수상하였다.

10) Max Plank (1858-1948). 독일 연방 태생의 물리학자 및 물리 화학자. 1879년 뮌헨 대학에서 열역학 제2법칙에 관한 학위 논문으로 이론 물리학의 박사 학위를 취득하고, 킬 대학을 거쳐 1888년부터 1926년까지 그를 위해 설립된 베를린 대학의 이론 물리 연구소의 소장으로 근무하였다. 열역학을 물리 화학의 분야에 가져온 것으로 유명하며, 흑체 복사에 관한 이론적인 연구에서 에너지에 관한 양자 가설을 도입하여 양자론의 아버지로 불려진다. 1918년 양자론의 업적에 의해 노벨 물리학상을 수상하였다.

아있기 때문이다. 또한 완전 결정에 한정하고 있는 이유는, 만일 불완전한 결정이면 분자 배열의 흐트러짐에 의한 엔트로피(잔여 엔트로피)가 절대 0도에서도 남기 때문이다. 예를 들어, 우리와 친근한 물의 고체 결정인 얼음도 수소 결합에서의 수소의 배치 방식에 의해 잔여 엔트로피가 남기 때문에 절대 0도에서도 그 엔트로피는 0이 되지 않는다.

여기까지의 접근에 의하면 0이란 한정되지 않은 일정값이라는 것 이외에는 알 수 없으면서, 그 일정값을 억지로 0으로 설정한 듯한 인상을 받는다. 이 타당성에 관한 엄밀한 논의에 대해서는 극저온에서의 양자 역학의 도움을 빌려와야 하며, 이번 장의 범위를 넘게 되는데, 극저온에서의 물질의 거동에 의해 그 일정값을 0이라고 한다는 것의 타당성이 실험적으로 검증되었다. 이처럼 절대 0도에서 엔트로피의 절대값이 0이 되는 것을 인정할 수 있으면, 즉 물질의 종류에 상관없이 엔트로피의 절대 기준이 생긴다면 물질 그 자체가 변하는 화학 반응의 나중 상태와 처음 상태의 엔트로피의 대소를 비교할 수 있게 되며, 그 반응의 진행에 대한 자발성을 판단할 수 있게 된다. 이러한 의미로 열역학 제3법칙은, 열역학을 화학에 응용하기 위해 없어서는 안 될 토대를 제공하는 법칙이다.

일단, 절대 0도에서의 엔트로피 값이 0이라는 것을 인정하면, 임의의 온도 T에서 그 물질의 엔트로피 값을 구할 수 있다. 가령 도중에 상전이가 일어난다고 해도, 상전이 온도에서 하나하나 적분 구간을 나눠서 융해열 ΔH_{fus}, 증발열 ΔH_{vap}를 고려하여 더하면 되며, 구체적으로는 아래와 같이 구할 수 있다. 여기서는 녹는점을 T_f, 끓는점을 T_b라고 하며, 일정한 압력 하에서의 표식을 나타내었다.

$$
\begin{aligned}
S(T) &= \int_0^T \frac{\delta Q_{rev}}{T} \\
&= \int_0^{T_f} \frac{C_{P(\text{고체})}(T)}{T} dT + \frac{\Delta H_{fus}(T_f)}{T_f} + \int_{T_f}^{T_b} \frac{C_{P(\text{액체})}(T)}{T} dT \\
&\quad + \frac{\Delta H_{vap}(T_b)}{T_b} + \int_{T_b}^{T} \frac{C_{P(\text{기체})}(T)}{T} dT
\end{aligned}
\qquad 5\text{-}(25)
$$

또한 5-(25)식에서 나타낸 엔트로피의 온도 의존성을 알기 쉽게 그림 5-4에 모식적으로 나타냈으므로 참고하기 바란다.

$$S(T) = \int_0^T \frac{\delta Q_{rev}}{T}$$

$$= \underset{①}{\int_0^{T_f} \frac{C_{P(고체)}(T)}{T} dT} + \underset{②}{\frac{\Delta H_{fus}(T_f)}{T_f}} + \underset{③}{\int_{T_f}^{T_b} \frac{C_{P(액체)}(T)}{T} dT} + \underset{④}{\frac{\Delta H_{vap}(T_b)}{T_b}} + \underset{⑤}{\int_{T_b}^{T} \frac{C_{P(기체)}(T)}{T} dT}$$

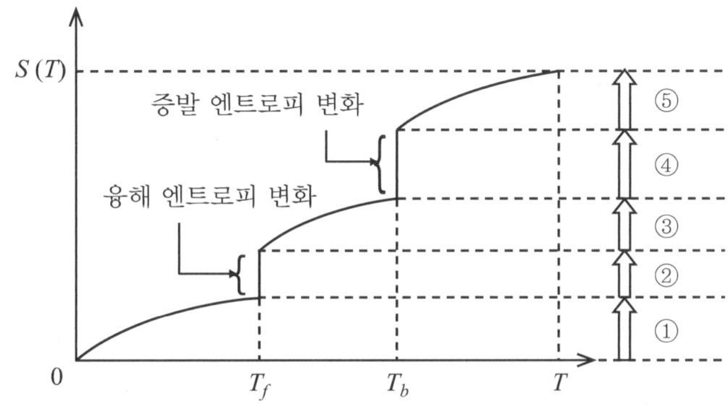

그림 5-4 엔트로피의 온도 의존성

물질의 특성은, 정압 변화의 경우는 정압 열용량 $C_P(T)$에 반영된다. 정적 변화의 경우는 5-(25)식 중의 정압 열용량의 부분을 정적 열용량으로 바꾸면 된다. 그리고 표에 정리된 엔트로피 값은 **표준 절대 엔트로피**(Standard absolute entropy)이며, 표준 상태($P = 10^5$ Pa, $T = 298$ K)에서의 그 물질 1 mol이 갖는 엔트로피 값을 나타내고 있다. 즉, 화학 반응에 의해 물질이 변해도 화학 반응에 의한 엔트로피의 변화를 계산할 수 있다. 이를 전제로 다음 장부터는 열역학을 이용한 화학에의 응용에 들어간다.

Column 열역학 제0법칙에서 열역학 제3법칙까지 4개의 법칙을 정리하여…

열역학 제0법칙은 온도(T)의 개념을, 열역학 제1법칙은 에너지[내부에너지(U)]의 개념을, 열역학 제2법칙과 제3법칙은, 엔트로피(S)의 개념과 그 절대값에 대해서 기술하고 있다. 온도 T, 에너지 U, 엔트로피 S가 물질의 열적 상태를 나타내는 양도 기본적인 상태량이라는 것을 알았다. 이들의 상호 관계에 대해서는 이후의 장에서도 논할 것이므로 하나하나 숙달하여 열역학의 기본 법칙을 자유자재로 구사하기 바란다.

5장 연습문제

5-1 실린더와 피스톤으로 이뤄진 용기에 1.0 mol의 이상기체를 넣고, 온도를 300 K로 유지시킨 채, 가역적으로 3.0×10^3 J의 열에너지를 공급했다. 이때의 엔트로피 변화 ΔS를 구하시오.

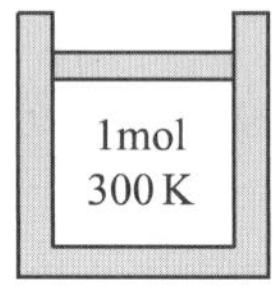

5-2 끓는점에서 물의 증발 및 응고점에서 물의 응고는 가역과정이라고 볼 수 있다.
(1) 1기압, 100℃에서 1.0 mol의 물을 증발시키면, 4.1×10^4 J의 기화열이 외계로부터 빼앗긴다. 이때의 증발에 동반되는 엔트로피 변화 ($\Delta S_{물 \cdot 증발}$)를 구하시오.

(2) 1기압, 0℃에서 1.0 mol의 물을 얼리면, 6.01×10^3 J의 응고열이 물로부터 방출된다. 이때의 응고에 동반되는 엔트로피 변화($\Delta S_{물 \cdot 응고}$)를 구하시오.

5-3 단열벽에 둘러싸인 인접하는 계 A와 B가 있다. 각 온도 T_A, T_B는 $T_A < T_B$이다. 각 계의 온도는 일정하다고 가정하며, B에서 A로의 자발적인 열이동이 일어나는 것을 엔트로피 변화를 이용하여 나타내라. 또한, 역이 자발적이지 않은 것도 나타내라.

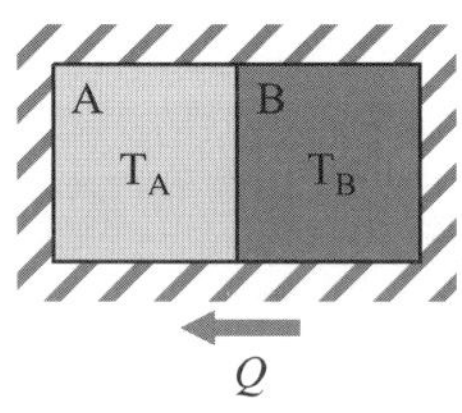

5-4 벤젠의 끓는점은 80.1℃에서 1 mol당의 부피(액체)는 $89.0 \text{ cm}^3 \text{ mol}^{-1}$, 기화열은 $3.08 \times 10^4 \text{ J mol}^{-1}$이다. 끓는점에서 증발에 동반하는 아래의 값들을 구하시오. 또한, 이 변화는 가역인지 비가역인지를 나타내라. 벤젠 증기는 이상기체로 가정하고, 압력은 1기압에서 일정하다고 한다. 1기압 = 1.013×10^5 Pa 이다.

· 벤젠 1 mol의 엔트로피 변화 ΔS_b

· 벤젠 1 mol의 엔탈피 변화 ΔH_b

· 벤젠 1 mol의 내부에너지변화 ΔU_b

· 외계의 엔트로피 변화 $\Delta S_{외}$

제5장 연습문제해답

5-1 계의 엔트로피 변화 $\Delta S_{계}$는

$$\Delta S_{계} = \frac{Q_{rev}}{T_{계}} = \frac{3.0 \times 10^3\ \mathrm{J}}{300\ \mathrm{K}} = 10\ \mathrm{J\ K^{-1}}$$

5-2 (1) 이때의 기화열은 [가역적으로 이동하는 열] 이다. 온도일정에서, 물 → 수증기의 변화에 의해 계에 열이 공급되므로,

$Q_{rev} = \Delta H_{증발} = 4.1 \times 10^4\ \mathrm{J}\ (> 0)$

따라서 $\Delta S_{물 \cdot 증발} = \dfrac{Q_{rev}}{T_{끓는점}} = \dfrac{4.1 \times 10^4\ \mathrm{J}}{373\ \mathrm{K}} \cong 1.1 \times 10^2\ \mathrm{J\ K^{-1}}$

(2) 이때의 응고열은 [가역적으로 이동하는 열] 이다. 온도일정에서, 물 → 얼음의 변화에 의해 계에서 열이 방출되므로,

$Q_{rev} = \Delta H_{응고} = -6.01 \times 10^3\ \mathrm{J}\ (< 0)$

따라서 $\Delta S_{물 \cdot 응고} = \dfrac{Q_{rev}}{T_{녹는점}} = \dfrac{-6.01 \times 10^3\ \mathrm{J}}{273\ \mathrm{K}} \cong -22.0\ \mathrm{J\ K^{-1}}$

5-3 B에서 A로 이동한 열량을 Q라고 한다. 각각의 계의 엔트로피 변화는

$$\Delta S_A = \frac{Q}{T_A}$$

$$\Delta S_B = \frac{-Q}{T_B}$$

$T_A < T_B$이므로

$|\Delta S_A| > |\Delta S_B|$

$\Delta S_T = \Delta S_A + \Delta S_B > 0$

따라서, 계 전체의 엔트로피 변화 ΔS_T가 양의 값이므로, 자발적이다.

역으로, A에서 B로 열량 Q가 이동한다고 하자. 각각의 계의 엔트로피 변화는

$$\Delta S_A = \frac{-Q}{T_A}$$

$$\Delta S_B = \frac{Q}{T_B}$$

$T_A < T_B$이므로

$|\Delta S_A| > |\Delta S_B|$

$\Delta S_T = \Delta S_A + \Delta S_B < 0$

따라서, 계 전체의 엔트로피 변화 ΔS_T가 음의 값이므로 자발적이지 않다.

5-4 엔탈피 변화 ΔH_b

압력이 일정하므로, ΔH_b는 기화열 Q_{vap}와 같다.

$\Delta H_b = 1\ \mathrm{mol} \times Q_{vap} = 3.08 \times 10^4\ \mathrm{J}$

엔트로피 변화 ΔS_b, $\Delta S_{외}$

$$\Delta S_b = \frac{Q_{vap}}{T} = \frac{\Delta H_b}{T} = \frac{3.08 \times 10^4\ \mathrm{J}}{353.3\ \mathrm{K}} = 87.2\ \mathrm{J\ K^{-1}}$$

$\Delta S_{외} = -Q_{vap}/T = -87.2\ \mathrm{J\ K^{-1}}$

$\Delta S_T = \Delta S_b + \Delta S_{외} = 0$

따라서, 계 전체의 엔트로피 변화는 0이므로 가역변화이다.

내부에너지 변화 ΔU_b

증발할 때의 부피변화 ΔV에 의한 일 W는

$$\begin{aligned} W &= -P_{ex}\Delta V = -P(V_{기체} - V_{액체}) \\ &= -P\,(nRT/P - 89.0 \times 10^{-6}\ \mathrm{m^3}) \\ &= -2.93 \times 10^3\ \mathrm{J} \end{aligned}$$

따라서 내부에너지 변화는

$$\begin{aligned} \Delta U_b &= Q + W = \Delta H_b + W \\ &= 3.08 \times 10^4\ \mathrm{J} - 2.93 \times 10^3\ \mathrm{J} \\ &= 2.79 \times 10^4\ \mathrm{J} \end{aligned}$$

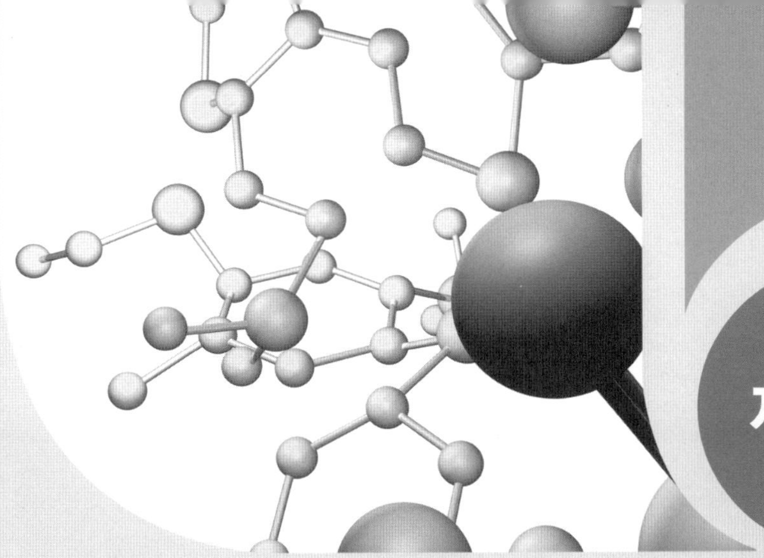

제 6 장

자유에너지의 도입과 자발 변화의 방향성

열역학을 화학 문제에 응용하는 단계에 들어왔다. 제5장에서는, 가역적인 카르노 사이클을 고찰할 때, Q_{rev}/T라는 양이 보존되며, 이는 계의 상태를 나타내는 새로운 상태량인 엔트로피와 연관지었다. 또한「가역적」이라는 조건이 사이클 중의 일부분에서라도 무너진 경우, 즉 압력이 높은 곳에서 낮은 곳으로 부피 팽창이 일어나거나, 온도가 높은 곳에서 낮은 곳으로 열로 에너지가 이동한 경우는, 비가역 과정이 되며, 계와 외계 전부를 포함하는 우주 전체(고립계)의 엔트로피가 증가하는 것을 배웠다.

이번 장에서는 외계와 에너지를 주고 받을 수 있는 폐쇄계에 대해서, 폐쇄계만의 열역학량으로 자발 변화의 방향성을 판별할 수 있도록, 새롭게 자유에너지의 개념을 도입한다. 그리고 자유에너지 값이 팽창 일 이외에 해낼 수 있는 일, 즉 비팽창 일의 최대값을 가르쳐주는 것을 배운다.

6.1 고립계로부터 폐쇄계의 자발 변화 방향성의 판정으로-자유에너지-의 도입

당신은 엔트로피 증가 법칙을 고립계뿐만이 아니라 폐쇄계에도 적용하려고 하지는 않는가?

앞 장에서 고립계에서 자발 변화가 일어난다면, 그 엔트로피는 최대값을 향하여 계속해서 증가하여 평형이 될 때 그 최대값을 맞이한다는 것을 배웠다. 우주 전체는 고립계로 간주되는데, 계는 언제나 고립계로 한정되지 않는다. 이번 절에서는, 물질의 주고받음은 허용되지 않지만, 에너지의 주고받음은 허용되는 폐쇄계에서 계만의 상태량으로 우주 전체의 엔트로피 변화를 구하는 방법으로 계산이 가능하지 않을까 생각해보자. 이를 구할 수 있다면, 계만의 열역학적 상태 변수만으로 생각하고 있는 변화가 자발적인 것인지 아닌지를 판단할 수 있다.

우선 우주 전체의 엔트로피 변화를 계의 엔트로피 변화와 외계의 엔트로피 변화로 나눠서 생각해보자.

$$\Delta S_{\text{우주전체(고립계)}} = \Delta S_{\text{계(개방계)}} + \Delta S_{\text{외계(폐쇄계)}} \qquad 6\text{-}(1)$$

여기서 외계의 엔트로피 변화를 계의 열역학량으로 나타낼 수 없는지 생각해보자. 이때 계와 외계의 온도는 T로 일정하다. 외계가 계로부터 열량 $Q_{\text{외계}}$를 얻었을 때(즉, 계가 에너지를 열로 외계에 버릴 때) 열 에너지 그 자체는 새롭게 사라지거나 생겨나지 않는다고 하면, 계가 잃은 열량 $Q_{\text{계}}$는 외계가 얻은 열량 $Q_{\text{외계}}$ 그 자체이므로,

$$Q_{\text{외계}} = -Q_{\text{계}} \qquad 6\text{-}(2)$$

이며, 이 때 엔트로피의 정의식을 외계에 적용하여, 6-(2)식에 의해 $\Delta S_{\text{외계(폐쇄계)}}$는 다음과 같이 나타낼 수 있다.

$$\Delta S_{\text{외계(폐쇄계)}} = \frac{Q_{\text{외계}}}{T} = -\frac{Q_{\text{계}}}{T} \qquad 6\text{-}(3)$$

이때, 6-(1)식은 다음과 같이 나타낼 수 있다.

$$\Delta S_{\text{우주전체(고립계)}} = \Delta S_{\text{계(개방계)}} - \frac{Q_{\text{계}}}{T} \qquad 6\text{-}(4)$$

만약 우주 전체의 엔트로피 변화가 계의 상태량 변화만으로 표현된다면, 도중의 경로를 신경 쓰지 않고 계산할 수 있으므로 편리하다. 하지만, 6-(4)식의 우변의 열량 $Q_{계}$는 상태량이 아니다. 만일 이 열의 주고받음이 정압 과정에서 일어난다면 $Q_{계} = \Delta H_{계}$가 되므로,

$$\Delta S_{우주전체(고립계)} = \Delta S_{계(개방계)} - \frac{\Delta H_{계(개방계)}}{T} \tag{6-(5)}$$

6-(5)식의 우변을 보면 등온 및 정압이라는 조건이 붙은 변화지만, 고립계인 우주 전체의 엔트로피 변화를 폐쇄계의 엔탈피 변화, 엔트로피 변화, 온도라는 계의 상태량만으로 나타낼 수 있다. 여기서 6-(5)식의 우변을 하나하나 쓰는 것은 번거롭기 때문에, 아래와 같은 새로운 열역학량을 정의한다.

$$G \equiv H - TS \tag{6-(6)}$$

이 새롭게 도입된 열역학량(G)는 **깁스의 자유에너지**(Gibb's free energy) 혹은 단순히 **깁스 에너지**(Gibb's energy)라고 불린다. 이 정의에서 알 수 있듯이, 현 시점에서는, 단순한 기호의 절약이며 새로운 의미는 없다. 하지만 깁스의 자유에너지는 각각 상태량인 엔트로피, 엔탈피, 온도만으로 나타나므로 이것도 상태량이다. 등온 정압 과정에서 상태 변화의 전후에 깁스의 자유에너지의 변화량을 구하면, 등온 과정인 것에 주의하여 6-(6)식은

$$\Delta G \equiv \Delta H - T\Delta S \tag{6-(7)}$$

이 되므로, 이를 6-(5)식에 의해,

$$\Delta S_{우주전체(고립계)} = -\frac{\Delta G_{계(개방계)}}{T} \tag{6-(8)}$$

이 성립된다. 따라서, 등온 정압이라는 조건 하이지만 고립계인 우주 전체의 엔트로피 변화는 계의 깁스 자유에너지 변화와 직접 연관되는 것을 알 수 있다. 이 때 절대온도 T는 0이나 양이라는 것, 그리고 우변에 마이너스가 붙어 있는 것에 주의하면, 자발적인 변화가 일어날 수 있는 경우는 $\Delta S_{우주전체(고립계)} > 0$이므로, 계의 깁스 자유에너지 변화에서는

$$\Delta G_{계(개방계)} < 0 \text{ (자발 변화) (등온 정압 과정)} \tag{6-(9)}$$

라는 조건으로 판정할 수 있다. ΔG의 내용을 돌이켜보기 위해 6-(7)식을 보면, 만약 고립계에서 엔트로피 변화만을 생각한다면 자발 변화인지 아닌지 판정할 수 있지만, 폐쇄계가 되면 계의 엔트로피 변화만이 아닌 계의 엔탈피 변화도 고려하지 않으면, 자발 변화인지 어떤지 판정할 수 없게 된다. 반대로 생각하면, 가령 폐쇄계의 엔트로피가 감소해도 이때의 엔탈피의 변화에 따라서 자발 변화가 될 수도 있다. 세상에는 언뜻 보기에 엔트로피가 감소하고 있는 듯한 현상을 볼 수 있지만, 결국 외계로 에너지를 방출하고 계와 외계를 더한 우주 전체로는 엔트로피는 증가하기 때문에 열역학 제2법칙에 모순되지는 않는다. 이와 같은 예로, 6-3절의 Column에 수소와 산소가 반응하여 물이 되는 경우를 소개하고 있으므로 참고하기 바란다. 이로써, 어떤 경우도 등온 정압 과정에서 폐쇄계의 자발 변화의 방향성을 계의 열역학량만으로 계산할 수 있게 되었다. 그렇다면 등온 정적 과정에서는 어떻게 될까? 이에 대해서는 다음 절에서 등온 정적 과정을 생각할 때에 편리한 열역학량을 도입한 후에 생각해보도록 하자.

6.2 등온 정적 과정의 고찰과 헬름홀츠의 자유에너지 도입

당신은 자유에너지 변화의 계산을 할 때, 그 변화가 정압에서 일어나는지, 정적에서 일어나는지, 의식하고 있는가?

앞 절에서는, 등온 정압 과정에서의 깁스 자유에너지를 도출하였다. 그렇다면 부피가 일정한 등온 정적 과정에서는 어떻게 될까? 이 때 정적 과정이므로 계는 외계에 대해서 팽창 일은 하지 않는다. 하지만, 일은 팽창 일만이 아니며 전기 일, 빛의 일 등 다른 형태도 있다. 따라서 계에서 해낼 수 있는 팽창 일과 다른 형태의 일, **비팽창 일** (Non-expansion work)에 대해서 고찰해보자. 여기서 비팽창 일을 $W_{비팽창}$으로 나타내며, 정적 과정이므로 일단 팽창 일이 없을 때의 열역학 제1법칙을 식으로 세우면 아래와 같이 된다.

$$\Delta U = Q + W_{비팽창} \qquad 6\text{-}(10)$$

또한 열역학 제2법칙을 나타내는 클라우지우스의 부등식 (5-(22)식)에 의해

$$\Delta U \geq \frac{Q}{T} \qquad 6\text{-}(11)$$

이 성립한다. 6-(11)식의 부호는 계가 외계로부터 가역적으로 열을 얻을 경우만 성립된다. 6-(10), (11)식에 공통으로 포함되는 Q를 하나의 식으로 정리하면, 아래의 부등식을 얻는다.

$$\Delta U - T\Delta S \leq W_{\text{비팽창}} \qquad 6\text{-}(12)$$

여기서 6-(12)식의 좌변의 형태를 따서, 아래의 양을 새롭게 정의한다.

$$A \equiv U - TS \qquad 6\text{-}(13)$$

여기서 정의한 A를 **헬름홀츠의 자유 에너지(Helmholtz's free energy)**, 혹은 단순히 헬름홀츠 에너지(Helmholtz's energy)라고 부른다. 다른 서적에서는 F라고 쓰기도 한다. A는 내부에너지와 엔트로피, 그리고 온도가 규정되어 있다면 구할 수 있는 양이므로 상태량으로 표시할 수 있다. 등온 과정으로 T가 일정하기 때문에, 이 과정의 나중 상태와 처음 상태의 차를 생각하면, 6-(13)식에서 헬름홀츠의 자유에너지에 대한 변화량에 관하여 아래와 같이 나타낼 수 있다.

$$\Delta A \equiv \Delta U - T\Delta S \qquad 6\text{-}(14)$$

따라서 6-(12)식과 6-(14)식에 의해

$$\Delta A \leq W_{\text{비팽창}} \qquad 6\text{-}(15)$$

라는 관계식이 성립한다. 우리가 실제로 흥미가 있는 것은, 외계가 계에 하는 비팽창일 $W_{\text{비팽창}}$이 아니고, 계가 외계에 하는 비팽창 일 $-W_{\text{비팽창}}$이므로, 6-(15)식의 양변에 -1을 곱해서 $-W_{\text{비팽창}}$을 이용한 식으로 고치면

$$-W_{\text{비팽창}} \leq -\Delta A \qquad 6\text{-}(16)$$

가 된다. 6-(16)식은, 등온 정적 과정이 진행될 때에 계가 외계에 할 수 있는 비팽창일 $-W_{\text{비팽창}}$에 상한이 있다라는 것을 가르쳐 준다. 등호는 가역 과정의 경우에만 성립하므로 가역 과정에서 할 수 있는 비팽창 일이 최대가 되며, 이것이 등온 정적 변

화에서는 헬름홀츠의 자유에너지 변화량이다.

하지만, 이것만으로는 잘 이해가 되지 않는다. 따라서, 6-(16)식의 우변에 등온 과정에서의 6-(14)식을 되돌려보면 다음과 같이 된다.

$$-W_{비팽창} \leq -(\Delta U - T\Delta S) \qquad 6\text{-}(17)$$

6-(17)식은 6-(12)식으로부터도 직접 도출할 수 있다. 이 식은 내부에너지의 감소분 $-\Delta U$을 전부 비팽창 일로 행해지지 않고, 내부에너지 변화분에서 미리 $T\Delta S$만큼 뺀 것이 할 수 있는 최대의 비팽창 일이라는 것을 의미한다. 이 때 미리 뺀 분량의 에너지를 **결합에너지(Bond energy)**라고 한다. 제1장에서 결합에너지의 개념을 소개했는데, 이것이 등온 정적 과정에서의 결합에너지의 구체적인 내용이다. 이에 대해서, 비팽창 일로써 내보내질 수 있는 최대의 에너지를 **자유에너지(Free energy)**라고 한다. 다음 절에서, 먼저 구한 팽창 일을 동반하는 등온 정압 과정에 대해서 똑같이 고찰해보도록 한다.

여기서 앞 절에서 숙제였던, 등온 정적 과정에서의 닫힌 계의 자발 변화의 방향성에 대해서 고찰해두자. 등온 정적 과정에서는 팽창 일을 하지 않고, $Q_{계} = \Delta U_{계}$가 되므로, 6-(4)식에 의해 아래의 식이 성립한다.

$$\Delta S_{우주전체(고립계)} = \Delta S_{계(개방계)} - \frac{\Delta H_{계(개방계)}}{T} \qquad 6\text{-}(18)$$

여기서, 6-(14)식에 의해,

$$\Delta S_{우주전체(고립계)} = -\frac{\Delta A_{계(개방계)}}{T} \qquad 6\text{-}(19)$$

따라서, 등온 정적 과정에서는,

$$\Delta A_{계(개방계)} < 0 \ (자발\ 변화)\ (등온\ 정적\ 과정) \qquad 6\text{-}(20)$$

이 자발 변화의 방향성의 판정식이 된다. 등온 정압 과정의 경우의 6-(9)식과 비교해보기 바란다. 폐쇄계의 자발 변화의 방향성은 그 변화가 정압 과정인지 정적 과정인지에 따라 변하는 점과, 어떤 경우에도 폐쇄계에서는 판정의 부호가 고립계의 경우의 엔트로피 변화와 반대가 되는 점에 주의하기 바란다. 이러한 모습은 **사용하자! Box 6-1**에 정리해두었으므로, 머릿속에서 정리하는 데에 도움이 되기 바란다.

사용하자! Box 6-1 자발 변화의 판정 조건은 계의 종류나 변화의 과정에 따라 다르다.

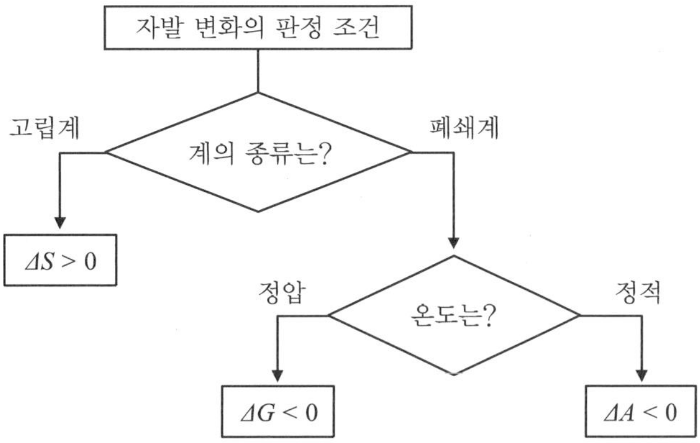

엔트로피의 변화량의 부호로 폐쇄계라면 자유에너지의 부호로 판정하자.
고립계와 폐쇄계의 양과 음이 반대가 되는 점에 주의하자.

6.3 등온 정압 과정에서의 최대비팽창 일 -깁스자유에너지 변화-

당신은 일을 생각할 때, 언제나 팽창 일과 비팽창 일을 나눠서 생각하고 있는가?

이번 절에서는 계의 온도와 압력을 일정하게 유지한 채로 상태가 변화하는 등온 정압 과정에서 할 수 있는 팽창 일을 고찰해보자. 보통, 우리는 실온 및 대기압 하에서 화학 반응을 행하고 있으므로, 등온 정압 과정은 화학 문제를 생각할 경우, 가장 일반적인 과정이다. 부피가 변화하지 않는 정적 과정과 다르게, 부피 변화를 허용하는 정압 과정에서는 팽창 일의 기여를 고려할 필요가 있다. 따라서 정압 변화를 고찰할 때, 일을 팽창 일과 비팽창 일로 미리 분리해두면 파악하기 쉽다. 따라서 열역학 제1법칙에서, 일 W를 팽창 일 $W_{팽창}$과 비팽창 일 $W_{비팽창}$로 나눠서 나타내도록 하자.

$$\Delta U = Q + W_{팽창} + W_{비팽창} \tag{6-(21)}$$

이때 계와 외계의 압력이 항상 일정 압력 P로 계의 압력과 평형을 유지하면서 팽창한다고 하면, 계가 얻는 팽창 일은 다음과 같이 나타낼 수 있다.

$$W_{팽창} = -P_{외계}\Delta V = -P_{계}\Delta V \qquad 6\text{-}(22)$$

여기서 정적 과정의 항에서 고찰했을 때와 같이, 클라우지우스의 부등식 6-(11)식과 6-(21), (22)식을 합하면 아래의 부등호 관계가 성립한다.

$$\Delta U + P\Delta V - T\Delta S \leq W_{비팽창} \qquad 6\text{-}(23)$$

여기서, 6-1절에서 정의한 깁스 자유에너지 G를 이용하여 6-(23)식을 정리하는 것을 생각하자. 엔탈피의 정의식($H = U + PV$)에 의해, 깁스 자유에너지는 아래의 식으로 바꿔 쓸 수 있다.

$$G = U + PV - TS \qquad 6\text{-}(24)$$

또한 등온 정압 과정을 생각하고 있으므로, 6-(13)식에 의해, 변화의 전후를 생각하면 ΔG는 아래와 같이 나타낼 수 있다.

$$\Delta G = \Delta U + P\Delta V - T\Delta S \qquad 6\text{-}(25)$$

여기서 6-(23)식과 6-(24)식에 의해

$$\Delta G \leq W_{비팽창} \qquad 6\text{-}(26)$$

따라서, 등온 정압 변화에서는 계에서 외계에 할 수 있는 비팽창 일 $-W_{비팽창}$은 깁스 자유에너지 변화량과 아래와 같은 관계가 된다.

$$-W_{비팽창} \leq -\Delta G \qquad 6\text{-}(27)$$

6-(27)식은 등온 정적 변화와 같이, 등온 정압 과정이 진행될 때에 계가 외계에 할 수 있는 비팽창 일에는 상한(이론산의 최대값)이 있다는 것을 가르쳐 준다. 또한 부호는 가역 과정의 경우에 성립하므로 가역 과정에서 할 수 있는 비팽창 일량은 최대가 되며, 이것이 G의 감소분 ΔG이다. 정적 과정과는 달리, 정압 과정에서의 상한은 깁스 자유에너지 변화로 나타내어진다는 것에 주의하자. 이를 **사용하자! Box 6-2**에 정리하였다.

사용하자! Box 6-2 등온 정압 변화의 관계식

계가 할 수 있는 비팽창일	$\leq$	계의 자유에너지 변화량

(부호는 가역 가정일 경우만 성립)

일 전부가 아닌 비팽창일에 대해서만 논하고 있는 것에 주의하자.

사용하자! Box 6-3 할 수 있는 최대 비팽창 일은 변화 과정의 차이에 의해 좌우된다.

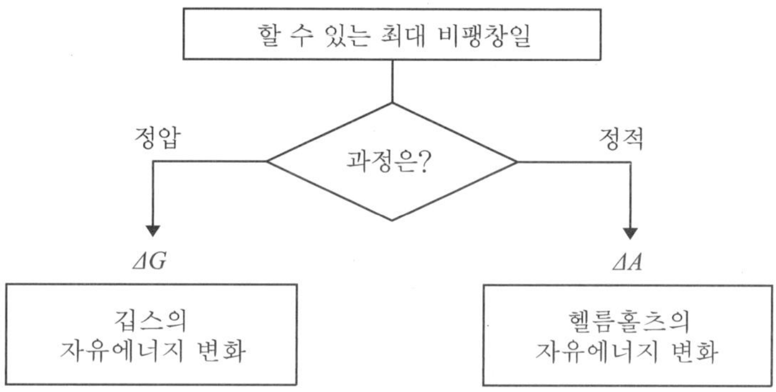

그렇다면, 결합에너지는 어떨까? 6-(27)식의 우변의 내용을 보면, 6-(25)식에 의해 6-(27)식은 아래와 같아진다.

$$-W_{비팽창} \leq -(\Delta U - T\Delta S) - P\Delta V \qquad 6\text{-}(28)$$

등온 정압 과정에서는, 내부에너지의 변화량에서 미리 결합에너지를 뺀 것만이 아니라, 외계로의 팽창 일의 분량 $P\Delta V$만큼도 뺀 것이 할 수 있는 최대의 비팽창 일이라는 것을 나타내고 있다. 즉, 등온 정압 과정에서는 등온 정적 변화에 비하여 팽창 일만큼 계에서 할 수 있는 비팽창 일의 최대값이 줄어들었다는 것이다.

이처럼 자유에너지의 변화량은 비팽창 일의 이론상의 최대값을 가르쳐준다는 것을 확인하였다. 또한 그 최대값은 가역 과정에서만 달성되는 것도 알았다. 그리고 그 값은 변화의 과정에 따라서 다르며, 정적 과정과 정압 과정에서 각각 헬름홀츠의 자유에너지 변화와 깁스 자유에너지 변화의 차이가 생겨났다. 이 모습을 **사용하자! Box**

6-3에 정리하였다. 여기서 계의 에너지 상태를 나타내는 네 개의 상태량 모두가 갖추어졌으므로 그림 6-1에 정리해두었다. 엔트로피도 포함한 계의 상태량 변화와 그 의미를 표 6-1에 정리해두었으므로 도움이 되기 바란다.

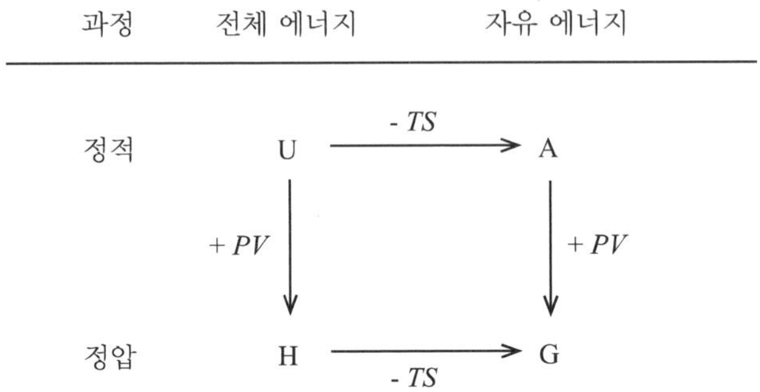

그림 6-1 계의 에너지 상태를 기술하기 위해서 편리한 열역학량(상태 함수)

표 6-1 계의 상태량 변화와 대응하는 열역학적 의미와 사용

상태량 변화	의미 · 사용법
ΔU	정적 반응열
ΔH	정압 반응열
ΔS	고립계의 자발 변화의 판정
ΔA	정적 변화하는 폐쇄계의 자발 변화의 판정과 이론상 할 수 있는 최대 비팽창 일량
ΔG	정압 변화하는 폐쇄계의 자발 변화의 판정과 이론상 할 수 있는 최대 비팽창 일

Column **물의 생성 반응의 엔트로피 변화는 음의 값인데, 왜 자발적으로 진행할까?**

표준 상태에 있는 원소의 단위에서, 어떤 화합물 1 mol을 생성할 때의 자유에너지 변화를 표준 생성 자유에너지(Standard free energy of formation)라고 하며, 기호 ΔG_f^o로 나타낸다. 여기서 G의 오른쪽 위에 붙은 「^{o}」는 표준 상태의 값이라는 것을 나타내며, 오른쪽 밑의 첨자 f는 생성(Formation)의 앞 글자에서 따왔다. 표준 상태(Standard condition)란, 압력이 엄밀히 1 bar(=10^5 Pa)로, 순수하게 그 물질만이 존재하는 상태를 가리킨다. 온도는 임의지만, 보통 298.15 K (25℃)를 사용한다.

예를 들어, 액체 물의 표준 생성 자유에너지는 아래와 같이 나타낼 수 있다.

$$H_2(g) = \frac{1}{2}O_2 \rightarrow H_2O(l),\ \Delta G_f^o = -237\ \mathrm{kJ/mol}$$

6-(9)을 보면, 깁스 자유에너지 변화의 부호에서 위 생성 반응은 자발 변화라고 판정할 수 있다. 이 때 위 반응에서의 표준 생성 엔탈피 ΔH_f^o, 표준 생성 엔트로피 ΔS_f^o는 각각

$$\Delta H_f^o = -28611\mathrm{kJ/mol},\ \Delta S_f^o = -163\ \mathrm{kJ/mol}$$

이다. 엔트로피 변화는 계만의 값을 보면 음이 되는데, 계의 엔탈피 변화도 음, 즉 발열 반응이다. 이 때, 외계의 엔트로피의 증가분은 적어도 계의 엔트로피의 감소분과 같거나 그 이상이 아니면 이 반응은 자발 변화가 되지 않는다. 따라서, 이 생성 반응에 따른 화학 결합의 변화로 개방되는 열 에너지 $-\Delta H(= -286\ \mathrm{kJ/mol})$ 중, 적어도 $T\Delta S$만큼은 외계의 엔트로피의 증가분만큼이 되지 않으면 안되며, T=298.15(25℃)일 때의 값은

$$T\Delta S = 298.15 \times -163 \sim -49\ \mathrm{kJ/mol}$$

로 예측할 수 있다. 실제 6-(7)식에 따라서, 남은 ΔG를 산출하면

$$\Delta G = \Delta H - T\Delta S = -286\mathrm{kJ/mol} - (-49\ \mathrm{kJ/mol}) = -237\ \mathrm{kJ/mol}$$

이 되며, 이 반응에서 할 수 있는 최대 비팽창 일량은, 엔탈피 변화에 비해서 외계의 엔트로피 증가분만큼의 열 에너지가 줄어들었다는 것을 나타내고 있다.

이처럼 화학 반응에 따른 계의 엔트로피 변화가 가령 음의 값을 갖는다 해도, 고립계가 아니고 그 값과 같거나 그 이상의 엔트로피 증가를 외계에 행할 수 있다면, 고립계로서의 우주 전체의 엔트로피 변화는 - 또는 +가 되어 그 반응은 자발적이 된다.

여기서 소개한 물의 생성 반응에서 할 수 있는 비팽창 일은, 예를 들어 수소와 산소를 반응시키는 연료전지를 만들어서 전기 일로서 해낼 수 있다. 이미 미션을 끝낸 미국의 스페이스 셔틀에서는 선체의 동력원으로서, 또는 반응에 따라 생성된 물은 승무원의 음료수로서 사용되고 있다. 또한 가정용 연료전지는 2005년에 일본 총리 대사관저에 세계에서 처음으로 도입되어 관저의 뜨거운 물 공급이나 발전에 사용되고 있다. 현재 차세대의 에너지 시스템으로서 연료전지와 연료가 되는 수소를 공급하기 위한 수소 스테이션 등의 정비가 검토되고 있으며, 최

근 수소를 2차 에너지 매체로 하는 수소 사회가 도래할 지도 모른다.

Column 열을 흡수하는 발열 반응은?

앞의 수소 연소로 물을 생성하는 반응에서는, 계의 엔트로피가 감소하는 만큼, 할 수 있는 최대의 비팽창 일이 개방된 열 에너지에 비하여 줄어들었다. 그렇다면 아래의 탄소의 불완전 연소의 예는 어떨까?

$$\mathrm{C}(s) + \frac{1}{2}\mathrm{O_2}(g) \rightarrow \mathrm{CO}(g)$$

$$\Delta G_f^o = -147\ \mathrm{kJ/mol} \quad \Delta H_f^o = -110\ \mathrm{kJ/mol} \quad \Delta S_f^o = 89.3\ \mathrm{J/kmol}$$

이 반응에서는 계의 엔트로피는 증가하고, 가역 과정으로 반응이 진행된다면 1 mol당

$$T\Delta S = 298.15 \times 89.3 = 26.6\ \mathrm{kJ/mol}$$

의 열량을 흡수하여 반응이 진행된다. 따라서 열화학적으로 그저 반응을 일으켜 버리면 CO 1 mol 생성 당 110 kJ의 발열 반응이 진행되어 끝난다. 하지만 가역적으로 이 반응을 행하면, 개방된 정압 반응열 110 kJ에 26.6 kJ 상승한 에너지를 비팽창 일로서 행할 수 있어, 즉 엔트로피가 증가하는 화학 반응일 경우 정압 반응열보다 큰 비팽창 일을 할 수 있다는 것을 열역학이 가르쳐 주고 있다.

6장 연습문제

6-1 벤젠의 끓는점은 80.1 ℃에서 1 mol당의 부피(액체)는 89.0 $cm^3 mol^{-1}$, 기화열은 3.08×10^4 J mol^{-1}이다. 끓는점에서 증발(가역이라고 볼 수 있다)에 따른, 벤젠 1 mol의 자유에너지 변화 ΔG_b를 구하시오. ΔG_b가 가역변화에선 0 J이 되는 것을 확인하시오. 벤젠 증기는 이상기체로 가정하고, 압력은 1기압으로 일정하다고 한다. 또한 기체상수 $R = 8.314$ J $K^{-1} mol^{-1}$이라고 한다.

6-2 대기 중 질소의 고정화는 인공비료의 제작, 더 나아가서 식량생산에 있어서 매우 중요한 과제이다. 일상에 많은 물과 질소만으로 암모니아를 합성하여 질소를 고정화하는 아래와 같은 꿈의 반응이 떠올랐다.

$$N_2 + 3H_2O = 2NH_3 + \frac{3}{2}O_2$$

대기압(1 bar), 25℃에 있어서 이 꿈의 반응이 자발적으로 진행하는지 아닌지에 대해 논하시오. 단, 25℃에서 H_2O와 NH_3의 표준생성 깁스에너지는 각각 −237 kJ/mol, −16.4 kJ/mol라는 것이 다른 실험에 의해 알려져 있다. 또한, 25℃에서 가장 안정한 형태의 원소의 표준생성 엔탈피 변화와 표준생성 깁스에너지 변화는 0으로 알려져 있다.

제6장 연습문제해답

6-1 일정한 온도에서의 자유에너지 변화는

$\Delta G_b = \Delta H_b - T\Delta S_b$

이다. 가역에 의해 $Q_{rev} = Q_{vap}$, 일정한 압력에 의해 $\Delta H_b = Q_{rev}$이다.

따라서, 기화열 Q_{vap}은 ΔH_b와 같다. 즉,

$\Delta H_b = 1\ \mathrm{mol} \times Q_{vap} = 3.08 \times 10^4\ \mathrm{J}$

엔트로피 변화 ΔS_b는

$$\Delta S_b = \frac{Q_{rev}}{T} = \frac{Q_{vap}}{T} = \frac{3.08 \times 10^4\ \mathrm{J}}{353.3\ \mathrm{K}} = 87.2\ \mathrm{J\,K^{-1}}$$

이고, 따라서, 자유에너지 변화 ΔG_b는

$\Delta G_b = \Delta H_b - T\Delta S_b = 0\ \mathrm{J}$

엔트로피 변화와 엔탈피 변화에 따라 변화가 자발적인지, 가역적인지, 그렇지 않은지가 결정된다.

6-2

$H_2 + \frac{1}{2}O_2 = H_2O, \ \Delta G_f^o = -237 \text{ kJ/mol}$

이 식을 각각 3배 하여

$3H_2 + \frac{3}{2}O_2 = 3H_2O, \quad \Delta G^o = 771 \text{ kJ} \cdots\cdots$①

$\frac{1}{2}N_2 + \frac{3}{2}H_2 = NH_3, \quad \Delta G_f^o = -16.4 \text{ kJ/mol}$

이 식에 각각 2배 하여

$N_2 + 3H_2 = 2NH_3, \qquad \Delta G^o = -32.8 \text{ kJ/mol} \cdots\cdots$②

②－①로부터

$N_2 + 3H_2O = 2NH_3 + \frac{3}{2}O_2, \quad \Delta G^o = -32.8-(-711) = 678.2 \text{ kJ} > 0$

따라서 25℃에서는 이 꿈의 질소 고정 반응이 자발적으로는 일어나지 않는다고 판정된다.

(주의) ①식과 ②식은 1 mol 당 생성반응식이 아니므로 첨자의 f가 없는 것, 또한 차원에 /mol이 없는 것에 주의하자. 단, 표준상태에서의 반응이므로 이것들은 표준반응 깁스에너지라고 불리고, 이 값은 반응하는 화합물의 물질량에 의존한다.

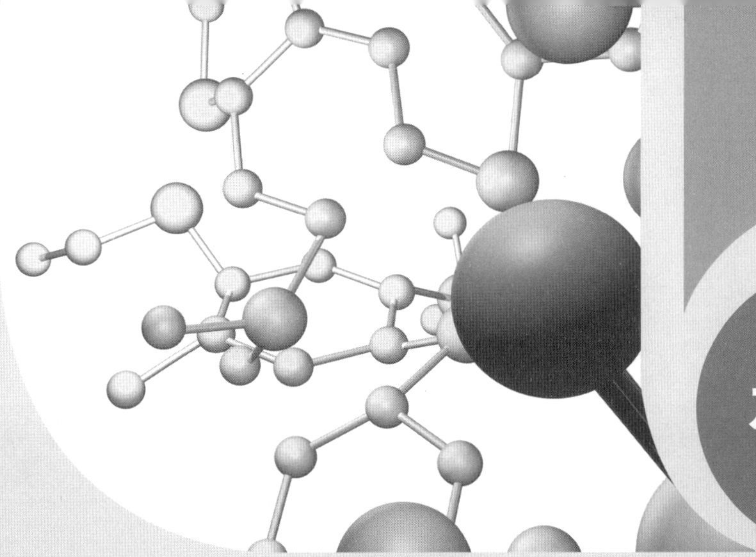

제 7 장

상태 함수와 열역학의 기본식

여러 가지 열역학량이 나와서, 슬슬 혼란스러울 시기일지도 모른다. 이쯤에서 일단, 지금까지 나온 열역학량의 관계식을 정리하고 쓰기에 편리한 형태로 해두자. 이렇게 해두면, 다음 장 이후에서 열역학의 화학에의 응용을 정량적으로 논할 때, 자주 사용하는 식을 준비할 수 있다. 구체적으로는 아래의 3개의 식을 도출해두는 것이 이번 장의 주안점이다.

① 열역학의 기본식을 도출하여, 에너지에 관계된 여러 가지 계산에 대응할 수 있도록 한다.
② 맥스웰의 관계식을 도출하여, 실측이 어려운 열역학량을 계산해서 구할 수 있도록 한다.
③ 깁스-헬름홀츠의 식을 도출하여, 임의의 온도에서의 깁스 자유에너지 변화를 구할 수 있도록 한다.

잠깐 동안 단순한 식 변형이 계속된다고 생각할 수도 있지만, 참고 견뎌주기 바란다. 이 후에는 화학으로의 구체적인 응용 예시가 계속된다.

7.1 상태 함수와 열역학의 기본식

당신은 고찰하고 싶은 상태 함수에 적합한 자연스러운 상태 변수의 쌍을 선택할 수 있는가?

어떤 물질의 열역학적인 상태를 규정하기 위해서, 지금까지 열적인 것으로 온도(T)와 엔트로피(S), 역학적인 것으로 압력(P)과 부피(V), 그리고 에너지적인 것으로 내부에너지(U), 엔탈피(H), 헬름홀츠의 자유에너지(A), 깁스의 자유에너지(G)의 합계 여덟 가지가 나왔다. 계가 열역학적 평형에 달하면, 그 상태가 실현된 경로에 관계없이 이들의 양은 그 값이 일정하게 정해지므로, 이들은 상태량이라고 불린다.

한편, 최종적인 열역학적 상태가 같아도, 그 상태가 실현된 경로에 의존하는 열역학적 양도 있다. 그 대표예인 열량 Q와 일량 W은 경로 함수라고 불린다(제2장 4절). 그리고 열역학 제1법칙 및 제2법칙은, 상태량의 「변화량」과 경로 함수를 연결하는 형태로 기술된다. 그렇다면, 위에 서술한 여덟 개의 상태량 사이에는 서로 관계가 없을까?

실은 위에 서술한 8개의 상태량은, 서로 독립적인 상태량의 조합으로 다른 상태량을 기술할 수 있다. 이 때 조합할 수 있는 상태량을 **상태 변수**(State valuable), 상태 변수에 의해 기술된 상태량을 **상태 함수**(State function)라고 한다. 그리고 상태 함수를 상태 변수에 의해 나타낸 수식을 **상태 방정식**(Equation of state)이라고 한다.

먼저 논의하고 싶은 상태량을 정했으면, 그 상태량을 나타내기 위해 필요한 독립적인 상태 변수의 최적의 조합이 정해진다. 추상적이라서 이해하기 어려울 것으로 생각되므로 구체적으로 논의하고 싶은 상태량, 즉 상태 함수로 내부에너지 U를 선택했을 때 최적의 상태 변수의 조합이 무엇이 될지 구해보자.

내부에너지의 미소량 변화에 대해서 2-(5)식에 의해, 다시 같은 식을 쓰면,

$$dU = \delta Q + \delta W \qquad 7\text{-}(1)$$

이 때 등온 및 정압 하에서의 상태 변화를 생각하면

$$\delta Q = T\,dS \qquad 7\text{-}(2)$$

$$\delta W = -P\,dV \qquad 7\text{-}(3)$$

라고 나타낼 수 있다. 따라서 7-(1)식은 등온 및 정압 하의 조건이 붙는데 7-(2), (3)식을 사용하여 아래와 같이 나타낼 수 있다.

$$dU = TdS - PdV \qquad 7\text{-}(4)$$

T, P는 일정하므로, 7-(4)식은 변수 S, V가 각각 미소량 dS, dV만큼 변화했을 때, 얼마나 계의 내부에너지가 미소 변화(dU)하는가를 나타내는 식이 된다. 이때, 독립 변수 S, V를 U의 **자연적 변수**(Natural variable)라고 한다.

다음으로 엔탈피 H에 대해서 생각해보자. 우선 엔탈피는 아래와 같이 정의된다.

$$H \equiv U + PV \qquad 7\text{-}(5)$$

따라서 그 미분량 dH는 아래와 같이 나타낼 수 있다.

$$dH \equiv dU + d(PV) \qquad 7\text{-}(6)$$

이 때 우변 제2항에 대해서

$$d(PV) = (P + dP)(V + dV) - PV = PdV + VdP + dPdV \qquad 7\text{-}(7)$$

여기서 dP나 dV는 무한소의 양을 나타내므로, 그 곱인 2차 이상의 미분량, 즉 $dPdV$를 무시하면 7-(6)식은 아래와 같이 나타낼 수 있다.

$$dH = dU + PdV + VdP \qquad 7\text{-}(8)$$

여기서 7-(4)식을 이용하여 7-(8)식을 정리하면

$$dH = TdS + VdP \qquad 7\text{-}(9)$$

마찬가지로 아래의 A, G의 정의식으로부터,

$$A \equiv U - TS \qquad 7\text{-}(10)$$

$$G \equiv H - TS \qquad 7\text{-}(11)$$

각각 dA, dG에 대해서 아래의 관계식을 도출할 수 있다

$$dA = -SdT - PdV \qquad 7\text{-}(12)$$

$$dG = -SdT + VdP \qquad 7\text{-}(13)$$

7-(4)식을 도출하게 되면, 후에는 줄줄이 7-(9), (12), (13)식을 도출할 수 있는데, 특히 화학으로의 응용에서는 7-(13)식이 빈번하게 사용되기 때문에 암기해 둘 필요성이 있다. 연습문제에 7-(13)식을 구하는 문제를 출제 및 해설해두었으므로 참고하기 바란다. 여기서 구한 7-(4), (9), (12), (13)에 나타낸 4개의 관계식을 **열역학의 기본식** (basic formular on thermodynamics)이라고 한다. 이들을 표 7-1에 정리해 두었다. 「정리해둔 표의 열역학 기본식 사용에 고민이 된다고 생각되므로, 조금 더 보이는 형태의 식으로 변형을 해보자.」

함수 U는 변수 S와 V의 상태 함수, 즉 그 적분은 경로에 의존하지 않으므로, 수학적으로 함수 U는 변수 S와 V로 아래의 완전 미분의 형태로 나타낼 수 있다. 이를 수학적으로 표현하면 아래와 같이 된다.

$$dU = \left(\frac{\partial U}{\partial S}\right)_V dS + \left(\frac{\partial U}{\partial V}\right)_S dV \qquad 7\text{-}(14)$$

여기서 7-(14)식과 물리적으로 도출된 7-(4)식의 변끼리를 비교해보면, 이 두 식은 S, V에 대해서 성립하므로

$$\left(\frac{\partial U}{\partial S}\right)_V = T, \qquad \left(\frac{\partial U}{\partial V}\right)_S = -P \qquad 7\text{-}(15)$$

가 성립하는 것을 알 수 있다. 7-(9), (12), (13)식에 대해서도 dU의 경우와 같이 dH, dA, dG에 대해서 각각의 완전 미분의 식과의 비교에 의해, 아래의 관계식을 얻는다.

표 7-1 상태 함수와 대응하는 자연적 변수와 열역학의 기본

상태함수	자연적 변수	열역학의 기본식
U	$S \quad V$	$dU = TdS - PdV$
H	$S \quad P$	$dH = TdS + VdP$
A	$T \quad V$	$dA = -SdT - PdV$
G	$T \quad P$	$dG = -SdT + VdP$

열역학의 기본식에서 상태 함수의 미소 변화는 자연적 변수의 미소 변화를 이용하여 단순하게 표현할 수 있다.

$$\left(\frac{\partial H}{\partial S}\right)_P = T, \qquad \left(\frac{\partial U}{\partial P}\right)_S = V \tag{7-(16)}$$

$$\left(\frac{\partial A}{\partial T}\right)_V = -S, \qquad \left(\frac{\partial A}{\partial V}\right)_T = -P \tag{7-(17)}$$

$$\left(\frac{\partial G}{\partial T}\right)_P = -S, \qquad \left(\frac{\partial G}{\partial P}\right)_T = V \tag{7-(18)}$$

위의 이러한 식이 어디에 쓰이는지 몰라 의심스러워하는 학생들이 많을 것이다. 따라서 「보인다!」, 「사용하자!」의 관점에서, 한 가지 구체적인 예를 추출해보자. 「한 가지 구체적인 예가 이해된다면 식의 대칭성이 좋기 때문에 그 뒤는 똑같이 응용하면 된다.」

온도 및 압력을 모두 동시에 변화시키면 혼란스러우므로, 한 가지만 변수를 움직여서 깁스 자유에너지의 압력 의존성을 보자. 만약 온도 일정, 즉 온도의 미소 변화가 없다면($dT=0$) 7-(13)식은

$$dG = V\,dP \tag{7-(19)}$$

가 된다. 7-(19)식을 xy평면의 기울기가 a인 직선의 식

$$dy = a\,dx \tag{7-(20)}$$

보인다! Box 7-1 $P-G$ 평면에서 부피 V는 기울기로 나타난다.

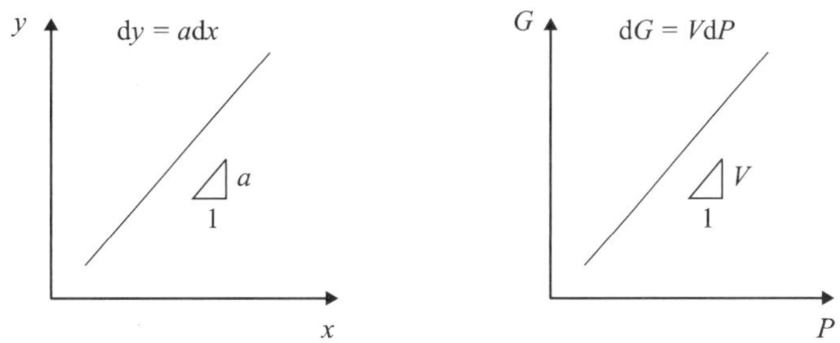

고등학교에서 7-(20)식을 xy평면에 도식화하면 a는 기울기를 나타낸다. 7-(19)식을 가로축 P, 세로축 G의 평면상에 나타내면, 깁스의 자유에너지의 압력 의존성에 대해서, 부피의 효과가 일목요연해진다. 구체적인 응용 예는 그림 7-1을 참고하기 바란다.

과 비교하면 부피 V는, 가로축을 압력 P라 하고, 세로축을 자유에너지 G라고 했을 때의 기울기를 나타내는 것을 알 수 있다. 지금은 일정한 온도 조건을 생각하고 있지만, 이는 이미 도출된 7-(18)식의 2번째 식이 서술하고 있는 대로이다. **보인다! Box 7-1**에 이 모습을 도식화하였다.

부피 V가 음인 것은 이 세상에 존재하지 않으므로, 기울기 V는 항상 양의 값을 갖는다. 여기서 7-(18)식의 제2식 혹은 7-(19)식은, 일정 온도 하에서 압력을 올리면 깁스의 자유에너지가 부피에 비례해서 증가하는 것을 나타낸다. 즉 깁스 자유에너지가 증가한 정도는 그 물질의 부피 그 자체에 의존하는 것을 알려준다. 부피가 클수록, 같은 정도의 압력을 올렸을 경우 자유에너지가 증가한 정도가 크게 된다는 것이다. 하지만 이는 화학에 어떻게 도움이 될까?

구체적으로 그라파이트와 다이아몬드의 예를 생각해보자. 온도를 실온(25℃)으로 일정하게 하고, 압력을 변화시킬 때의 이들의 깁스 자유에너지의 변화를 보자. 깁스 자유에너지 값은 25℃ (298 K), 1기압에서 그라파이트가 다이아몬드보다 1 mol 당 2830 J 낮다. 하지만 같은 물질량의 그라파이트와 다이아몬드의 부피, 즉 밀도를 비교하면 다이아몬드(3.51 g/cm^3)가 그라파이트(2.26 g/cm^3)보다 높다. 예를 들어, 12 g의 그라파이트의 부피와 다이아몬드의 부피를 비교하면, 그라파이트의 경우가 다이아몬드보다 더 크다. 즉, 압력을 증가시키면 그라파이트의 자유에너지 G_g가 다이아몬드의

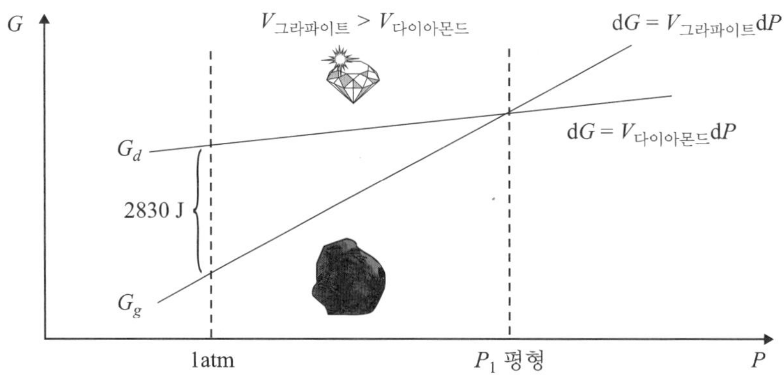

그림 7-1 다이아몬드와 그라파이트의 1 mol 당의 깁스 자유에너지의 압력 의존성의 비교
같은 1 mol 을 기준으로, 1 atm에서는 다이아몬드가 그라파이트보다 자유에너지가 2830 J 낮다. 반면에 압력을 올리면, 그라파이트가 다이아몬드보다 부피가 크기 때문에 그라파이트의 깁스 자유에너지는 언젠가 다이아몬드의 깁스 자유에너지를 추월할 것이라고 예측된다. 이러한 높은 압력 영역에서는, 그라파이트가 다이아몬드로 변화하는 반응이 자발적으로 일어날 수 있다.

자유 에너지 G_d를 상회하는 압력 영역이 고압측에 존재한다는 것을 예측할 수 있다. 이 모습을 그림 7-1에 나타냈다. 이 압력 영역에서는 그라파이트(처음 상태)에서 다이아몬드(나중 상태)로의 변환을 생각하면,

$$\Delta G = G_d - G_g < 0 \qquad 7\text{-}(21)$$

이 되므로 25℃의 다이아몬드와 그라파이트가 평형에 달하는 압력 $P_{평형}$을 넘으면 그라파이트에서 다이아몬드로의 변화가 자발적으로 일어날 수 있다. 1기압에서의 자유에너지 차와 각각의 직선의 기울기가 주어져 있으므로, 교점의 압력 $P_{평형}$은 중학교의 두 가지의 직선의 교점을 구하는 문제로 귀착된다. 실제로 계산해보면 $P_{평형}$은 구체적으로 15,000기압 정도로 구해진다. 교점의 압력을 구하는 문제와 해설을 연습문제 7-6에 있으므로 계산해보기 바란다.

같은 무게의 다이아몬드와 그라파이트의 자유에너지와 부피를 비교하여 고압에서 다른 반응이 일어나는 것을 7-(13)식이나 7-(18)식으로 정량화하여 확인해보자. 여러 가지 식을 도출하여 그 중의 한 가지를 구체적으로 해설해보았는데, 다른 식도 마찬가지로 여러 가지 화학적인 응용이 가능하다. 다음 절에서는 7-(15)~(18)식을 좀 더 1단계 변형해서 화학 열역학상의 유용한 식으로 도출해보자.

7.2 맥스웰의 관계식

실험적으로 구하기 쉬운 어려운 열역학량을, 실험으로 구하기 쉬운 열역학량으로부터 구해보자.

7-(15), (18)식에 좀 더 변형을 가해보자. 7-(15)식의 제1식, 제2식을 각각 V와 S로 편미분하면, 각각 아래의 두 가지 식을 도출할 수 있다.

$$\left[\frac{\partial}{\partial V}\left(\frac{\partial U}{\partial S}\right)_V\right]_S = \left(\frac{\partial T}{\partial V}\right)_S, \quad \left[\frac{\partial}{\partial S}\left(\frac{\partial U}{\partial V}\right)_S\right]_V = \left(\frac{\partial P}{\partial S}\right)_V \qquad 7\text{-}(22)$$

7-(22)식의 두 가지 식 각각의 좌변은, 함수 $U(S, V)$에 대해서 S와 V의 미분 순

서를 바꿨을 뿐이므로, U가 완전 미분이기 때문에(상태량이므로 경로에 의존하지 않기 때문에) 미분의 순서와 상관없이 서로 같아진다. 따라서 아래의 식이 성립한다.

$$\left(\frac{\partial P}{\partial S}\right)_V = -\left(\frac{\partial T}{\partial V}\right)_S \qquad 7\text{-}(23)$$

마찬가지로, 7-(16)~(18)식으로부터 각각 아래의 식이 도출된다.

$$\left(\frac{\partial V}{\partial S}\right)_P = \left(\frac{\partial T}{\partial P}\right)_S \qquad 7\text{-}(24)$$

$$\left(\frac{\partial S}{\partial V}\right)_T = \left(\frac{\partial P}{\partial T}\right)_V \qquad 7\text{-}(25)$$

$$\left(\frac{\partial S}{\partial P}\right)_T = -\left(\frac{\partial V}{\partial T}\right)_P \qquad 7\text{-}(26)$$

7-(23)~(26)식의 4가지 식을 **맥스웰의 관계식**(Maxwell's relation)이라고 하며, 이후 여러 가지 관계식을 도출하는데 유용하다. 4가지의 식은 모든 경우에 좌변에 엔트로피를 포함하여 실험적으로 구하기 어렵다. 하지만 우변은 4가지 식 모두 온도, 압력, 부피

사용하자! Box 7-1 맥스웰의 관계식

실험적으로 구하기 어렵다. | 실험적으로 구하기 쉽다.

$$\left(\frac{\partial P}{\partial S}\right)_V = -\left(\frac{\partial T}{\partial V}\right)_S \leftarrow \text{단열과정}$$

$$\left(\frac{\partial V}{\partial S}\right)_P = \left(\frac{\partial T}{\partial P}\right)_S \leftarrow \text{단열과정}$$

$$\left(\frac{\partial S}{\partial V}\right)_T = \left(\frac{\partial P}{\partial T}\right)_V \leftarrow \text{정적과정}$$

$$\left(\frac{\partial S}{\partial P}\right)_T = -\left(\frac{\partial V}{\partial T}\right)_P \leftarrow \text{정압과정}$$

첨자가 계측 또는 계산할 때에 지나가야 할 과정을 가르쳐준다.

등 계측이 쉬운 항으로 이루어졌기 때문에, 실험적으로 구하기 어려운 열역학량을 구하기 쉬운 것으로부터 도출하는 데에 사용된다. 이 때 편미분의 첨자는 일정한 상태량을 나타낸다. 예를 들어, S의 경우는 단열 과정, V의 경우는 정적 과정, P의 경우는 정압 과정으로 계측하면 된다. 이들의 모습을 **사용하자! Box 7-1**에 정리해두었다.

이 식들도 대칭성이 좋은 식군이므로 한 가지 구체적인 예를 제시해둔다. 여기서는 제2장에서 소개한 **줄의 법칙**을 도출해보자. 줄의 법칙은 일정 온도 하에서 물질의 부피를 변화시킬 때의 내부에너지의 변화량을 나타내는 식이다. 특히 이상기체 그 내부에너지는 온도에만 의존하며, 부피나 압력에 의존하지 않는다는 법칙이 성립한다.

7-(4)식의 양변을 일정 온도 하에서 미소 부피 dV로 나누면 아래와 같이 된다.

$$\left(\frac{\partial U}{\partial V}\right)_T = T\left(\frac{\partial S}{\partial V}\right)_T - P \qquad 7\text{-}(27)$$

일정 온도라는 것을 나타내기 위해서 편미분 기호를 이용하였다. 하지만, 이 식 그대로는 우변 항을 실험적으로 구하는 것이 어렵다. 따라서 이 항을 실험적으로 구할 수 있는 항으로 변환하기 위해, 맥스웰의 관계식 7-(25)식을 사용하여 7-(27)식을 정리하면

$$\left(\frac{\partial U}{\partial V}\right)_T = T\left(\frac{\partial P}{\partial T}\right)_V - P \qquad 7\text{-}(28)$$

이 된다. 여기서 우변은 모두 실측 가능한 양이 된다. 예를 들어, 단순한 예로서 이상기체를 생각해보면, 이상기체의 상태 방정식은 아래와 같이 기술되므로,

$$P = \frac{nRT}{V} \qquad 7\text{-}(29)$$

7-(29)식을 7-(28)식에 적용하면

$$\left(\frac{\partial U}{\partial V}\right)_T = T\left(\frac{nR}{V}\right) - \frac{nRT}{V} = 0 \qquad 7\text{-}(30)$$

이 된다. 이상기체에서는 분자간 상호작용을 무시할 수 있으므로, 기체 분자들을 떼어 놓기 위한 일이 필요 없다. 따라서 온도를 바꾸지 않고, 부피를 팽창시켜도 그 내부에너지는 변화하지 않는다. 이 내용은 7-(30)식과 일치한다. 마찬가지로 7-(4)식의 양변을 일정 온도에서 미소 압력 dP로 나누면

$$\left(\frac{\partial U}{\partial P}\right)_T = T\left(\frac{\partial S}{\partial P}\right)_T - P\left(\frac{\partial V}{\partial P}\right)_T \qquad \text{7-(31)}$$

가 성립한다. 여기서 맥스웰의 관계식 7-(26)과 이상기체의 상태 방정식에 의해

$$\begin{aligned}\left(\frac{\partial U}{\partial P}\right)_T &= -T\left(\frac{\partial V}{\partial T}\right)_P - P\left(\frac{\partial V}{\partial P}\right)_T \\ &= -T\frac{nR}{P} - P\left(\frac{nRT}{P^2}\right) = 0\end{aligned} \qquad \text{7-(32)}$$

가 성립한다. 즉, 일정한 온도 하에서는 압력을 바꿔 부피를 변화시켜도 내부에너지는 변하지 않는다. 이 내용은 7-(32)식과 일치한다. 줄의 법칙은 원래 실험적으로 발견된 것이지만, 맥스웰의 관계식을 이용하면 7-(30), (32)식과 같이 그 내용을 간단하게 예측할 수 있다. 여기서 이상기체의 내부에너지는 온도에만 의존하기 때문이

$$dU = C_V(T)\,dT \qquad \text{7-(33)}$$

라고 나타낼 수 있다. 카르노 사이클의 단열 과정에서도 사용됐지만, 부피가 변해도 정적 비열 C_V이 사용되는 것을 이상하게 느꼈을지도 모른다. 하지만 7-(33)식은 이상기체에서 자주 이용되는 식이므로 간단하게 설명해둔다. 1 mol의 이상기체를 생각하면, 상태량 P, V, T 중 두 가지가 정해지면 이후는 이상기체의 상태 방정식으로부터 남은 한 가지가 자동적으로 정해지기 때문에, 어떠한 두 가지의 상태량을 상태변수로 자유롭게 선택할 수 있다. 여기서 상태 함수 U의 상태 변수로써 T와 V의 쌍을 선택하면 U는 상태량이므로, 그 미분량 dU는 아래의 완전 미분의 형태로 나타낼 수 있다.[11)]

$$dU = \left(\frac{\partial U}{\partial T}\right)_V dT + \left(\frac{\partial U}{\partial V}\right)_T dV \qquad \text{7-(34)}$$

여기서 7-(30)식, 혹은 아래의 정적 열용량의 미분 형식의 정의식

$$\left(\frac{\partial U}{\partial T}\right)_V = C_V \qquad \text{7-(35)}$$

에 의해, 이상기체라면 7-(33)식이 부피가 변해도 성립함을 알 수 있다.

---

11) 이 때 dS도 dT, dV로 나타낼 수 있다. 장말의 수학 보강을 참고하기 바란다.

7.3 정압 반응열과 깁스의 자유에너지 변화의 자유 변환 - 깁스-헬름홀츠의 식 -

ΔG의 계산은 정압 하에서 진행되는 여러 가지 화학 프로세스를 고찰할 때에 굉장히 도움이 된다. 이번 절에서는 임의의 온도 T에서의 $\Delta G(T)$를 구할 때에 굉장히 손쉽게 사용할 수 있는 식(깁스-헬름홀츠의 식)을 도출해두자. 깁스의 자유에너지의 정의식의 양변을 온도 T로 나눈 아래의 식을 준비하자.

$$\frac{G}{T} = \frac{H}{T} - S \qquad 7\text{-}(36)$$

다음으로, 좌변의 G/T를 T로 미분하는 경우를 생각하자. G와 $1/T$와의 곱의 미분 공식을 생각하면, 아래와 같이 전개할 수 있다.

$$\left[\frac{\partial}{\partial T}\left(\frac{G}{T}\right)\right]_P = \frac{1}{T}\left(\frac{\partial G}{\partial T}\right)_P + G\left(-\frac{1}{T^2}\right) \qquad 7\text{-}(37)$$

여기서, 우변은 6-(6), 7-(18)식을 이용하여 아래와 같이 정리된다.

$$\left[\frac{\partial}{\partial T}\left(\frac{G}{T}\right)\right]_P = -\frac{H}{T^2} \qquad 7\text{-}(38)$$

7-(38)식은, 깁스의 자유에너지의 온도 의존성을 나타내며, 엔탈피 H와 1 대 1로 대응시킬 수 있다. 이를 **깁스-헬름홀츠의 식**(Gibbs's-Helmholtz equation)이라고 한다. 7-(38)식을 이용하여 ΔG의 처음 상태, 나중 상태에 대하여 식을 세워보자.

$$\left[\frac{\partial}{\partial T}\left(\frac{G_i}{T}\right)\right]_P = -\frac{H_i}{T^2} \qquad 7\text{-}(39)$$

$$\left[\frac{\partial}{\partial T}\left(\frac{G_f}{T}\right)\right]_P = -\frac{H_f}{T^2} \qquad 7\text{-}(40)$$

7-(40)식에서 7-(39)식을 변끼리 빼면 아래와 같이 된다.

$$\left[\frac{\partial}{\partial T}\left(\frac{G_f - G_i}{T}\right)\right]_P = -\frac{H_f - H_i}{T^2} \qquad 7\text{-}(41)$$

여기서, Δ기호를 사용하여 7-(41)식을 정리하면 다음의 식을 얻는다.

$$\left[\frac{\partial}{\partial T}\left(\frac{\Delta G}{T}\right)\right]_P = -\frac{\Delta H}{T^2} \qquad 7\text{-}(42)$$

이것도, 깁스－헬름홀츠의 식이라고 불린다. 식 중의 ΔG, ΔH와 함께 온도의 함수이기 때문에 정확히 쓰면 $\Delta G(T)$, $\Delta H(T)$이다. 7-(42)식은 임의의 온도의 정압 반응열 $\Delta H(T)$에서 임의의 온도의 깁스의 자유에너지 변화량 $\Delta G(T)$을 구할 때 자주 사용되는 형태이다. 즉, 어떤 임의의 온도 및 압력을 규정하여 그 조건에서 정압 반응열 $\Delta H(T)$만 구할 수 있다면, 화학 문제를 고찰할 때 $\Delta G(T)$에 직접 변환할 수 있는 굉장히 중요한 식이다. 이 계산 프로세스를 **사용하자! Box 7-2**에 정리해두었으므로 참고하기 바란다.

사용하자! Box 7-2 열역학 계산의 흐름

① 기준 온도(T_0)에서의 정압 반응열을 구한다.

Hess의 법칙 ……………… $\Delta H(T_0)$를 결정

↓

② 고찰하고 싶은 온도에서의 정압 반응열로 변환

카르히호프의 법칙 ……… $\Delta H(T) = \Delta H(T_0) + \int_{T_0}^{T} \Delta C_P(T)\mathrm{d}T$

↓

③ 고찰하고 싶은 온도에서의 $\Delta G(T)$로 변환

깁스 － 헬름홀츠의 식 … $\left[\frac{\partial}{\partial T}\left(\frac{\Delta G}{T}\right)_P\right] = -\frac{\Delta H}{T^2}$

↓

다양한 방면으로 사용할 수 있다.

마찬가지로 헬름홀츠의 자유에너지에 대해서도

$$\left[\frac{\partial}{\partial T}\left(\frac{A}{T}\right)\right]_P = -\frac{U}{T^2} \qquad 7\text{-}(43)$$

$$\left[\frac{\partial}{\partial T}\left(\frac{\Delta A}{T}\right)\right]_P = -\frac{\Delta U}{T^2} \qquad 7\text{-}(44)$$

가 성립한다. 7-(42), (44)식은 일정한 부피 하에 임의의 온도 T에서 성립한다. 압력을 표준 상태(1 bar)로 한 경우의 ΔG나 ΔA의 값을 특별히 표준 자유에너지 변화라고 한다. 각각 ΔG^o나 ΔA^o라고 표기한다. 위에 붙은 「^{o}」의 기호는 표준 상태의 값임을 나타내며 화학 문제에서 자주 이용된다. 연습문제에 자주 나오므로 주의하기 바란다.

장말수학보강 완전 미분의 식

화학 열역학에서는 자주 상태량을 완전 미분의 형태로 나타낸다. 이는 상태량이 경로에 의존하지 않는 것에 기초한다. 화학 열역학에서 가장 자주 이용되는 상태량인 깁스의 자유에너지에 대해서, 완전 미분의 식의 형태를 도식화하면서 고찰해보자.

우선 깁스의 자유에너지의 미소 변화량 dG에 대해서 생각하자. 그림7-보강1을 보기 바란다. 이 때 시점을 $G_1(T, P)$, 온도, 압력을 약간 바꾼 종점 $G_2(T+dT, P+dP)$라고 생각하자. 이 때 직접적으로는 dG는 아래와 같이 나타낼 수 있다.

$$dG = G_2(T+dT, P+dP) - G_1(T, P) \qquad \text{보강-(1)}$$

여기서, 두 가지 변수가 동시에 움직이면 이해하기 어려우므로, G가 상태량인 것을 이용하여 우회함으로 보강-(1)식을 구해보자. 우선 그림에 있듯이, 온도를 일정하게 하여 압력만을 G_2점과 일치시킨 중간점 $G'(T, P+dP)$를 준비한다. 이때 $P-G$ 평면 내의 기울기는 $\left(\frac{\partial G}{\partial P}\right)_T = \frac{G'(T, P+dP) - G_1(T, P)}{dP}$이기 때문에

$$G'(T, P+dP) - G_1(T, P) = \left(\frac{\partial G}{\partial P}\right)_T dP \qquad \text{보강-(2)}$$

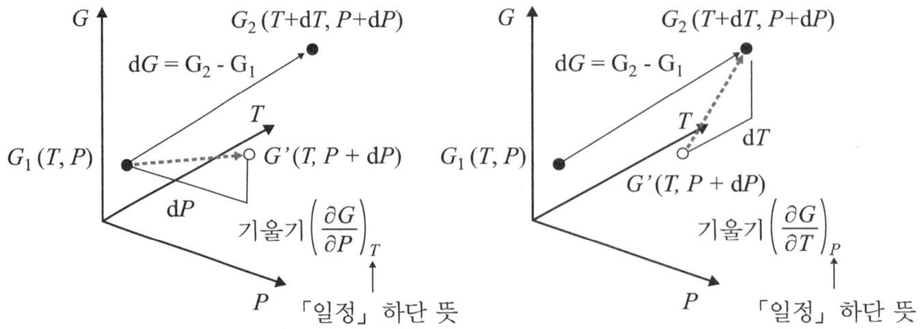

그림7-보강1 G가 상태량인 것을 이용하여, 온도를 일정하게 하여 시점 G_1에서 중간점 G'에 도달한 후, 압력을 일정하게 하여 최종점 G_2의 값을 구한다.

다음으로, 압력을 일정하게 하여 온도를 dT만큼 변화시켜 $G'(T,\ P+dP)$점에서 G_2점에 도달하는 경우를 생각하면, 이 때 $T-G$평면 내의 기울기는

$$\left(\frac{\partial G}{\partial P}\right)_P = \frac{G_2(T+dT,\ P+dP) - G'(T,\ P+dP)}{dT}$$ 이기 때문에

$$G_2(T+dT,\ P+dP) - G'(T,\ P+dP) = \left(\frac{\partial G}{\partial P}\right)_P dT \qquad \text{보강-(3)}$$

여기서 [보강-(3)식] + [보강-(2)식]을 실행하면

$$G_2(T+dT,\ P+dP) - G_1(T,\ P) = \left(\frac{\partial G}{\partial P}\right)_T dP + \left(\frac{\partial G}{\partial P}\right)_P dT$$

즉 보강-(1)식에 의해 아래의 완전 미분의 식의 형태에 도달한다.

$$dG = \left(\frac{\partial G}{\partial P}\right)_T dP + \left(\frac{\partial G}{\partial P}\right)_P dT$$

알기 쉬운 두 가지 변수의 경우를 도식화했는데, 몇 가지 변수가 되어도 일반화할 수 있다. 또한 7-2절에서 서술한 온도 및 부피를 변수로 한 경우의 엔트로피 변화의 식도 도출해보자. 7-(4)식의 양변을 T로 나누어 dS에 대해서 정리하면 다음과 같이 된다.

$$dS = \frac{1}{T}dU + \frac{P}{T}dV \qquad \text{보강-(4)}$$

여기서 이상기체의 경우, 7-(29), (33)식에 의해

$$dS = \frac{nC_V}{T}dT + \frac{nR}{V}dV \qquad \text{보강-(5)}$$

가 되며 엔트로피는 온도와 부피의 함수가 된다. 보강-(5)식을 생각하고 있는 온도 및 부피가 변화하는 구간에서 적분하고 이 온도 구간에서 C_V를 상수라고 가정하면, 엔트로피 변화의 온도 및 압력 의존성의 식

$$\Delta S = n\left(C_V \ln\frac{T_f}{T_i} + R\ln\frac{V_f}{V_i}\right) \qquad \text{보강-(6)}$$

을 얻을 수 있다. 온도가 높을수록, 부피가 크게 될수록 엔트로피 변화가 크다는 사실을 알 수 있다.

7장 : 연습문제

7-1 온도 TK에서 다음의 반응의 표준 자유에너지 변화 ΔG_T^o를 구하시오. 여기서, (g)는 기체인 것을 의미한다.

$$N_2(g) + 3H_2(g) \rightarrow 2NH_3(g)$$

정압 몰 열용량 : C_P[J K^{-1}mol^{-1}] : NH_3 : 35.14, N_2 : 29.29, H_2 : 28.87
NH_3(g)의 표준 생성열 : -46.1 kJ K^{-1}mol^{-1}(298 K)
NH_3(g)의 표준 생성 자유에너지 : -16.5 kJ mol^{-1}(298 K)

힌트 ΔH_T^o를 구한 후, 깁스-헬름홀츠의 식을 활용한다. 몰수에 주의하라.

$\Delta H_{298K}^o = 2\Delta H_{f\_NH_3}^o - (\Delta H_{f\_N_2}^o + 3\Delta H_{f\_H_2}^o)$

ΔC_P, ΔG_{298}^o 도 같은 방식.

1 bar, 25℃에서, 그 원소가 얻을 수 있는 가장 안정한 물질형태의 표준 생성열 ΔH_f^o와 표준 생성 자유에너지 ΔG_f^o는 0이다. 298 K에서

$\Delta H_{298K}^o = 2\Delta H_{f\_NH_3}^o - (\Delta H_{f\_N_2}^o + 3\Delta H_{f\_H_2}^o) = -92.2$ kJ/mol

$\Delta G_{298K}^o = 2\Delta G_{f\_NH_3}^o - (\Delta G_{f\_N_2}^o + 3\Delta G_{f\_H_2}^o) = -33.0$ kJ/mol

7-2 에틸렌의 수화반응 $C_2H_2 + H_2O \rightleftarrows C_2H_5OH$ 의 자유에너지 변화 ΔG^o는 다음의 식으로 표현된다. 온도 T의 표준 반응열을 나타내는 식을 구하라.

$$\Delta G^o = -3.47 \times 10^4 + 26.4\,T\ln T + 45.2\,T \text{ J/mol}$$

7-3 열역학의 정의와 법칙으로부터 $dG = VdP - SdT$를 도출하시오.

7-4 P와 T로 나타낸 자유에너지 $G(P, T)$의 전미분은, 부피 V 및 엔트로피 S에 의해 ①식과 같다.

$dG = VdP - SdT$ ……… ①식

물과 얼음의 G가 (1 atm, 0℃) 부근에서 어떤 변화를 하는지 생각하자.
우선, (1 atm, 0℃)에서 물과 얼음의 G는 같다.

$$G_{물}(1\ \text{atm},\ 0℃) = G_{얼음}(1\ \text{atm},\ 0℃)$$

여기서
(1) 온도를 0℃로 유지시킨 채 압력을 변화시키는 경우
(2) 압력을 1기압으로 유지시킨 채 온도를 변화시키는 경우
에 대해, $G_{물}$과 $G_{얼음}$의 그래프를 나타내시오($G_{물}$과 의 대소관계가 아는 정도의 모식적인 그래프). 또한, 이유를 답하시오. 단, 온도범위 $G_{얼음} > G_{얼음} > 0$이다.

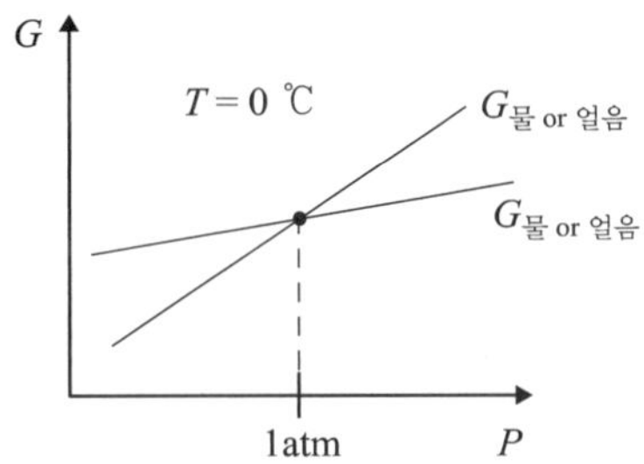

힌트

$\left(\dfrac{\partial G}{\partial P}\right)_T$와 $\left(\dfrac{\partial G}{\partial T}\right)_P$를 V와 S로 나타내면 어떻게 될까.

$dG = \left(\dfrac{\partial G}{\partial P}\right)_T dP + \left(\dfrac{\partial G}{\partial T}\right)_P dT$ 와 ①식을 비교하시오.

7-5 어떤 온도 T에서 시클로헥산의 증기압이 P_1이었다. 온도 T, 압력 P_2에서 증발의 자유에너지 변화 (1mol당)를 구하는 수식을 나타내라. 단, 사이클로헥산 (액체) 1 mol당의 부피를 $V_{액체}$라고 하고, 시클로헥산 증기는 이상기체라고 한다.

주의 증기압 (포화증기압) : 일정의 온도에서, 액체상 혹은 고체상과 평형이 되는 증기상의 압력. 이 문제의 경우, 온도 T, 압력 P_1에서, 액체와 증기가 평형 ($G_{액체} = G_{증기}$)

힌트 다음의 그림과 같은 $P-G$그래프를 만들면 풀기 쉽다.

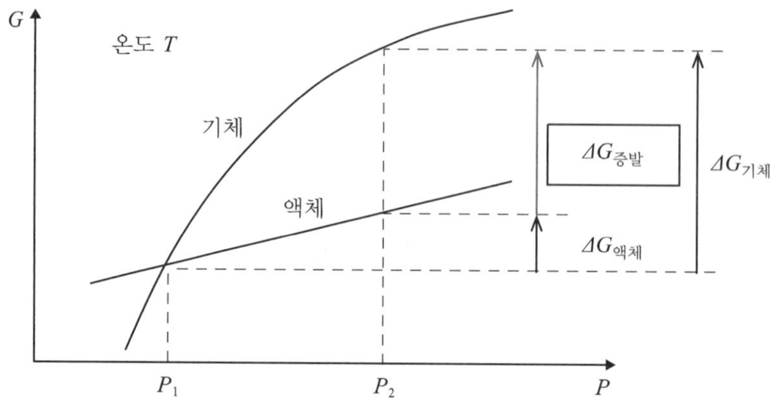

7-6 상온에서 압력을 높이면, 그라파이트와 다이아몬드의 자유에너지가 같아진다.

(1) 그라파이트와 다이아몬드의 자유에너지가 같아지는 압력을 구하시오. 단, 온도는 298 K으로 한다.

(2) 다음으로, 압력을 1 atm으로 유지시킨 채 온도변화에 의한 자유에너지를 같게 하는 것이 가능한가. 단, 밀도와 엔트로피는 온도와 압력에 따르지 않고 일정하다.

	G[J mol^{-1}]	밀도 [g cm^{-3}]	S[J K^{-1}mol^{-1}]
그라파이트	0.0	2.26	5.74
다이아몬드	2,830	3.51	2.37

* 1 atm, 298 K에 대한 상대치

힌트 7-(13)식에서, 압력을 일정($dP = 0$)으로 하고, 온도를 변화시키는 경우를 생각하자. 이 때, $dG = -SdT$가 된다.

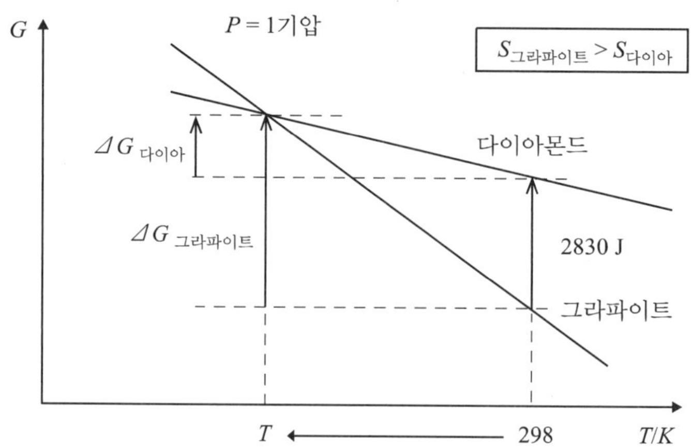

7-7 500 K에서의 CO_2의 생성열을 구하시오. CO_2의 정압 몰 열용량은, 다음의 식을 이용하시오. 원료인 탄소는 그라파이트로 한다. CO_2의 표준 생성열은 −393.5 kJ/mol을 이용하라.

$$C_P^{CO_2} = 44.14 + 9.04\times10^{-3}T - 8.54\times10^5\,T^{-2}\ [\mathrm{J/K\,mol}]$$

$$C_P^{C} = 16.90 + 4.77\times10^{-3}T - 8.54\times10^5\,T^{-2}\ [\mathrm{J/K\,mol}]$$

$$C_P^{O_2} = 30.00 + 4.20\times10^{-3}T - 1.70\times10^5\,T^{-2}\ [\mathrm{J/K\,mol}]$$

힌트

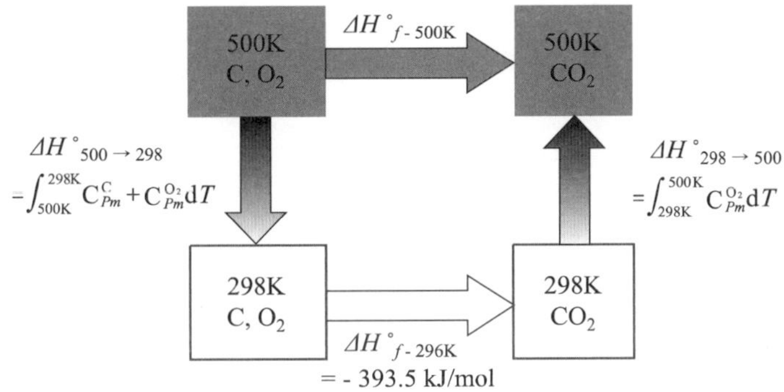

7-8 1 bar, 125℃에서 아래의 반응의 ΔH^o, ΔS^o, ΔG^o를 구하시오. CO_2, H_2O, CH_4의 표준생성열은 −393.5, −241.8, −74.8 kJ/mol, 정압 몰 열용량*은 44.14, 30.5, 23.6 J/K· mol을 이용하시오. CO_2, H_2O, CH_4, O_2의 표준 몰 엔트로피는, 각각 213.7, 188.8, 186.3, 205.1 J/K· mol을 이용하시오.

$$CH_4 + 2O_2 \rightleftarrows CO_2 + 2H_2O$$

*더 정확히는 정압 몰 열용량은 연습문제 7-7에 나타낸 식과 같이 온도의존성이 존재한다. 이 문제에서는 간략화를 위해 가장 기여가 큰 제 1항의 정수만을 이용하여 온도의존성을 고려하지 않는다.

힌트 $\Delta G(T) = \Delta H(T) - T\Delta S(T)$

7-9 단열의 화로에서 메탄을 연소시킨다. 불꽃의 온도를 추정하시오. 25℃의 메탄 1 mol이 다음과 같이 연소한다고 한다. 이 때, 발생하는 열은 전부 연소 생성물을 가열하는 것에 사용된다고 하자. 또한, CO_2, H_2O, N_2의 정압 몰 열용량은 44.14, 30.5, 27.9 J/K· mol이다.

$$CH_4(g) + 2O_2(g) + 8N_2(g) \rightarrow CO_2(g) + 2H_2(g) + 8N_2(g)$$

$$\Delta H^o_{298} = -802.2\ \mathrm{kJ}$$

힌트 등온에서 반응하여, 그 열로 온도가 상승하는 2개의 과정을 생각하자.

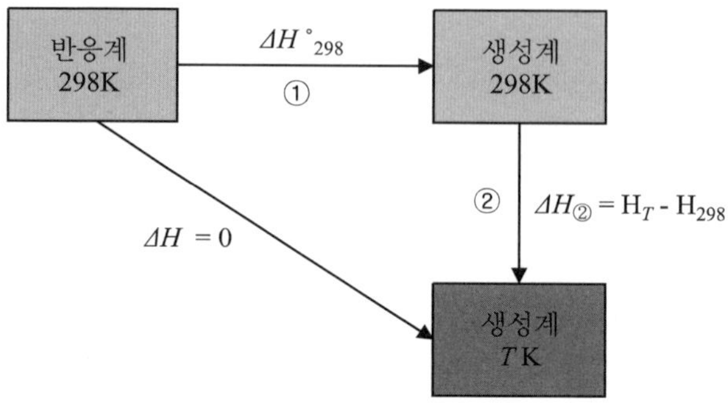

제7장 연습문제해답

7-1 깁스-헬름홀츠의 식으로부터

$$\left\{\frac{\partial}{\partial T}\left(\frac{\Delta G_T^o}{T}\right)\right\}_P = -\frac{\Delta H_T^o}{T^2} = -\frac{1}{T^2}\left(\Delta H_{298\mathrm{K}}^o + \int_{298}^{T} \Delta C_{P_m}\, dT\right)$$

이 문제에서는, ΔC_{P_m}가 정수이므로,

$$\left\{\frac{\partial}{\partial T}\left(\frac{\Delta G_T^o}{T}\right)\right\}_P = -\frac{1}{T^2}\left\{\Delta H_{298\mathrm{K}}^o + \Delta C_{P_m}(T-298)\right\}$$

$$\Delta H_{298\mathrm{K}}^o = 2\Delta H_{f\cdot \mathrm{NH_3}}^o - (\Delta H_{f\cdot \mathrm{N_2}}^o + 3\Delta H_{f\cdot \mathrm{H_2}}^o) = -92.2\ \mathrm{kJ}$$

$$\Delta C_{P_m} = 2C_{P_m}^{\mathrm{NH_3}} - (C_{P_m}^{\mathrm{N_2}} + 3C_{P_m}^{\mathrm{H_2}}) = -45.62\ \mathrm{J/K}$$

$$\left\{\frac{\partial}{\partial T}\left(\frac{\Delta G_T^o}{T}\right)\right\}_P = -\frac{1}{T^2}(-7.8605\times 10^4 - 46.62\,T)$$

이므로, 좌변은 $\frac{\Delta G_{298}^o}{298}$부터 $\frac{\Delta G_T^o}{T}$까지, 우변은 298 K에서 T K까지 적분한다.

$$\frac{\Delta G_T^o}{T} - \frac{\Delta G_{298}^o}{298} = \int_{298}^{T}\left(\frac{7.8605\times 10^4}{T^2} + \frac{45.62}{T}\right) dT$$

$$\frac{\Delta G_T^o}{T} - \frac{\Delta G_{298}^o}{298} = -7.8605\times 10^4 \times\left(\frac{1}{T} - \frac{1}{298}\right) + 45.62(\ln T - \ln 298)\ \mathrm{J/K} \quad \cdots\cdots ①$$

298 K에서는

$$\Delta G_{298\mathrm{K}}^o = 2\Delta G_{f\cdot \mathrm{NH_3}}^o - (\Delta G_{f\cdot \mathrm{N_2}}^o + 3\Delta G_{f\cdot \mathrm{H_2}}^o) = -33.0\times 10^3\ \mathrm{J}$$

이 되므로, ①식에 대입하여 정리하면 다음과 같다.

$$\Delta G_T^o \cong -7.86\times 10^4 + 45.62\, T\ln T - 1.07\times 10^2\, T\ \mathrm{J}$$

7-2 깁스-헬름홀츠의 식에 의해

$$\left[\frac{\partial(\Delta G^o/T)}{\partial T}\right]_P = -\frac{\Delta H^o}{T^2}$$

간략화를 위해, 주어진 식의 관계를 a, b, c라고 쓰고,

$\Delta G^o = a + bT\ln T + cT$ 라고 한다. 양변을 T로 나누고,

$\dfrac{\Delta G^o}{T} = \dfrac{a}{T} + b\ln T + c$로 한다. 이것을 깁스-헬름홀츠의 식에 대입하여

$\left[\dfrac{\partial(\Delta G^o/T)}{\partial T}\right]_P = -\dfrac{a}{T^2} + \dfrac{b}{T} = -\dfrac{\Delta H^o}{T^2}$로 한다. 따라서,

$\Delta H^o = a - bT = -3.47\times 10^4 - 26.4T\ \mathrm{J\,mol^{-1}}$이 된다.

7-3 정의 및 법칙으로부터 각 열역학의 양은 다음과 같이 표현된다.

$H = U + PV,\quad G = H - TS,\quad \Delta S = Q_{rev}/T,\quad \Delta U = Q + W$

정압에 있어서, $W = -P\Delta V$

이것들의 미소량을 생각하자.

$dH = dU + d(PV)$ ············ ①
$dG = dH - d(TS)$ ············ ②
$dS = \delta Q_{rev}/T \rightarrow TdS = \delta Q_{rev}$ ············ ③
$dU = \delta Q + \delta W$ ············ ④
$\delta W = -PdV$ ············ ⑤

②에 의해 $dG = dH - TdS - dT\cdot S$

여기에 ①을 대입하여, $dG = dU + d(PV) - TdS - dT\cdot S$

따라서, $dG = dU + dP\cdot V - PdV - TdS - dT\cdot S$

가역과정을 가정한 후에 ④를 대입하면

$dG = \delta Q_{rev} + \delta W + dP\cdot V - PdV - TdS - dT\cdot S$

③식과 ⑤식에 의해 $dG = TdS - PdV + dP\cdot V - PdV - TdS - dT\cdot S$

따라서, $dG = -SdT + VdP$

7-4 함수 $G(P, T)$의 전미분은

$$dG = \left(\frac{\partial G}{\partial P}\right)_T dP + \left(\frac{\partial G}{\partial T}\right)_P dT$$

로 표현된다. ①식과 비교하면

$\left(\dfrac{\partial G}{\partial P}\right)_T = V$ (T가 일정에서 P가 변화 → G의 기울기가 V)

$\left(\dfrac{\partial G}{\partial T}\right)_P = -S$ (P가 일정에서 T가 변화 → 기울기가 $-S$)

(1) T=0℃ (일정)에서 압력이 변화하는 경우, $V_{얼음} > V_{물} > 0$이므로, 1 atm보다 압력이 크게 되면 얼음이 녹는다.

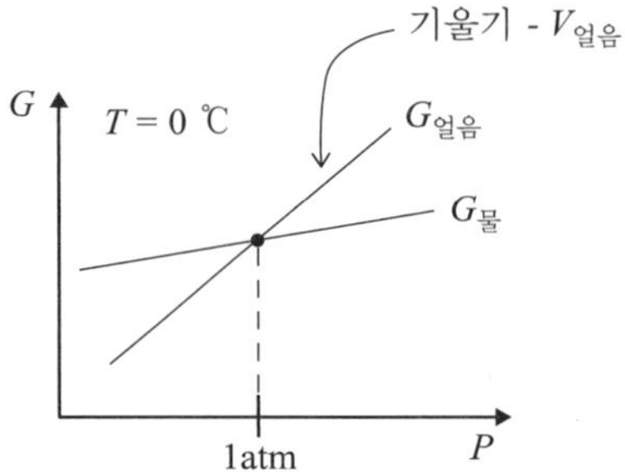

(2) P = 1기압(일정)에서 온도가 변화할 경우, $S_{물} > S_{얼음} > 0$이므로, 0℃보다 온도가 높게 되면 얼음이 녹는다.

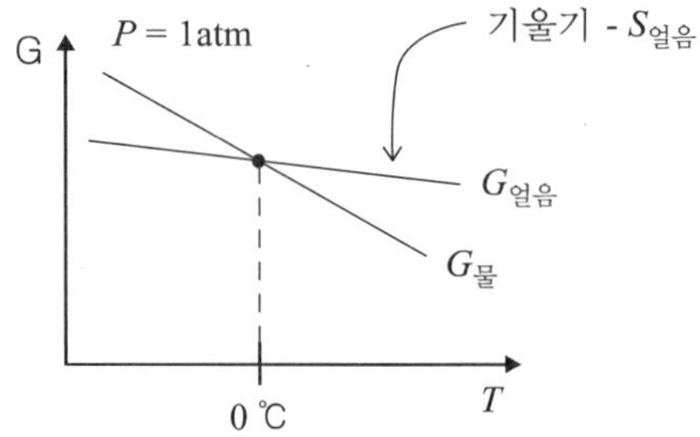

7-5 힌트의 그림으로부터, 구하는 값은, $\Delta G_{증발}(P_2) = \Delta G_{기체} - \Delta G_{액체}$ 이다.

$\Delta G_{기체} = \int_{P_1}^{P_2} V_{기체}\, dP,\quad \Delta G_{액체} = \int_{P_1}^{P_2} V_{액체}\, dP$이므로

$$\begin{aligned} \Delta G_{증발}(P_2) &= \int_{P_1}^{P_2} V_{기체}\, dP - \int_{P_1}^{P_2} V_{액체}\, dP \\ &= \int_{P_1}^{P_2} \frac{RT}{P}\, dP - V_{액체}\int_{P_1}^{P_2} dP \\ &= RT\ln\frac{P_2}{P_1} - V_{액체}(P_2 - P_1) \end{aligned}$$

7-6 (1) 그림 7-1로부터, 압력을 올리면 어느 압력 ($P_{평형}$)에서 그라파이트와 다이아몬드의 자유에너지가 같아져, 아래의 식이 성립한다.

$\Delta G_{그라파이트} = \Delta G_{다이아} + 2830\ \mathrm{J\ mol^{-1}}$

따라서, 1기압을 P_o라고 하면

$$\int_{P_o}^{P_{평형}} V_{그라파이트}\, dP = \int_{P_o}^{P_{평형}} V_{다이아}\, dP + 2830\ \mathrm{J\ mol^{-1}}$$ 이 된다.

밀도가 일정하므로, 부피도 일정하여,

$$V_{그라파이트}(P_{평형} - P_o) = V_{다이아}(P_{평형} - P_o) + 2830$$

$$P_{평형} = \frac{2830}{(V_{그라파이트} - V_{다이아})} + P_o$$

여기서,

$$V_{그라파이트} = \frac{12.0\ \mathrm{g/mol}}{2.26\ \mathrm{g/cm^3}} = 5.309... \times 10^{-6}\ \mathrm{m^3/mol}$$

$$V_{다이아} = \frac{12.0\ \mathrm{g/mol}}{3.51\ \mathrm{g/cm^3}} = 3.418... \times 10^{-6}\ \mathrm{m^3/mol}$$

이므로, $V_{그라파이트}$와 $V_{다이아}$의 값을 대입하면

$P_{평형} = 1.496... \times 10^{-9}\ \mathrm{Pa} \approx 14800$ 기압

(2) 힌트의 그림으로부터, 온도를 내리면 어느 온도 T에서 그라파이트와 다이아몬드의 자유에너지가 같아져, 다음의 식이 성립한다.

$$\Delta G_{그라파이트} = \Delta G_{다이아} + 2830\ \mathrm{J\ mol^{-1}}$$

따라서, $-\int_{298\mathrm{K}}^{T\mathrm{K}} S_{그라파이트}\, dT = -\int_{298\mathrm{K}}^{T\mathrm{K}} S_{다이아}\, dT + 2830\ \mathrm{J\ mol^{-1}}$ 이 된다.

엔트로피가 일정하다는 가정으로부터

$$(S_{다이아} - S_{그라파이트})\int_{298\mathrm{K}}^{T\mathrm{K}} dT = 2830\ \mathrm{J\ mol^{-1}}$$

$$(S_{다이아} - S_{그라파이트})(T - 298) = 2830\ \mathrm{J\ mol^{-1}}$$

문제에 주어진 $S_{다이아}$와 $S_{그라파이트}$의 값을 대입하면,

$$T = \frac{2830\ \mathrm{J\ mol^{-1}}}{(2.37 - 5.74)\ \mathrm{J\ K^{-1}mol^{-1}}} + 298\ \mathrm{K} \approx -542\ \mathrm{K}$$ 이 된다.

이런 온도는 실현 불가능하다.

7-7 반응식은 $C + O_2 \rightarrow CO_2$ 이다.

$$\Delta H^o_{f \cdot 298\mathrm{K}} = -393.5\ \mathrm{kJ\ mol^{-1}}$$

키르히호프의 식에 의해

$$\Delta H^o_{f \cdot 500\mathrm{K}} = \Delta H^o_{f \cdot 298\mathrm{K}} + \int_{298\mathrm{K}}^{500\mathrm{K}} \Delta C_{P_m}\, dT \quad \cdots\cdots ①$$

여기서, $\Delta C_{P_m} = C_{P_m}^{CO_2} + (C_{P_m}^{C} + C_{P_m}^{O_2}) = -2.76 + 0.07 \times 10^{-3}T + 1.7 \times 10^5\ T^{-2}$

$\Delta H^o_{298\text{K}}$ 및 ΔC_{P_m}를 ①식에 대입하면

$$\Delta H^o_{500\text{K}} = -393.5\times 10^3\ \text{J mol}^{-1} + \int_{298\text{K}}^{500\text{K}} (-2.76+0.07\times 10^{-3}T+1.7\times 10^5 T^{-2})dT$$

$$= -393.8\ \text{kJ mol}^{-1}$$

7-8 398 K (125℃), 1 bar에서 물은 기체이므로, $CH_4 + 2O_2 \rightarrow CO_2 + 2H_2O$

Hess의 법칙에 의해, 298 K (125℃)에서 $\Delta H^o_{298\text{K}}$ 및 $\Delta S^o_{298\text{K}}$는

$$\Delta H°_{298K} = \Delta H°_{f\cdot CO_2} + 2\Delta H°_{f\cdot H_2O(g)} - (\Delta H°_{f\cdot CH_4} + 2\Delta H°_{f\cdot O_2})$$

$$= -802.3\ \text{kJ/mol}$$

$$\Delta S°_{298K} = S°_{CO_2} + 2S°_{H_2O(l)} - (S°_{CH_4} + 2S°_{O_2})$$

$$= -5.2\ \text{J/Kmol}$$

다음으로 키르히호프의 식을 이용하여 $\Delta H^o_{398\text{K}}$를 구하면

$$\Delta C_{Pm} = \Delta C_{Pm\cdot CO_2} + 2C_{Pm\cdot H_2O(g)} - (C_{Pm\cdot CH_4} + 2C_{Pm\cdot O_2}) = 21.5$$

$$\Delta H°_{398K} = \Delta H°_{298K} + \int_{298K}^{398K} \Delta C_{Pm} dT \approx \underline{-800.1\text{kJ/mol}}$$

$\Delta S^o_{398\text{K}}$ 및 $\Delta G^o_{398\text{K}}$는

$$\Delta S°_{398K} = \Delta S°_{298K} + \int_{298K}^{398K} \frac{\Delta C_{Pm}}{T} dT \approx \underline{1.03\text{J/Kmol}}$$

$$\Delta G°_{398K} = \Delta H°_{398K} - T\Delta S°_{398K} \approx \underline{-800.5\text{kJ/mol}}$$

이 된다. ($\Delta G^o_{398\text{K}}$은 깁스-헬름홀츠의 식에서 구해도 좋다)

7-9 발생한 열을 전부 온도 상승에 사용하므로,

$$\Delta H = \Delta H^o_{①} + \Delta H^o_{②} = 0$$

$$\Delta H^o_{①} = \Delta H^o_{298} = -802.2\ \text{kJ}$$

$$\Delta H^o_{②} = \int_{298}^{T} C_{P_m} dT$$

$$\Delta H^o_{298} = \int_{298}^{T} C_{P_m} dT$$

$$802200 = \int_{298}^{T} C_{P_m\cdot CO_2} + 2C_{P_m\cdot H_2O} + 8C_{P_m\cdot N_2} dT$$

$$T \approx 2{,}74\times 10^3\ \text{K}$$

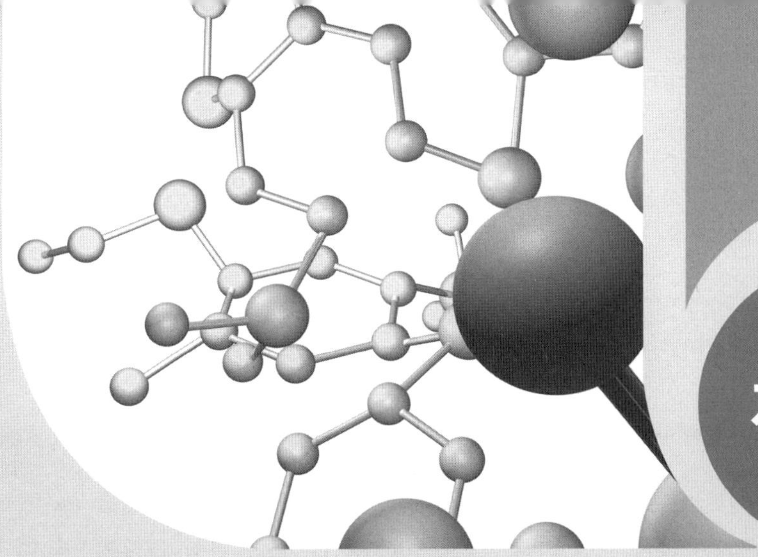

제 8 장

개방계의 열역학 -화학 포텐셜-의 도입

스포츠 선수가 다른 팀에 이적해서 주위의 멤버나 환경이 바뀌면, 완전히 같은 인물임에도 불구하고 활약상(예를 들면 득점 능력)이 크게 달라지는 경우가 있다. 화학 물질에서도 같은 상황이 일어난다. 물질의 부피나 엔탈피, 자유에너지 등 시량성의 상태량은 같은 1 mol이어도 놓인 화학적 환경에 따라 그 값이 달라진다. 우리들의 일상 속의 화학 물질은 대부분이 혼합물이며, 조성의 차이가 여러 가지 화학적 환경을 만들어낸다. 따라서 화학적 환경에 따른 물질 1 mol 당의 시량성 변수를 환경에 따라서 변화하는 양으로 취급할 필요가 있다.

이번 장에서는 이 요소를 만족하는 부분 몰량의 개념을 새롭게 배운다. 그 중에서도 화학 포텐셜의 개념은, 화학 열역학을 여러 가지 혼합물에 적용할 때 빠져서는 안 되는 것이다.

8.1 부분 몰량의 도입

> 동일 화학물질 1 mol이 환경이 달라지면 부피가 변할 거라 생각하는가?

용량플라스크에 백반[황산칼륨 알루미늄, $AlK(SO_4)_2 \cdot 12H_2O$]의 결정을 넣고, 그 위에 표선까지 물을 조용히 따르는 경우를 생각하자. 이 때 뒤섞지 않으면 용량플라스크의 바닥에 백반의 고체 결정의 덩어리가 있어, 그 위에 물이 놓여있는 상황이 된다. 이 시점에서는 두 가지는 거의 섞이지 않는다. 이 상황에서 용량플라스크를 잘 흔들어 균일하게 백반 수용액으로 만들면, 백반 수용액의 윗면이 표선까지 도달해 있지 않은 것을 알 수 있다. 용량플라스크의 뚜껑은 닫혀져 있기 때문에, 물 분자가 증발 등으로 사라지지 않는다. 즉, 두 가지가 분자 규모로 섞여서 전체의 부피가 줄어든 것이다. 이는 물을 백반과 혼합하여, 같은 물질량임에도 불구하고 차지하는 부피가 변화한 것을 의미한다. 이 모습을 이번 절 마지막의 Column에 소개하고 있으므로 참고하기 바란다.

일반화하여 물질 A와 물질 B를 섞은 경우, 이 혼합물 중에 물질 A 1 mol이 차지하는 부피를 A의 **부분 몰 부피**(Partial molar volume)라고 하며 V_{mA}, 혹은 간단히 V_A라고 나타낸다. 이 때 첨자의 m은 mol의 앞 글자에서 따왔다. 섞는 상대방의 종류나 혼합물 중의 조성비가 변하면, 일반적으로 이 부분 몰 부피의 값도 변한다. 이처럼 부분 몰 부피는 혼합물 전체의 부피와 어떤 관계에 있을까?

A와 B의 혼합물이 다량 있다고 하며, 혼합물의 전체 부피를 V라고 하자. 이 때 양은 이 혼합물에 A를 1 mol 추가한 정도로는 혼합물 중의 A와 B의 조성비에 전혀 영향이 없는 정도의 양을 가정한다. 여기서 A를 1 mol 더했을 때, 전체의 부피가 V_A만큼 증가한다고 하자. 이는 혼합물 중에 A 1 mol분이 차지하는 부피이다. 중학교나 고등학교의 수학에서 X가 1 늘어날 때에 Y가 a만큼 늘어난 경우, a는 기울기를 의미하였다. 따라서 온도나 압력, A 이외의 성분의 물질량의 증감은 없다고 하면, V_A와 혼합물 전체의 부피 V 사이에는 다음과 같은 관계식이 성립한다.

$$V_A = \left(\frac{\partial V}{\partial n_A}\right)_{P,\,T,\,n \neq n_A} \qquad \text{8-(1)}$$

「여기서 주의할 것은, A의 부분 몰 부피는 A를 1 mol 더했을 때의 전체의 부피의 증가분, 즉 기울기로 정의되어 있는 것이다. 따라서 A를 1 mol 더하여 전체의 부피가 반대로 줄어들어 버리는 경우는 「부피」라고 말하면서도 음의 값도 취할 수 있다. 이 모습을 **보인다! Box 8-1**에 나타냈다.」

1 mol의 증감이 무시할 수 있을 정도의 다량의 혼합물을 실제로 취급하는 것은 힘들기 때문에, 미소량을 더하는 방향부터도 생각해보자. 제한 없이 미소한 양이기만 하면 전체의 조성 변화는 무시할 수 있다. 여기서 A와 B의 혼합물에 A와 B를 각각 아주 약간 dn_A mol, dn_B mol 더했을 때, 혼합물 전체의 부피가 아주 약간 dV만큼 변화했다고 하자. 이 때, 부분 몰 부피는 기울기를 나타내므로 8-(1)식을 참고하면 아래의 식이 성립하는 것을 알 수 있다.

$$dV = V_A\, dn_A + V_B\, dn_B \qquad 8\text{-}(2)$$

V는 변수 n_A, n_B의 함수로 표현되어 있지만 V은 상태량이기 때문에, 수학적으로는 아래와 같은 완전 미분의 형태로 나타낼 수 있다.

$$dV\left(\frac{\partial V}{\partial n_A}\right)_{P,T,n_B} dn_A + \left(\frac{\partial V}{\partial n_B}\right)_{P,T,n_A} dn_B \qquad 8\text{-}(3)$$

보인다! Box 8-1 부분 몰 부피는 음의 값을 갖는 것도 있다.

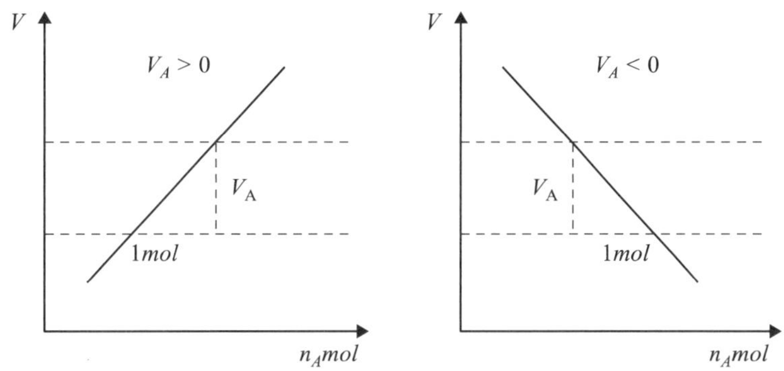

혼합물 중의 성분 A의 부분 몰 부피 V_A가 양일 경우, 혼합물에 A를 1 mol 첨가하면 혼합물 전체의 부피 V는 V_A만큼 증가한다.

한편, 부분 몰 부피 V_A가 음일 경우는 A를 1 mol 첨가하면 혼합물 전체의 부피 V는 V_A만큼 줄어든다.

8-(2), (3)식의 우변의 각 항을 비교하면, 8-(1)식이 성립한다는 것을 알 수 있다.

혼합물 중에 A가 n_A mol, n_B mol 들어있다고 하면, A, B 각각 1 mol이 혼합물 중에서 차지하는 부피는 V_A, V_B이므로 전체의 부피 V는 아래와 같이 나타낼 수 있다.

$$V = n_A V_A + n_B V_B \quad 8\text{-}(4)$$

이처럼 부분 몰 부피를 도입하면, 전체의 부피는 혼합물 중의 각 성분의 물질량과 부분 몰 부피를 이용하여 선형 결합의 형태로 나타내므로 수학적인 접근이 쉬워진다. 실제로는 혼합하는 성분의 수는 상관없지만, 8-(3), (4)식을 각각 일반화해서 나타내면 아래와 같이 된다.

Column 부분 몰 부피를 실감해 보자

일상 속에서 쉽게 구할 수 있는 약품으로는 부분 몰 부피를 실감할 수 없을까? 필자는 부분 몰량의 강의에 들어갈 때 백반과 물을 준비해서, 용액이 되면 전체의 부피가 줄어드는 것을 실제로 보여준다. 백반을 사용하는 이유는 이것이 식품첨가물로 자주 사용되기 때문에 보통 약국 등에서 간단하게 구할 수 있기 때문이다.

다른 한 가지로는, 미리 각각 부피를 잰 에탄올과 물을 준비해서 혼합하여 총 부피의 변화를 보는 것도 좋을 지도 모른다. 물과 에탄올의 혼합용액은 술의 기본이 되는 혼합 용액이므로, 부분 몰 부피 체험 칵테일이라고 부르기도 한다.

여담이지만, 최초에 예로 들었던 백반 수용액을 학생들에게 만들게 시켰을 때, 용량플라스크를 마치 칵테일의 셰이커 마냥 흔들어 친구들을 웃기려고 하는 학생이 매년 반드시 한 명씩은 있다. 요즘 그런 학생에게는 부분 몰 부피체험 칵테일이라도 만들게 해볼까 하는 생각이 든다.

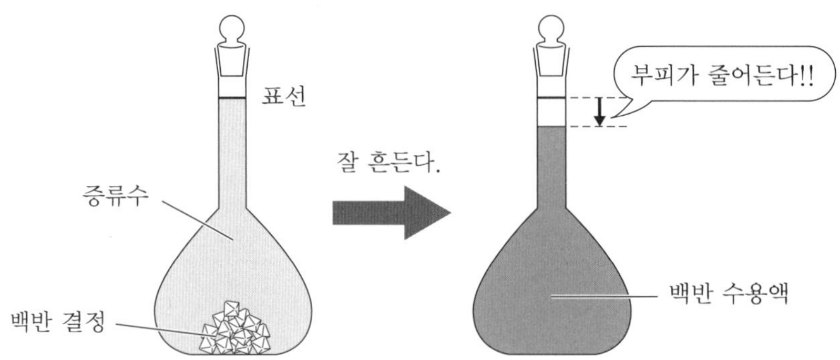

$$dV = \Sigma_i \left(\frac{\partial V}{\partial n_i}\right) dn_i \qquad 8\text{-}(5)$$

$$V = \Sigma_i n_i V_i \qquad 8\text{-}(6)$$

예를 들면, 양에 관한 다른 시량성 변수 중에 하나인 엔트로피에 대해서도 아래와 같은 식이 성립한다.

$$S = \Sigma_i n_i S_i \qquad 8\text{-}(7)$$

여기서 S_i는 성분 i의 부분 몰 엔트로피이다. 화학에서 열역학을 응용할 때, 우리가 가장 주안점에 두는 것은 깁스의 자유에너지이므로 얼른 부분 몰 자유에너지의 이야기로 옮겨가자.

8.2 화학 포텐셜의 도입

당신은 화학 포텐셜을 구할 때, 상태량 U, H, A, G 중에서, 고찰하는 과정에 따라서 적절한 것을 선택할 수 있는가?

이번 절에서는 최대의 관심사인 자유에너지의 부분 몰량, 즉 부분 몰 자유에너지에 대해서 고찰한다. 「계가 외계와 물질을 주고받거나, 혹은 화학 반응을 일으키면 계를 구성하는 물질의 조성비가 변화하기 때문에, 부분 몰 자유에너지는 물질량의 변화를 허용한 **개방계**(Open system)에서 편리하게 사용할 수 있는 열역학량이 된다.」 개방계는 많은 화학 프로세스 중에서 일반적인 계이다.

어떤 계에 물질 A를 아주 약간의 dn_A만큼 첨가했다고 하자. 온도나 압력, 다른 성분량을 변화시키지 않고 A를 1 mol 더했을 경우의 혼합물 전체의 내부에너지의 증가분을 μ_A라고 한다. 이를 A의 **화학 포텐셜**(Chemical potential)이라도 한다. 제2장에서 배운 열역학 제1법칙의 미분량의 형식을 이용하면 이 상황은 다음과 같이 기술된다. 우선, 계의 내부에너지 U의 미소 변화량 dU를 생각해보자. 개방계이므로, 구성 물질의 물질량 증감에 따르므로,

$$dU = \delta Q + \delta W + \mu_A \, dn_A \qquad 8\text{-}(8)$$

이 된다. 여기서, 계에 더해진 성분을 한 종류로 한정하지 않고 복수로 하여 일반화하자. $i = A, B, C, \cdots$ 라 하고, 개방계의 열역학 제1법칙을 일반화하면 아래와 같이 나타낼 수 있다.

$$dU = \delta Q + \delta W + \sum_i \mu_i \, dn_i \qquad 8\text{-}(9)$$

그렇다면 이제까지 배운 상태량 U, H, A, G가 μ_i와 어떻게 연결되는가를 확인해보자. 여기서는, 계의 변화가 어떤 과정을 거쳐 실현되는지가 중요하게 된다.

먼저, 많은 화학 변화 중에서 일반적인 등온 정압 과정에서 8-(9)식을 고찰해보자. 단순화하기 위해서, 일은 화학 반응에 따른 부피 변화, 팽창일 뿐이라고 생각하자. 따라서 8-(9)식은 아래와 같이 나타낼 수 있다.

$$dU_{계} = \delta Q + \delta W_{팽창} + \sum_i \mu_i \, dn_i \qquad 8\text{-}(10)$$

이 때, 등온 정압 변화이므로,

$$\delta Q = T \, dS \qquad 8\text{-}(11)$$

$$\delta W_{팽창} = -P \, dV \qquad 8\text{-}(12)$$

이 된다. 여기서 8-(11), (12)식을 8-(19)식에 대입해서 다음 식을 얻는다.

$$dU = T \, dS - P \, dV \sum_i \mu_i \, dn_i \qquad 8\text{-}(13)$$

내부에너지의 미소 변화는 엔트로피, 부피, 그리고 물질량의 미소 변화량에 각각 비례하는 것을 알 수 있다. 이 식을 기본으로 성분 i의 화학 포텐셜 μ_i와 내부에너지 U를 관계지어보자. 계의 엔트로피 변화가 0 (즉, $dS = 0$), 계의 부피 변화가 0 (즉, $dV = 0$), 또한 성분i 이외의 물질의 증감이 0 {즉, $dn_j = 0 \; (j \neq i)$}이라고 하면, 8-(13)식은 아래와 같이 단순화시킬 수 있다.

$$dU = \mu_i \, dn_i \qquad 8\text{-}(14)$$

성분 i 이외의 물질량의 변화 없음, 엔트로피 및 부피의 변화 없다는 것을 편미분 기호를 사용하여 나타내면, 8-(14)식은 아래와 같이 나타낼 수 있다.

$$\mu_i = \left(\frac{\partial U}{\partial n_i}\right)_{S,\, V,\, n_j(j \neq i)} \tag{8-(15)}$$

S, V가 일정한 과정이란, 구체적으로는 외계와 열을 주고받지 않으며 계의 부피 변화가 허용되지 않는 단열 정적 과정을 말한다. 8-(15)식은, 「단열 정적 과정이라면, 물질 i를 계에 첨가했을 때의 계의 내부에너지의 변화로부터 물질 i의 화학 포텐셜 μ_i를 구할 수 있다」라는 것을 가르쳐 준다. 본질적으로는 같지만, 8-(15)식과 다른 별도의 구하는 방식이 있다. 함수 $U(S,\ V,\ n_i)$를 아래의 완전 미분의 형태로 나타내보자.

$$dU = \left(\frac{\partial U}{\partial S}\right)_{V,\, n_i} dS + \left(\frac{\partial U}{\partial V}\right)_{S,\, n_i} dV + \sum_i \left(\frac{\partial U}{\partial n_i}\right)_{S,\, V,\, n_j(j \neq i)} dn_i \tag{8-(16)}$$

여기서 8-(16)식과 8-(13)식을 변끼리 비교하여 8-(15)식을 도출한다.

그렇다면, 단열 정적 과정 이외에서 화학 포텐셜을 추측하려면 어떻게 하면 될까? 아래의 여러 가지 변화식을 생각해보았다.

$$dH = d(U + PV) = dU + PdV + VdP \tag{8-(17)}$$

와 8-(13)식에 의해 엔탈피와 화학 포텐셜은 아래와 같은 식과 관련된다.

$$dH = TdS + VdP + \sum_i \mu_i\, dn_i \tag{8-(18)}$$

내부에너지의 경우와 마찬가지로 생각하면, 단열 정압 과정은,

$$\mu_i = \left(\frac{\partial H}{\partial n_i}\right)_{S,\, V,\, n_j(j \neq i)} \tag{8-(19)}$$

가 되며, 화학 포텐셜은 엔탈피 변화로부터 예측할 수 있다.

같은 방식으로 헬름홀츠의 자유에너지에 대해서

$$dA = d(U - TS) = dU - TdS - SdT \tag{8-(20)}$$

로부터 8-(13)식에 의해

$$dA = -SdT - PdV + \sum_i \mu_i dn_i \qquad 8\text{-}(21)$$

이 식에 의해, 등온 정적 과정은

$$\mu_i = \left(\frac{\partial A}{\partial n_i}\right)_{T, V, n_j(j \neq i)} \qquad 8\text{-}(22)$$

가 된다. 즉, 등온 정적 과정에서는, 성분 i의 화학 포텐셜은 물질 i를 계에 더했을 때의 헬름홀츠의 자유에너지 변화를 구하면 얻을 수 있다. 여기까지 단열 정적 과정, 단열 정압 과정, 등온 정적 과정의 화학 포텐셜을 구하기 위해서는 각각 물질 i를 계에 더했을 경우의 U, H, A의 변화를 생각하면 된다는 것을 알았다. 그렇다면 화학에서 가장 많이 사용되는 등온 정압 과정에서는 어떨까? 다음으로 깁스 자유에너지를 생각해보자. 8-(17)식과 합쳐서 생각하면

$$\begin{aligned} dG &= d(H - TS) \\ &= dH - TdS - SdT \\ &= dU + PdV + VdP - TdS - SdT \end{aligned} \qquad 8\text{-}(23)$$

위 식과 8-(13)식에 의해,

$$dG = -SdT + VdP + \sum_i \mu_i dn_i \qquad 8\text{-}(24)$$

즉, 등온 정압 과정에서는

$$\mu_i = \left(\frac{\partial G}{\partial n_i}\right)_{T, P, n_j(j \neq i)} \qquad 8\text{-}(25)$$

가 성립한다. 이처럼 과정에 따라 화학 포텐셜을 구하기 위해 편리한 상태 함수가 다르기 때문에, 주의하기 바란다. 이 모습을 **사용하자! Box 8-1**에 정리하였으므로 참고하기 바란다.

많은 화학 프로세스가 등온 정압 과정에서 진행하는 것을 생각하면, 필연적으로 8-(25)식을 사용하는 기회가 많아질 것이다. 여기서 8-(25)식 우변의 G의 내용을 바꿔 써두면, 편리하다. 순물질의 경우 제7장의 7-(13)식에 의해 아래의 식이 성립하였다.

$$dG = -SdT + VdP \qquad 8\text{-}(26)$$

사용하자! Box 8-1 화학포텐셜을 구하는 방법

계의 에너지를 나타내는 상태 함수와의 관계식 : 과정에 따른 차

μ_i	단열	등온
정적	$\left(\dfrac{\partial U}{\partial n_i}\right)_{S,\,V,\,n_i(j\neq i)}$	$\left(\dfrac{\partial A}{\partial n_i}\right)_{T,\,V,\,n_i(j\neq i)}$
정압	$\left(\dfrac{\partial H}{\partial n_i}\right)_{S,\,P,\,n_i(j\neq i)}$	$\left(\dfrac{\partial G}{\partial n_i}\right)_{T,\,P,\,n_i(j\neq i)}$

생각하는 과정에 따라, 화학 포텐셜을 나타내기 위한 편리한 상태 함수가 달라지는 것에 주의하자. 화학에서는 등온 및 정압 하에서 진행하는 반응을 다루는 경우가 많기 때문에 깁스의 자유에너지의 계산과 관련짓는 경우가 많다.

「여기서 시강성 변수인 T, P는 물질량 n의 변화나 조성에 영향을 끼치지 않는 것에 주의해서, 8-(26)식의 양변을 성분 i 1 mol 당의 부분 몰량으로 표현하면 등온 정압 과정에서는 성분 i의 부분 몰 깁스 자유에너지 G_i가 μ_i로 바뀌는 것을 고려하여

$$dG_{mi} = d\mu_i = -S_{mi}dT + V_m dP \qquad 8\text{-}(27)$$

식이 성립된다.」 8-(27)식은 다성분계의 각 성분 i에 대해서 성립하며, 화학 평형이나 상평형, 용액의 성질을 생각할 때 중요한 식이 된다. 또한 등온 정압 과정에서는 $dT=0$, $dP=0$이므로, 8-(24)식에 의해

$$dG = \sum_i \mu_i\, dn_i \qquad 8\text{-}(28)$$

이 성립한다. 등온 정압 하에서는,

$$G = \sum_i n_i\, G_{mi} = \sum_i n_i\, \mu_i \qquad 8\text{-}(29)$$

가 되므로, 8-(29)식의 양변의 미분량은

$$dG = \sum_i d(n_i\, \mu_i) = \sum_i (n_i\, d\mu_i + \mu_i\, dn_i) = \sum_i n_i\, d\mu_i + \sum_i \mu_i\, dn_i \qquad 8\text{-}(30)$$

여기서, 8-(28)식과 8-(30)식은 항상 같으므로,

$$\sum_i n_i \, d\mu_i = 0 \text{ (등온 정압)} \qquad 8\text{-}(31)$$

이라는 관계식이 도출된다. 이를 **깁스-듀헴의 식**(Gibb's-Duhem equation)이라고 한다. 이는 혼합물 중의 화학 포텐셜은 8-(31)식으로 연결되며, 혼합물 중의 한 성분의 화학 포텐셜은 다른 성분의 화학 포텐셜과는 독립적으로 변화시킬 수 없다는 것을 의미한다. 가령 2성분계라면,

$$d\mu_2 = -\frac{n_1}{n_2}\, d\mu_1 \qquad 8\text{-}(32)$$

가 되며, 혼합물의 조성비(n_1/n_2)가 정해져 있으면, 성분 1의 화학 포텐셜을 변화시킬 경우, 성분 2의 화학 포텐셜도 8-(32)식에 따라서 변화해버린다는 것을 의미한다.

이번 절에서 도입한 화학 포텐셜은 어떤 이미지로 파악할 수 있을까? 이 때, 제5장 5-1절에서 배운 시강성 및 시량성의 관점에서 파악하면 알기 쉽다. 만약 온도나 압력 등 시강성 변수가 다른 것들끼리 접하면, 시강성 변수가 높은 쪽에서 낮은 쪽으로, 대응하는 시량성 변수가 이동하기 때문에 계는 최종적으로 평형에 도달한다. 여기서 화학 포텐셜은 각 물질 1 mol당으로 규격화되어 있기 때문에 물질량에 의존하지 않는다. 따라서 시강성 변수로 생각할 수 있다. 이것과 한 쌍이 되는 시량성 변수는 물질량(mol)이며, 이 두 가지의 곱은 에너지의 차원을 갖는다.

화학 평형인 물질 A와 물질 B의 혼합물의 평형을 생각해보자. 물질 A와 물질 B의 각각의 화학 포텐셜 값 μ_A, μ_B는 혼합물 중의 물질 A와 물질 B의 조성비에 의존한다. 만약 혼합물 중에 물질 A의 화학 포텐셜이 물질 B보다 높다면, 두 물질의 화학 포텐셜이 같아질 때까지 화학 포텐셜이 높은 쪽에서 낮은 쪽으로, 쌍이 되는 시량성 변수, 즉 물질량이 이동한다. 이는 화학 포텐셜이라고 불리는 이름의 유래이다. **보인다! Box 8-2**를 보기 바란다.

여기서는 두 물질의 포텐셜이 같아지게 되는 조성비가 될 때까지 A→B로 화학 반응이 일어나서, 결과적으로 A의 물질량이 줄고($n_{Ae} < n_A$), B의 물질량이 증가($n_{Be} < n_B$)하므로, 화학 평형에 달하는 모습이 그려져 있다. A와 B의 물질량의 증감을 알기 쉽게 가상적인 막을 이용하여 공간을 분리하여 그렸지만, 실제로는 A와 B를

공간적으로 분리할 필요는 없다. μ_e나 n_{Ae}, n_{Be}의 첨자 e는 평형(equilibrium)의 앞 글자에서 따왔다.

다음 장에서는 화학에서 굉장히 중요한 화학 평형의 고찰에 화학 포텐셜의 개념을 응용해보자.

보인다! Box 8-2 화학 포텐셜은 시강성 및 시량성의 관점에서 파악하며 이미지화하기

	시강성 변수	쌍이 되는 시량성 변수
열 적	T	S
가평적	P	V
화학적	μ	n

(온도 및 압력이 일정한 경우)

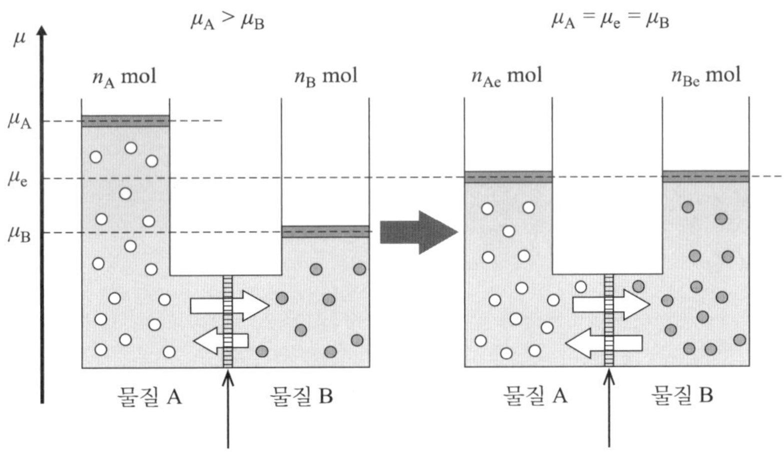

물질의 이동이나 물질 A와 물질 B의 물질 변환을 허용하는 가상적인 막

만약 혼합물 중에서 물질 A의 화학 포텐셜이 물질 B보다 높다면, 두 물질의 화학 포텐셜이 같아질 때까지 화학 포텐셜이 높은 쪽에서 낮은 쪽으로, 쌍이 되는 시량성 변수인 물질량이 이동하거나 화학 반응에 의해 변화한다.

Column 스포츠 선수와 화학 포텐셜

과정에 따라 다르지만 U, A, H, G로 구한 화학 포텐셜에 대해서, 다소 상상할 수 있게 되었는가? 스포츠도 화학 변화도 우리의 일상적 환경, 즉 등온 · 정압 조건 하에서 일어나기 때문에, 이 경우의 화학 포텐셜은 혼합물 중의 1 mol당의 깁스의 자유에너지 G에 상응한다. 만약 화학 반응이 일어난 경우, 깁스의 자유에너지 변화는 할 수 있는 최대의 비팽창 일을 알려준다. 여기서 1 mol을 1인, 화학 반응을 시합이라고 가정하면, 같은 선수여도 팀의 다른 멤버나 편성(혼합한 다른 물질이나 조성비에 상응)에 의해 그 일물의 득점 능력이 달라질 수 있는 것과 굉장히 비슷하다. 이 때, 이 인물의 득점 능력이 팀 내에서의 화학 포텐셜에 상응한다고 할 수 있다. 축구나 배구의 감독 등 팀을 구성하는 한 명 한 명이 최대의 일을 하기 때문에, 팀을 구성하는 선수나 포지션을 결정하는 것은, 어떤 의미에서는 화학과 아주 닮아 있을지도 모른다. 덧붙이자면 서로 상성이 좋은 것을 영어로 케미스트리(화학)이 맞는다고 한다. 피직스(물리)가 맞는다고 말하지 않는 것도 이와 같은 이유일지도 모른다.

같은 선수여도...

8장 연습문제

8-1 중량 몰 농도가 0.39의 KCl 수용액의 밀도는 1.013 g/cm^3(25℃)이다. 이 용액 1 mol* 당 부피를 구하여라. KCl의 분자량은 74.55 g/mol이라고 한다.

* (용매의 몰 수) + (용질의 몰 수) = (용액의 몰 수)

힌트 중량 몰 농도의 정의의 이해 문제이다.

8-2 25℃, 중량 몰 농도 0.9 mol/kg의 KCl 수용액에서 KCl(분자량 74.55)의 부분 몰 부피는 29.79 cm^3/mol, 밀도는 1.038 g/cm^{3}이다. 이 수용액의 물의 부분 몰 부피를 구하여라.

힌트 용매의 물 1000g에 대해서 생각한다. 물의 몰 수는? 이 때 포함되어 있는 KCl(0.9 mol)의 질량은? 합한 질량은?

8-3 물 100 dm^{3}에 메탄올 15 dm^{3}를 더했더니 부피가 113 dm^{3}가 되었다. 메탄올의 부분 몰 부피를 추정하라. 또한, 메탄올과 물의 밀도(20℃는 각각0.7928 및 0.9982 g/cm^{3}이며, 물의 부분 몰 부피는 순수한 물의 부분 몰 부피와 같다고 한다.

힌트 각각 몰 수는? 물의 부분 몰 부피는 1 dm^3= 10^3 cm^3

8-4 에탄올을 20 mol% 포함하는 에탄올 수용액 100 cm^{3}을 만들기 위해서는, 에탄올과 물을 몇 cm^{3}씩 혼합하면 좋을까? 단, 이 농도에서의 에탄올과 물의 부분 몰 부피는 각각 56.0과 17.6 cm^3/mol으로, 순수한 에탄올과 물의 밀도는 각각 0.7893 및 0.9982 g/cm^{3}이다. 에탄올의 분자량 46.1이라고 한다.

제8장 연습문제해답

8-1 용액 = 용매(多) + 용질(少)

중량 몰 농도 : 용매 1000 g 당의 용질의 몰 수

1 mol 당의 부피 = 용매의 부피 ÷ 전체 몰 수

KCl의 질량 = 0.39 mol × 74.55 g/mol = 29.07 g

$$\text{용액의 부피} = \frac{\text{용액의 질량}}{\text{용액의 밀도}} = \frac{1000\ \text{g} + 29.07\ \text{g}}{1.013\ \text{g/cm}^3} = 1015.9\ \text{cm}^3$$

$$\text{전체 몰 수} = \frac{1000\ \text{g}}{18.0\ \text{g/mol}} + 0.39\ \text{mol} = 55.95\ \text{mol}$$

$$1\ \text{mol 당 부피} = \frac{1015.9\ \text{cm}^3}{55.95\ \text{mol}} = 18.2\ \text{cm}^3/\text{mol}$$

8-2 용매의 물 1000f (n_W=55.56 mol)에 대해서 생각한다. 이 때 포함된 KCl (0.9 mol)의 질량은, 74.55 g/mol × 0.9 mol = 67.10 g이 된다.

	질량	몰수 n_x
H_2O	1000 g	55.56 mol
KCl	67.10 g	0.90 mol
합계	1067.1 g	56.46 mol

$$\text{액체의 부피}\ V = \frac{1067.1\ \text{g}}{1.038\ \text{g/cm}^3} = 1028\ \text{cm}^3$$

또, $V = n_W V_W + n_{\text{KCl}} V_{\text{KCl}}$이므로,

$$V_W = \frac{V - n_{\text{KCl}} V_{\text{KCl}}}{n_W}\ \text{이다.}$$

$V = 1028\ \text{cm}^3$, $n_w = 55.56\ \text{mol}$, $n_{\text{KCl}} = 0.9\ \text{mol}$, $V_{\text{KCl}} = 29.79\ \text{cm}^3/\text{mol}$을 대입하면

$n_w = 18.02\ \text{cm}^3/\text{mol}$가 된다.

8-3 물과 메탄올의 부분 몰 부피를 각각 V_W 및 V_M라고 한다. 용액의 부피는

$V = n_W V_W + n_M V_M$

가 된다. 다음으로, n_W와 n_M을 계산한다.

물 100 dm^3(= 100×10^3 cm^{3}의 몰 수 : $n_W = \dfrac{100 \times 10^3\ \text{cm}^3 \times 0.9982\ \text{g/cm}^3}{18.0\ \text{g/mol}} = 5546\ \text{mol}$

메탄올 15 dm^3(15×10^3 cm^3)의 몰 수 : $n_M = \dfrac{15 \times 10^3\ \text{cm}^3 \times 0.7928\ \text{g/cm}^3}{32.0\ \text{g/mol}} = 371.6\ \text{mol}$

또, V_W가 순수의 몰 부피와 같다고 가정하면

$$V_W = \frac{100\times 10^3\ \mathrm{cm}^3}{5546\ \mathrm{mol}} = 18.03\ \mathrm{cm}^3/\mathrm{mol}$$

따라서, $V = 5546 \times 18.03 + 371.6 \times V_M$ [cm^3]이 된다. $V = 113\times 10^3\ \mathrm{cm}^3$이므로,

$$V_M = \frac{113\times 10^3 - 5546\times 18.03}{371.6} \approx 35\ \mathrm{cm}^3/\mathrm{mol}$$ 이 된다.

(이는 순수한 메탄올 40.36 cm^3/mol보다 작다)

8-4 n_E, n_W : 에탄올과 물의 몰 수

V_E, V_W : 에탄올과 물의 부분 몰 부피

20 mol%는 $\dfrac{n_E}{n_E+n_W} = 0.2$이다. 따라서 $n_E = \dfrac{1}{4}n_W$가 된다.

용액 전체의 부피 V는

$V = n_E V_E + n_W V_W$에 $n_E = \dfrac{1}{4}n_W$을 대입하면,

$V = \dfrac{1}{4}n_W V_E + n_W V_W$가 된다.

$$n_W = \frac{V}{\frac{1}{4}V_E + V_W} = \frac{100}{\frac{1}{4}\cdot 56.0 + 17.6} = 3.16\ \mathrm{mol}$$

$n_E = 0.791\ \mathrm{mol}$

물의 부피 : $\dfrac{3.16\ \mathrm{mol}\times 18.0\ \mathrm{g/mol}}{0.9982\ \mathrm{g/cm^3}} = 57.0\ \mathrm{cm}^3$

에탄올의 부피 : $\dfrac{0.791\ \mathrm{mol}\times 46.1\ \mathrm{g/mol}}{0.7893\ \mathrm{g/cm^3}} = 46.2\ \mathrm{cm}^3$

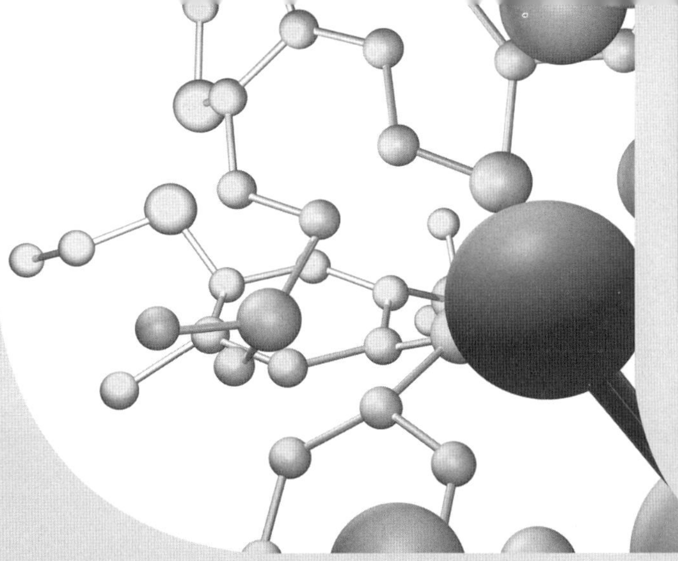

제 9 장

화학 포텐셜과 화학 평형

여러 개의 화학 물질이 공존하여, 서로 자유롭게 화학 반응에 따라서 변환되고 있는 계−평형 반응계−에 화학 포텐셜의 개념을 응용하면, 어떤 정보를 얻을 수 있을까? 화학 반응의 대부분은 평형 반응이며, 화학의 근본적 명제인「물질을 원하는 것으로 가능한 한 많이 변환한다」는 것을 생각할 경우, 원하는 물질이 생성되는 방향으로 평형 반응을 얼마나 활발하게 할 수 있을까가 가장 중요한 과제가 된다. 평형 반응계에서의 반응계와 생성계의 치우침 정도를 나타내는 편리한 파라미터로 평형 상수가 있다.

이번 장에서는 평형 상수를 1 bar에서의 생성계와 반응계의 자유에너지의 차로부터 구하는 것을 배운다.「어떠한 온도 및 압력 조건 설정 시, 그 조건으로부터의 평형 반응이 얼마나 생성계에 치우치는 지 알 수 있다면, 효율적이고 경제적인 반응 과정의 개발이나, 이를 토대로 한 화학 공장의 설계에 크게 도움이 된다.」

9.1 화학 포텐셜의 압력 의존성과 평형 상수

당신은 화학 포텐셜의 계산에 전체 압력을 이용하고 있지는 않은가?

어떤 온도 T에서, A, B, C, D의 네 종류의 화학 물질이 존재하며 아래의 화학 평형이 성립하고 있는 상태를 생각하자.

$$aA + bB \rightarrow cC + dD \qquad 9\text{-}(1)$$

이 때, 물질 A, B, C, D의 각 온도 T_A, T_B, T_C, T_D는 모두 같은 T가 되어야 한다. 만약 온도 차가 있다면, 온도가 높은 쪽에서 낮은 쪽으로 에너지가 열의 형태로 이동하여 평형 상태에 도달하지 않은 상태가 되기 때문이다. 따라서

$$T = T_A = T_B = T_C = T_D \qquad 9\text{-}(2)$$

가 성립한다. 그러면 압력은 어떨까? 압력은 용기 내의 원자나 분자가 벽에 충돌함에 따라 발생되며, 당연히 벽에 미치는 힘은 원자나 분자 등의 입자수에 비례한다. 평형 반응계에서는 물질 A, B, C, D의 물질량은 반드시 같다고 할 수 있으므로 평형 시에는 A, B, C, D의 각각의 압력, 즉 분압의 총합이 전체의 압력(총압)이 된다고 생각할 수 있다.

$$P_{\text{총압}} = P_A = P_B = P_C = P_D \qquad 9\text{-}(3)$$

어떤 일정한 온도 T에서 각각의 물질의 화학 포텐셜을 생각해보자. 각각의 물질의 화학 평형 시의 압력, 즉 분압이 다르므로 화학 포텐셜이 어떻게 압력에 의존하는가를 고찰해보자. 여기서는 우선 간편하게 하기 위해, A, B, C, D가 전부 이상기체인 경우를 생각하자. 이상기체 A에 관하여 A의 화학 포텐셜 μ_A의 압력 의존성을 구해보자. 각 성분의 화학 포텐셜과 분압의 관계를 구할 수 있다면, 혼합물의 화학 포텐셜에 대해서 평형 조건을 가정했을 경우 각각의 분압이 만족하는 관계식을 도출할 수 있다고 기대할 수 있다.

우선 가장 일반적인 조건인 등온 정압 하에서의 평형 반응을 생각해보자.

A의 부분 몰 부피 및 부분 몰 엔트로피를 각각 V_A, S_A라고 하면, 이 때 A의 화학

포텐셜은 **사용하자! Box 8-1**과 8-(27)식에 의해, A의 분압 P_A와 온도 T의 함수로

$$d\mu_A = V_{mA}\,dP_A - S_{mA}\,dT \qquad 9\text{-}(4)$$

가 성립한다. 온도가 일정하기 때문에 $dT = 0$이므로,

$$d\mu_A = V_{mA}\,dP_A \qquad 9\text{-}(5)$$

가 된다. 여기서, A 1 mol 당의 이상기체의 상태 방정식에 의해

$$V_{mA} = \frac{RT}{P_A} \qquad 9\text{-}(6)$$

이 성립한다. 9-(5)식을 분압 P_{Ai}에서 P_{Af}까지 변화시킨 경우, 화학 포텐셜이 μ_{Ai}에서 μ_{Af}까지 변화했다고 하자. 이 때 9-(6)식에서 9-(5)식의 적분 계산은 아래와 같이 나타낼 수 있다.

$$\int_{\mu_{Ai}}^{\mu_{Af}} d\mu_A = \int_{P_{Ai}}^{P_{Af}} \frac{RT}{P_A}\,dP_A \qquad 9\text{-}(7)$$

따라서, 적분 결과는

$$\mu_{Af}(P_{Af},\ T) - \mu_{Ai}(P_{Ai},\ T) = RT\ln\frac{P_{Af}}{P_{Ai}} \qquad 9\text{-}(8)$$

이 된다. 여기서, 처음 상태의 A의 분압을 P_A^o = 1 bar (10^5 Pa), 이때의 화학 포텐셜을 μ_A^o, 나중 상태의 A의 분압을 P_A라고 하자. 여기서 1 bar는 **표준 압력**(standard pressure)[12]이다. 이 값의 정의 각주를 참고하여 주의하기 바란다.

물질 A에 대해서 그 분압이 1 bar에서 P_A bar까지 변화할 경우의 각각의 분압의 화학 포텐셜 차를 9-(8)식에 의해,

12) 이전의 표준 상태의 압력의 정의는, SI단위계에서는 1 atm (1.01325×10^5 Pa)이었다. 하지만 1982년, IUPAC는 표준 상태에서의 압력의 정의를 종래의 1 atm(1.01325×10^5 Pa)에서 1 bar(10^5 Pa)로 변경하도록 권장하고 각종 데이터베이스는 이 권장 사항에 따라 변경되었다. 하지만 현재에도 표준 상태의 atm(1.01325×10^5 Pa)의 값이 사용되는 경우가 많으므로 계산에는 주의를 요한다.

$$\mu_A(P_A,\ T) - \mu_A^o(P_A^o,\ T) = RT\ln\frac{P_A}{P_A^o} \qquad 9\text{-}(9)$$

라고 나타낸다. 또한, 간단하게 아래와 같이 나타낼 수 있다.

$$\mu_A = \mu_A^o + RT\ln\frac{P_A}{P_A^o} \qquad 9\text{-}(10)$$

$P_A^o = 1$ bar를 대입해서

$$\mu_A = \mu_A^o + RT\ln P_A \qquad 9\text{-}(11)$$

라고 나타내는 경우도 많다. 단 우변의 대수의 내용은 「나누기 1」이 생략된 것에 주의하자. 9-(11)식은 기체 A의 분압이 1 bar일 때의 화학 포텐셜에 $RT\ln P_A$라는 보정 항을 더하면, 임의의 분압 P_A에서의 물질 A의 화학 포텐셜이 구해진다는 것을 나타내고 있다.

9.2 표준 자유에너지 변화와 평형 상수

당신은 평형 상수의 계산에 ΔG를 이용하고 있지는 않은가?

반응계와 생성계의 물질량의 증감이 없는 상태가 화학 평형 상태이므로 등온 정압하의 평형 상태에서는, 반응계와 생성계 두 경우의 깁스 자유에너지가 같아진다.

$$G_{\text{생성계}} = G_{\text{반응계}} \qquad 9\text{-}(12)$$

여기서 9-(12)식의 좌변과 우변 각각의 내용을 생각해보자. 평형 상태의 물질 A, B, C, D의 각각의 물질량을 n_A, n_B, n_C, n_D라고 하며 변끼리 화학 포텐셜을 이용하여 나타내면 9-(12)식은 8-(29)식을 이용해서

$$n_C\mu_C + n_D\mu_D = n_A\mu_A + n_B\mu_B \qquad 9\text{-}(13)$$

으로 나타낼 수 있다. 여기서 $n_A\mu_A$의 항은 9-(11)식에 의해

$$n_A\,\mu_A = n_A\,\mu_A^o + n_A\,RT\ln P_A \qquad 9\text{-}(14)$$

가 된다. 9-(1)식의 화학 양론식의 양론비를 이용해서 나타내면, a, b, c, d는 무차원이므로, $n_A = a\times 1\ \mathrm{mol}$라 하고 n_A를 a를 이용해 나타내면

$$G_A = \Delta G_A^o + RT\ln P_A^o \qquad 9\text{-}(15)$$

가 된다. B, C, D에 대해서도 9-(15)식과 마찬가지로 나타낼 수 있다. 따라서, 생성계와 반응계의 깁스의 자유에너지 차 $\Delta G = G_{\text{생성계}} - G_{\text{반응계}}$는

$$\Delta G = \Delta G^o + RT\ln\frac{P_C^c\,P_D^d}{P_A^a\,P_B^b} \qquad 9\text{-}(16)$$

으로 나타낼 수 있다. 이 때, 9-(16)식의 우변 제2항의 대수의 내용은 **반응 지수**(reaction quotient, 기호 Q)라고 부른다. 즉

$$Q = \frac{P_C^c\,P_D^d}{P_A^a\,P_B^b} \qquad 9\text{-}(17)$$

생성계와 반응계가 평형에 도달했다고 하자. 평형에 도달했다는 것은 생성계와 반응계의 깁스 자유에너지 차가 0이 된다는 것을 의미한다. 이때 평형 상태의 반응 지수 Q를 **평형 상수**(equilibrium constant)라고 부르며, 이를 기호 K_P로 나타내면 9-(16)식에 의해

$$0 = \Delta G^o + RT\ln K_P \qquad 9\text{-}(18)$$

라는 관계식을 도출할 수 있다. 즉 평형 상수는 모든 구성 성분이 1 bar의 분압을 차지하고 있을 때의 생성계와, 반응계의 자유에너지 차 ΔG^o와 관계되는 것을 알 수 있다. 9-(18)식을 변형해서

$$\Delta G^o = -RT\ln K_P \qquad 9\text{-}(19)$$

혹은

$$K_P = \exp\left(-\frac{\Delta G^o}{RT}\right) \quad 9\text{-}(20)$$

9-(19)식 및 9-(20)식은, 열역학을 화학 평형에 응용할 때 가장 중요한 식 중에 하나이다. 즉, 평형 상수를 구하고 싶은 경우는, 평형 시가 아닌 각 성분 기체의 분압이 각각 1 bar일 때의 생성계와 반응계의 깁스 자유에너지 차를 구하면 된다는 것을 알 수 있다. 이 때 ΔG와 ΔG^o는 서로 다른 값임에 주의하자. 혼동할 수 있는 내용으로 **사용하자! Box 9-1**에 강조해두었다.

사용하자! Box 9-1 평형 상수와 표준 자유에너지의 변화

$$K_P = \exp\left(-\frac{\Delta G^o}{RT}\right)$$

평형상수와 관련되는 것은 ΔG가 아닌 ΔG^o인 것에 주의하자.

또한, 9-(20)식의 우변에서 평형 상수는 온도의 함수이다. 온도가 상승할수록 수치는 작아진다. 즉, 평형 상수는 1에 가까워진다. 다시 말해 온도를 올릴수록 생성계와 반응계는 평형 상태로 변화한다.

주의할 점으로는 여기서 주어진 화학 반응식의 화학 양론수 a, b, c, d에 그대로 mol의 차원을 갖게 하기 위해 a, b, c, d에 각각 1 mol을 곱했지만, 가령 n mol을 곱해서 계산하면 평형 상수의 값은 n제곱의 K_P^n가 된다는 점이다. 하지만, 이때의 계산된 ΔG^o값이 n배가 되기 때문에 화학 양론비가 바뀌지 않는 한 결국 같은 9-(19)식이 된다. 평형 상수 값 그 자체나, 생각하고 있는 반응식에서의 ΔG^o 그 자체를 논의할 경우 생각하고 있는 반응식을 반드시 명시하고 그에 따른 ΔG^o를 구하거나 평형 상수 K_P를 구하도록 주의하자.

9.3 자유에너지의 평형 반응에의 응용 -반트호프의 식-

ΔG^o가 아닌 ΔH^o로부터 평형 상수를 구할 수 있을까?

등온 정압 하에서 평형 상수는 ΔG가 아닌 ΔG^o와 밀접하게 관계된다는 것을 알았다. ΔG^o를 간단하게 구할 수 있는 것일까? 실제 화학 현장에서는 ΔG^o보다 ΔH^o를 이용해 구하는 경우가 대부분이다. 또한 역으로 다른 온도에서의 평형 상수를 여러 개 구해 ΔH^o를 구하는 경우도 있다. 이번 절에서는, 평형 상수와 ΔH^o의 관계를 나타내고 반트호프의 식을 구해보자.

정압 반응열 ΔH^o는 실측으로도 구할 수 있으며 엔탈피가 상태량임을 이용해서 Hess의 법칙으로부터 대수 계산에 의해 이론적으로 구할 수도 있다. 9-2절에서 ΔG^o와 평형 상수 K_P의 관계식을 구하였다. 여기까지 구하면 그 후는 ΔG와 ΔH의 변환식인 깁스－헬름홀츠의 식[7-(41)식]을 이용하면 바로 구할 수 있다. 9-(19)식의 양변을 T로 나누면

$$\frac{\Delta G^o}{T} = -R\ln K_P \tag{9-(21)}$$

이 된다. 한편, 표준 상태의 깁스－헬름홀츠의 식은 아래와 같이 나타낼 수 있다.

$$\left[\frac{\partial}{\partial T}\left(\frac{\Delta G^o}{T}\right)\right]_P = -\frac{\Delta H^o}{T^2} \tag{9-(22)}$$

여기서 ΔG^o는 각 성분 기체의 분압은 전부 일정(1 bar)하기 때문에 전체 압력도 일정하므로 깁스－헬름홀츠의 식이 계산 상 가정하고 있는 $P=$ 일정하다는 조건을 만족한다. 따라서 9-(21)식을 9-(22)식의 좌변에 대입하고, R이 상수라는 것에 주의하면

$$-R\left(\frac{\partial}{\partial T}\ln K_P\right)_P = -\frac{\Delta H^o}{T^2} \tag{9-(23)}$$

이 얻어진다. 이를 정리하면 다음의 관계식이 도출된다.

$$\left(\frac{\partial \ln K_P}{\partial T}\right)_P = \frac{\Delta H^o}{RT^2} \qquad 9\text{-}(24)$$

여기서, 9-(20)식에서 좌변의 K_P는 온도 T의 함수이며, 또한 키르히호프의 식 [3-(29)]에서 우변의 표준 엔탈피 변화 ΔH^o도 온도 T의 함수가 된다. 이처럼 도출한 평형 상수의 온도 의존성에 관한 9-(24)식을 **반트호프의 식**(van't Hoff equation)이라고 한다. 제12장에 침투압에 관한 다른 반트호프의 식과 혼동하지 않도록 주의하자.

기체 상수 R는 양의 정수, 온도 T는 절대 온도이므로 양의 값을 갖는 것에 주의하면 9-(24)식에 의해 다음과 같이 말할 수 있다.

(1) 흡열 반응($\Delta H^o > 0$)일 경우 평형 상수 K_P의 온도 의존성은 양이 된다. 즉 온도 상승에 따라 평형 상수 K_P는 증가한다.

(2) 발열 반응($\Delta H^o < 0$)일 경우 평형 상수 K_P의 온도 의존성은 음이 된다. 즉 온도 상승에 따라 평형 상수 K_P는 감소한다.

이처럼 평형 상수의 온도 의존성은 공업 화학적, 환경 화학적으로 중요한 의미를 갖는다. 예를 들어 (1)의 예로, 제트 엔진의 산소의 산화에 의한 일산화질소(NO)의 생성 반응을 들 수 있다.

$$N_2(g) + O_2(g) \rightarrow 2NO(g) \quad [\Delta H^o = 180\ \text{kJ(흡열)}] \qquad 9\text{-}(25)$$

제트 엔진은 대기 중의 공기를 흡수하여 고온에서 반응시키는 내연 기관이다. 이때 대기 중의 공기에 질소와 산소가 많이 포함되어 있기 때문에 흡열 반응인 9-(25)의 반응은 고온의 배기가스 중에서 효율적으로 진행된다.

한편, (2)의 예로 질소의 수소에 의한 환원 반응의 한 종류인 암모니아의 합성 반응을 살펴보자.

$$N_2(g) + 3H_2(g) \rightarrow 2NH_3(g) \quad [\Delta H^o = -92\ \text{kJ(발열)}] \qquad 9\text{-}(26)$$

이 반응은 질소의 고정화 반응으로 생성물에서 인공 비료의 원료인 황산암모늄이 만들어진다. 이 반응은 발열 반응으로, 평형 상수는 온도의 상승과 함께 감소한다.

Column 공기로부터 빵을 만드는 방법

$$N_2(g) + 3H_2(g) \rightarrow 2NH_3(g)$$

지금까지 대기 중의 질소의 고정화 반응은 미생물에 의지하였기 때문에 그 생산량에는 한계가 있었다. 이 반응에서 생성된 암모니아는 비료가 되는 황산암모늄으로 사용되어 최초의 인공 합성 비료가 되었다. 이 반응의 개발과 공업화에 의해 식량 생산의 관점에서 지구상의 인구의 상한을 당시의 25억 명에서 50억 명까지 끌어올릴 수 있었다. 암모니아 합성법을 개발한 프리츠 하버는 1918년, 고압화학적 방법으로 공업화에 성공한 칼 보쉬는 1931년에 각각 노벨 화학상을 수상하였다.

본문 중에 서술한 대로 이 반응은 발열 반응으로 온도를 내릴수록 평형이 생성계, 즉 암모니아 쪽으로 일어난다. 하지만, 반응의 속도론적 관점으로는 온도를 내릴수록 반응 자체가 늦어져 단위 시간 당의 생상량이 중요한 공업적 목적에는 불리하다. 한편, 압력을 올리면 르 샤틀리에의 원리에 의해 평형은 생성계 쪽으로 일어나는 것을 알 수 있다. 당시 반응의 제어는 온도였지만 다른 제어 파라미터인 압력을 제어하는 방법으로 연구하여, 고압을 견딜 수 있는 용기를 독자적으로 개발한 것으로 하버는 이 딜레마를 극복하였다.

9.4 반트호프 플롯

반트호프 플롯을 그릴 수 있으면 평형 상수와 반응열의 관계 이해가 용이하다.

앞 절에서, 평형 상수는 온도에 의존한다는 것을 배웠다. 그렇다면 임의의 온도에서 평형 상수를 구하기 위해서는 어떻게 하면 좋을까? 이는 반응 상태의 조건과 생성물의 양의 관계를 알 수 있는 가장 중요한 문제이다. 하지만 9-(24)식이 미분 형식인 채로는 이해하기 어렵기 때문에 이를 적분한 형태로 나타내보자. 온도를 T_1에서 T_2까지 변화시켰다고 하자. 이 때 온도 T_1의 평형 상수를 K_{P1}, 온도 T_2에서는 K_{P2}라고 하자. 좁은 온도 범위에서는 표준 엔탈피 변화 ΔH^o의 온도 의존성을 무시하고, ΔH^o를 상수로 가정하여 9-(24)식은 온도로 간단하게 적분 가능하며 다음의 식이 도출된다.

$$\ln K_{P2} - \ln K_{P1} = -\frac{\Delta H^o}{R}\left(\frac{1}{T_2} - \frac{1}{T_1}\right) \qquad 9\text{-}(27)$$

여기서 세로축이 평형 상수의 자연 대수 $\ln K_P$, 가로축이 온도의 역수인 $1/T$인 플롯을 생각하자. 보인다! Box 9-1을 봐주기 바란다. 이 때 ΔH^o의 부호에 따라 직선의 기울기가 양이 되거나 음이 된다. 반대로, 온도를 바꾸면서 각 온도에서의 평형 상수를 플롯하면, ΔH^o의 온도 의존성을 무시할 수 있을 정도의 좁은 온도 범위에서는 플롯은 직선이 된다. 이 직선의 기울기의 부호로 발열 반응인지 흡열 반응인지의 판단과 그 기울기 값으로 정압 반응열 ΔH^o을 구할 수 있다. 이 모습을 사용하자! Box Box 9-2에 정리하였으므로 참고하기 바란다. 이처럼 세로축이 평형 상수의 자연 대수 $\ln K_P$, 가로축이 온도의 역수인 $1/T$인 플롯을 **반트호프의 플롯**(van't Hoff plot)이라고 한다. 반트호프 플롯은 임의의 온도의 평형 상수를 구할 경우나, 정압 반응열을 실험적으로 구할 경우에 자주 사용된다. 언뜻 복잡해 보이는 반트호프의 식도 반트호프 플롯을 작성한다면 이해하기 쉬워진다.

보인다! Box 9-1 반트호프 식의 의미 : $\ln K_{P2} - \ln K_{P1} = -\frac{\Delta H^o}{R}\left(\frac{1}{T_2} - \frac{1}{T_1}\right)$

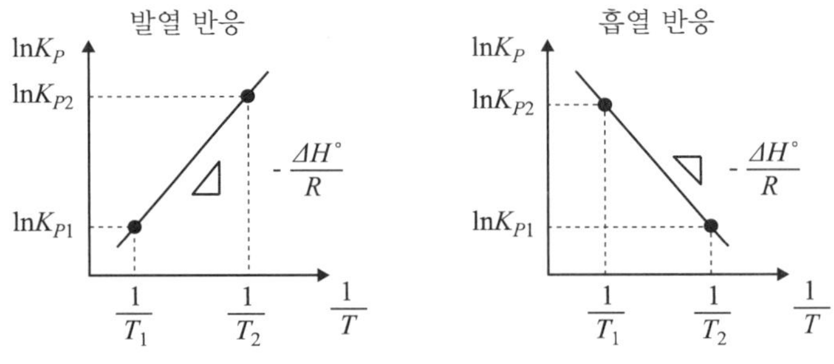

기음기 음 : $\Delta H^\circ < 0$

기음기 양 : $\Delta H^\circ < 0$

플롯의 기울기로부터 발열 반응인지 흡열 반응인지 판별 가능

사용하자! Box 9-2 반트호프 플롯의 사용법 : $\ln K_{P2} - \ln K_{P1} = -\frac{\Delta H^o}{R}\left(\frac{1}{T_2} - \frac{1}{T_1}\right)$

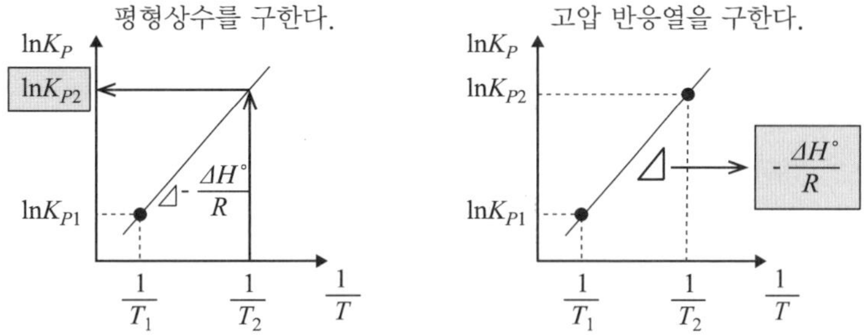

지나가는 한 점과 기울기로, 다른 점(임의의 온도의 평형 상수)을 구할 수 있다.

두 점으로 기울기(정압 반응열)를 구할 수 있다.

실제로 플롯은 중학 수학의 직선 방정식 문제에 적용하면 계산이 편하다.

9장 연습문제

9-1 (1) 어떤 반응의 평형상수를, 온도 T_1과 T_2에서 각각 K_{P1}과 K_{P2}라고 한다. 반트호프의 식을 이용하여, 이 반응의 반응열 ΔH^o와 T_1, T_2, K_{P1}, K_{P2}의 관계식을 도출하시오. ΔH^o는 온도에 대해 일정하다고 한다.
(2) 다음의 반응의 평형상수 K_P는 온도 350℃와 450℃에서 26.6×10^{-3}과 6.59×10^{-3}이다. ΔH^o는 온도에 대해 일정하다고 하고, 구한 반응열로부터 반트호프 플롯 (기울기가 변하는 정성적인 그래프)을 나타내시오. 또한, 발열반응인지 흡열반응인지 설명하시오.

$$\frac{1}{2}N_2 + \frac{3}{2}H_2 \rightarrow NH_3$$

9-2 SO_2를 공기 중에 800 K으로 가열했을 때, 평형상태에서의 생성물과 반응물의 몰 비 n_{SO_3}/n_{SO_2}를 구하시오. 단, 공기 중의 산소 분압을 0.21 기압이라고 한다.

- 800 K에서의 표준 생성 자유에너지 : $\Delta G^o_{SO_2}$: -608.8 kJ/mol, $\Delta G^o_{SO_3}$: -655.2 kJ/mol

9-3 다음의 해리반응을 일으키는 물질 A가 있다.

$$3A \rightleftarrows B + C$$

A, B, C는 전부 이상기체이다. ① 압력 1 bar, 300 K에서, A의 40%가 해리한다고 관측되었다. ② 압력 1 bar를 유지한 채, 온도를 10 K 올렸을 때 A의 해리는 41% 증가했다.
(1) ①과 ②의 경우의 평형상수를 구하시오.
(2) 이 계의 표준 반응열을 구하시오.

9-4 어떤 반응의 평형상수는 다음과 같다. 이 반응의 반응열을 구하시오. ΔH^o는 온도에 대해 일정하다고 해도 좋다.

온도	400℃	600℃
K_P	4.00×10^3	3.00×10^3

9-5 에틸렌의 수화반응 $C_2H_4 + H_2O \rightleftarrows C_2H_5OH$
의 자유에너지 변화 G^o는 다음의 식으로 나타난다. 573 K에서의 평형상수를 구하시오.

제9장 연습문제해답

9-1 (1) 반트호프의 식을 변형하여

$$\left(\frac{\partial \ln K_P}{\partial T}\right)_P = \frac{\Delta H^o}{RT^2}$$

$$d(\ln K_P) = \frac{\Delta H^o}{RT^2}\,dT$$

라고 한다. $\dfrac{d(1/T)}{dT} = -\dfrac{1}{T^2}$ 이고, $d\left(\dfrac{1}{T}\right) = -\dfrac{1}{T^2}$ 이므로

$$d\,(\ln K_P) = -\frac{\Delta H^o}{R}\,d\left(\frac{1}{T}\right)$$ 이 된다.

이것을 온도 T_1에서 T_2까지, 평형상수 K_{P_1}에서 K_{P_2}까지 적분한다. ΔH^o가 온도에 대해 일정하다고 가정했으므로,

$$\int_{\ln K_{P1}}^{\ln K_{P2}} d(\ln K_P) = -\frac{\Delta H^o}{R}\int_{1/T_1}^{1/T_2} d\left(\frac{1}{T}\right)$$

$$\ln K_{P2} - \ln K_{P1} = -\frac{\Delta H^o}{R}\left(\frac{1}{T_2} - \frac{1}{T_1}\right) \quad \cdots\cdots\cdots ①$$

가 얻어진다.

(2) ①식에 온도 623 K (350℃), 723 K (450℃), 평형상수 26.6×10^{-3}과 6.59×10^{-3}의 값을 입력하면

$$\ln\frac{6.59\times10^{-3}}{26.6\times10^{-3}} = -\frac{\Delta H^o}{R}\left(\frac{1}{723} - \frac{1}{623}\right)$$

$\Delta H^o \approx -52.3\ \mathrm{kJ/mol}$

이 된다. 반트호트 플롯은 ΔH^o이 음이므로, 기울기($-\Delta H^o/R$)은 양의 값이 되고, 오른쪽으로 올라가는 그래프가 된다. 즉 발열반응이 된다.

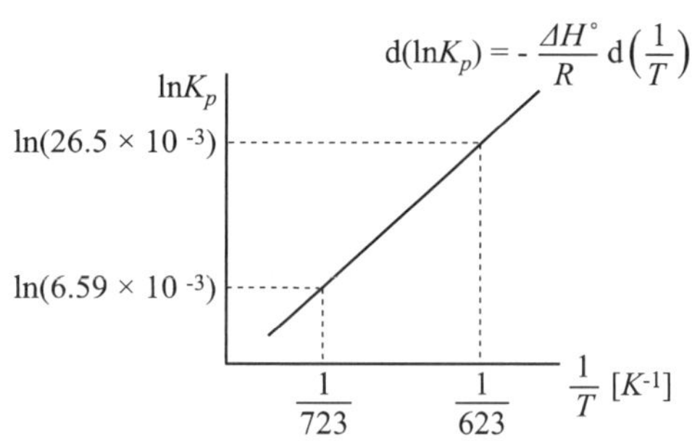

9-2 반응식은 $SO_2(g) + 1/2O_2(g) \rightarrow SO_3(g)$이다.

자유에너지 변화는

$$\Delta G^o = \Delta G^o_{f \cdot SO_3(g)} - \left(\Delta G^o_{f \cdot SO_2(g)} + \frac{1}{2}\Delta G^o_{f \cdot O_2(g)}\right)$$

$$= -655.2 - \left\{(-608.8) + \frac{1}{2}\times 0\right\} = -46.4\ \text{kJ/mol}$$

이다.

$\Delta G^o = -RT\ln K_P = -RT\ \ln\left(\dfrac{P_{SO_3}}{P_{SO_2}P_{O_2}^{0.5}}\right)$ 이므로, $\left(\dfrac{P_{SO_3}}{P_{SO_2}P_{O_2}^{0.5}}\right) = e^{\frac{-\Delta G^o}{RT}}$ 이다.

$$\frac{P_{SO_3}}{P_{SO_2}} = \frac{n_{SO_3}}{n_{SO_2}} = P_{O_2}^{0.5}\,e^{\frac{-\Delta G^o}{RT}}$$

$2SO_2(g) + O_2(g) \rightarrow 2SO_3(g)$로 계산하여도 답은 같다.

9-3 (1) A의 해리도를 α로 하자.

$$3A \rightleftarrows B + C$$
$$3(1-\alpha) \qquad \alpha \qquad \alpha$$

평형상수는 $K_P = \dfrac{P_B P_C}{P_A^3}$ 으로 주어진다. 각 물질의 분압은

$$P_A = \frac{3(1-\alpha)}{3(1-\alpha)+\alpha+\alpha}\times 1\ \text{bar} = \frac{3(1-\alpha)}{3-\alpha}$$

$P_B = P_C = \dfrac{\alpha}{3-\alpha}$ 가 된다.

A의 40%가 해리하고 있는 경우 ①은

$\alpha = 0.40,\quad P_A = 0.6923,\quad P_B = P_C = 0.1538$

$K_{P①} = 0.0713\cdots \approx 0.071$

A의 41%가 해리하고 있는 경우 ②는

$\alpha = 0.41,\quad P_A = 0.6834,\quad P_B = P_C = 0.1583$

$K_{P②} = 0.0785\cdots \approx 0.079$

(2) 반트호프의 식 $\left(\dfrac{\partial \ln K_P}{\partial T}\right)_P = \dfrac{\Delta H^o}{RT^2}$로부터, 300K부터 310K까지 적분한다.

$$\ln K_{P②} - \ln K_{P①} = -\frac{\Delta H^o}{R}\left(\frac{1}{T_②} - \frac{1}{T_①}\right)$$

$$\ln\frac{0.0785}{0.0713} = -\frac{\Delta H^o}{8.314}\left(\frac{1}{310} - \frac{1}{300}\right)$$

$\Delta H^o \approx 7.4\ \text{kJ/mol}$

9-4 반트호프의 식으로부터

$$\left(\frac{\partial \ln K_P}{\partial T}\right)_P = \frac{\Delta H^o}{RT^2}$$

ΔH^o가 온도에 대해 일정하다고 가정했으므로, 양변을 673 K (400℃)에서 873 K (600℃)까지 적분하면 [문제 9-1의 (1)을 참고]

$$\int_{\ln K_{P(673K)}}^{\ln K_{P(873K)}} d(\ln K_P) = -\frac{\Delta H^o}{R}\int_{1/673}^{1/873} d\left(\frac{1}{T}\right)$$

이 되고, 따라서,

$$\ln\frac{K_{P\cdot 873K}}{K_{P\cdot 673K}} = -\frac{\Delta H^o}{R}\left(\frac{1}{873}-\frac{1}{673}\right)$$

$$\ln\frac{3.0\times10^5}{4.0\times10^3} = -\frac{\Delta H^o}{R}\left(\frac{1}{873}-\frac{1}{673}\right)$$

$\Delta H^o = 10.5$ kJ/mol

9-5 $T = 573$ K에서, $\Delta G^o = 8.727\cdots \times 10^4$ J/mol 이다.

$\Delta G^o = -RT\ln K_P$ 이므로

$$K_P = \exp\left\{\frac{-\Delta G^o}{RT}\right\} \approx \exp(-18.32) \approx 1.11\times10^{-8}$$

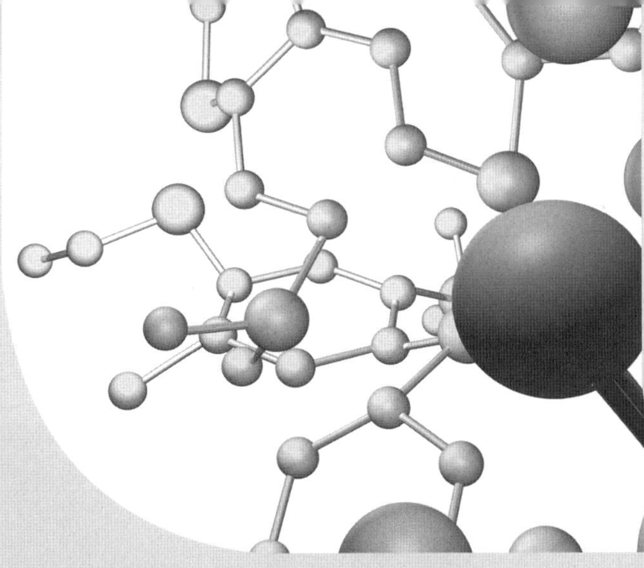

제 10 장

자연에너지의 화학적 응용 – 상평형 –

당신은 물의 끓는점이 항상 100℃라고 믿고 있지 않은가? 지상보다 압력이 낮은 높은 산위에서 물의 끓는점은 100℃보다 낮아지고 고온의 물을 필요로 하는 조리에 대해서 생각해 볼 필요가 있다. 또한 우리가 비교적 일상에서 볼 수 있는 그라파이트와 다이아몬드는 같은 탄소원자로부터 생성되는 동소체이지만 왜 다른 형태를 취하고 있는 걸까? 더 나아가 어떠한 방법으로 그라파이트를 다이아몬드로 변환하는 것은 불가능한 것일까? 사실 효율적인 증기기관을 고안하는 것으로부터 생겨난 자연에너지의 개념과 등온정압에서 1 mol당의 자연에너지의 양인 화학 포텐셜은 이러한 꿈과 같은 물질변화의 길을 생각할 수 있게 해준다.

이번 장에서는 물(액체)과 수증기(기체) 혹은 그라파이트와 다이아몬드와 같은 다른 상이 평형에 도달하여 공존하는 상경계의 온도 · 압력조건을 나타내는 클래피런의 식에 대해 공부한다. 클래피런의 식은 상태도에서 지도에서 국경선을 나타내는 것과 같으며 물질의 상변화를 고찰할 때에 매우 중요하고 편리한 식이다.

10.1 순물질의 상 평형

왜 액체의 물과 기체의 물은 공존가능한 것일까?

물질에는 고체 · 액체 · 기체의 세 개의 **상**(phase)이 존재한다. 어느 특정한 물질을 생각해보면, 온도와 압력에 의해 어느 상이 열역학적으로 안정한 지가 결정된다. 여기서 열역학적 안정이란, 어느 온도 · 압력조건 하에서 어떤 상의 화학 포텐셜이 가장 낮은 값을 갖는 것을 의미한다. 왜냐하면 만약 화학 포텐셜이 다른 두 개의 상이 접하고 있는 경우, 화학 포텐셜이 높은 상으로부터 낮은 상으로 물질이 이동(**상전이**)이 발생하기 때문이다. 이 경우 어떤 온도 · 압력조건에서 가장 열역학적으로 안정한 상을 온도 · 압력의 지도처럼 나타낸 것이 **상태도**(phase diagram)이다.

그림 10-1은 물의 상태도를 나타낸 것이다. 온도와 압력을 결정하면 그 교점의 좌표에 있는 상이 그 온도 · 압력에서 열역학적으로 가장 안정된 상을 나타낸다. 우리들이 생활하는 일상적인 압력(10^5 Pa)에서 저온에서부터 서서히 온도를 높이면 물은 고체이지만(A점), 어느 온도(B점 = 녹는점)에서 액체가 되고, 더 온도를 올리면 어느 온도(C점 = 끓는점)에서 기체가 되는 것을 상태도로부터 알 수 있다. 반면, 저압(611.66 Pa 미만)에서는 물이 액체상태를 겪지 않고 고체에서 바로 기체가 되는 것을 알 수 있다. 만약 얼린 상태에서 액체상태를 겪지 않고 물분자를 없애고 싶다면

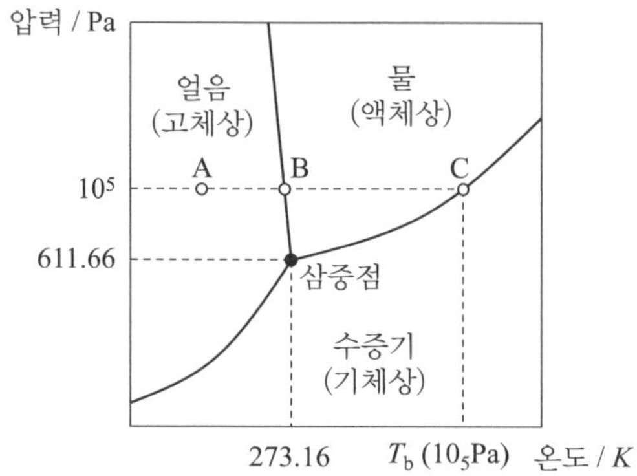

그림 10-1 물의 상태도
그림 중의 B점, C점은 각각, 특정 기압(그림 중에서는 10^5Pa)에서의 녹는점, 끓는점을 나타낸다. 압력에 따라서 이들 값은 변화한다.

저압조건에서 건조하면 된다는 것을 알 수 있다. 이것은 **동결건조**라고 하는 화학에서 자주 사용되는 건조조작의 기본원리가 된다.

지도에서 나라 혹은 지방의 경계선이 표시되어 있는 것이 중요한 것과 같이, 상태도에서는 상의 경계선, 즉 **상 경계**(phase boundary)를 표시하는 것이 중요하다. 상 경계에서는 2개의 상이 공존상태로 존재한다. 우선 여기선 상 경계를 구하는 것을 생각하자.

일단 순물질에서 서로 평형이 되는 2상으로 부터 형성되는 가장 심플한 계를 생각하자. 예를 들어, 용기에 담긴 어느 온도 · 압력으로 유지된 물(액체상)과 수증기(기체상)간의 상 평형을 생각해보자. 이 2개의 상 사이에 물질(여기선 물분자)을 자유롭게 주고받는 것이 가능하기 때문에, 이 2개의 상은 각각 열린계라고 할 수 있다. 열린계의 열역학적 평형은 화학 포텐셜을 고려하는 것이 좋다는 것을 제8장에서 배웠다. 그리고 이것은 등온 정압 조건 하에서는 물질 1 mol 당의 깁스 자유에너지와 다르지 않다. 여기서 온도와 압력을 일정하게 한 상태에서 2개의 상간에 물분자를 미소량 dn mol만큼 이동시켰다고 생각하자. 이 과정에서 계 전체에서의 깁스 자유에너지의 미소변화량은 다음과 같이 나타난다.

$$dG = \mu_g\, dn_g + \mu_l\, dn_l \qquad 10\text{-}(1)$$

여기서 g는 기체상(gas), l은 액체상(liquid)을 나타낸다. 여기서 물과 수증기를 넣은 용기가 밀폐되어 있고 전기분해 등의 화학반응 등에 의해 없어지지 않는다고 생각하면 물분자의 총량이 줄거나 늘어나는 것은 없다. 예를 들어, 액체상 중의 물분자의 물질량(n_l)의 감소는 기체상 중의 물분자의 물질량(n_g)의 증가를 나타낸다. 따라서

$$dn_g = -dn_l \qquad 10\text{-}(2)$$

이 성립된다. 식 10-(2)로부터 온도 · 압력 일정 조건에서 식 10-(1)을 dn_g로 정리하면 다음과 같은 식이 성립된다.

$$dG = (\mu_g - \mu_l)\, dn_g \qquad 10\text{-}(3)$$

만약 이 계가 평형에 도달해 있다면 깁스의 자유에너지의 미소변화량 dG는 0이 된다. 이 경우 어떠한 dn_g(즉, 무한소증가 $dn_g > 0$ 혹은 무한소감소 $dn_g < 0$)에 대해서 $dG = 0$이 되기 위한 조건은 식 10-(3)에 대해 다음과 같은 식이 성립하는 것이다.

$$\mu_g = \mu_l \qquad 10\text{-}(4)$$

만약 기체상과 액체상이 평형에 달하지 않은 경우에는 다음과 같이 생각할 수 있다. 기체상의 물분자의 화학 포텐셜이 액체상의 화학 포텐셜보다 높다고 한다.

$$\mu_g - \mu_l > 0 \tag{10-(5)}$$

이 경우 자발변화의 방향성은 $dG < 0$이므로 식 10-(3)으로부터 $dn_g < 0$이 된다. 즉, 기체상의 물분자는 감소하여 액체상으로 이동한다. 역으로 액체상의 물분자의 화학 포텐셜이 기체상의 화학 포텐셜보다 높은 경우, 즉

$$\mu_g - \mu_l < 0 \tag{10-(6)}$$

의 경우에는 역으로 액체상의 물분자는 감소하여 기체상으로 이동한다($dn_g > 0$). 이와 같이 만약 기체상과 액체상의 화학 포텐셜이 다르면, 어느 경우에도 화학 포텐셜이 높은 쪽으로부터 낮은 쪽으로 물질이 이동하는 것을 알 수 있다. μ가 화학 포텐셜이라고 불리는 것은 이러한 물질량의 이동의 방향성을 규정하는 것으로부터 유래되었다. 이 것을 세기변량 · 크기변량의 관점에서 표 12-1에 정리해 두었으므로 참고하길 바란다.

10.2 클래피런의 식

클래피런의 식의 두 형태를 자유자재로 다루자.

고체상 그라파이트 혹은 다이아몬드는 각각 같은 탄소원자로부터 구성되는 순물질이지만, 겉모습은 물론 전기적 · 화학적 성질도 완전히 다르다. 이것들은 온도 · 압력조건에 의해 어느 형태가 열역학적으로 안정한지가 결정된다. 이 경우 어느 온도 · 압력에서 어느 상이 가장 안정한가를 지도 같은 것이 있다면 알기 쉬울 것이다. 여기서 가로축, 세로축을 각각 온도 · 압력으로 상태도를 만드는 것을 생각해보자. 여기서 온도 · 압력을 축으로 한 상태도상에서 순물질의 상과 상의 경계선의 기울기를 결정할 수 있는 것이 **클래피런의 식**(Clapeyron's equation)을 유도하여 보자.

유도하는 방식은 앞 장과 같으므로 일반화하여 보자. 예를 들어, 탄소를 생각해보면 다이아몬드를 α상, 그라파이트를 β상으로 하면 되고, 물의 경우는 수증기(기체)를 α상, 물(액체)를 β상으로 하면 된다. 상 간에서 물질의 주고받음이 있으므로 각 상은 열린계가 된다. 따라서 열역학적 평형조건에는 화학 포텐셜을 이용한다.

우선, 순물질에서도 다른 상인 α상과 β상의 경계선을 생각해보자. 경계선상에서 α상과 β상이 평형에 도달해 있고, 두 상의 화학 포텐셜이 같다는 조건이 성립되어있다고 하자. 어느 온도 · 압력의 좌표 (T, P)가 경계선상에 있다고 한다면 식 10-(4)와 같이 다음의 관계식이 성립한다.

$$\mu_\alpha(T,\ P) = \mu_\beta(T,\ P) \qquad 10\text{-}(7)$$

여기서 온도 · 압력을 (dT, dP)만큼 이동시켜 경계선을 따라 조금만 움직여보자. 온도 · 압력의 좌표가 ($T+dT$, $P+dP$)에서 α상, β상의 화학 포텐셜이 각각 $d\mu_\alpha$, $d\mu_\beta$ 만큼 변화하여도 경계상에 있다면 평형이 성립하므로

$$\mu_\alpha + d\mu_\alpha = \mu_\beta + d\mu_\beta \qquad 10\text{-}(8)$$

이 된다. 10-(8)식에서 10-(7)식을 빼면

$$d\mu_\alpha = d\mu_\beta \qquad 10\text{-}(9)$$

가 된다. 제 8장의 9-(27)식으로부터 10-(9)식은 다음과 같이 나타낼 수 있다.

$$V_{m\alpha}\,dP - S_{m\alpha}\,dT = V_{m\beta}\,dP - S_{m\beta}\,dT \qquad 10\text{-}(10)$$

여기서 온도, 압력의 미소변화량에 대해 정리하면 다음의 식과 같다.

$$(V_{m\alpha} - V_{m\beta})\,dP = (S_{m\alpha} - S_{m\beta})\,dT \qquad 10\text{-}(11)$$

또한 α상과 β상의 값의 차를 Δ기호를 이용하여 정리하면

$$\frac{dP}{dT} = \frac{S_{m\alpha} - S_{m\beta}}{V_{m\alpha} - V_{m\beta}} = \frac{\Delta S_m}{\Delta V_m} \qquad 10\text{-}(12)$$

가 된다. 이 식의 엔트로피와 부피의 기호 S, V의 첨자 m은 이것들이 각각 부분 엔트로피, 부분 몰부피를 나타낸다.

10-(12)식을 보면 상경계선 상에 있는 온도, 압력(T, P)에 대한 기울기는 그 온도, 압력에서의 α상과 β상의 1 mol 당의 엔트로피차와 부피차, 즉 부분 엔트로피차와 부분 몰부피의 비로 구해지는 것을 알 수 있다. 부피차는 비교적 간단하게 계산이 가능하지만, 엔트로피차는 간단히 알 수 없다. 여기서 식 10-(12)를 간편한 형태로 만들어 보자.

상경계 상의 α상, β상의 두 상이 화학적 평형에 도달해 있으므로

$$\Delta\mu = \mu_\alpha - \mu_\beta = 0 \qquad 10\text{-}(13)$$

이 성립한다. 따라서

$$\Delta\mu = \Delta G_m = \Delta H_m - T\Delta S_m = 0 \qquad 10\text{-}(14)$$

가 된다. 여기서 ΔH_m은 β상 1 mol이 α상으로 상전이 할 때의 엔탈피 변화(1 mol 당의 정압반응열), ΔS_m은 β상 1 mol이 α상으로 상전이 할 때의 엔트로피 변화를 나타낸다. 여기서 식 10-(14)로부터

$$\Delta S_m = \frac{\Delta H_m}{T} \qquad 10\text{-}(15)$$

의 관계식이 성립하므로, 이 식을 10-(12)식에 대입하면 다음의 식이 얻어진다.

$$\frac{dP}{dT} = \frac{\Delta H_m}{T\Delta V_m} \qquad 10\text{-}(16)$$

부피변화와 같이 어느 온도, 압력에서 1 mol 당의 상변화에 따른 반응열은 계측하기 쉬우므로 10-(12)식보다 10-(16)식의 형태가 더 많이 사용된다. 10-(12), 10-(16)식을 클래페런의 식이라고 부른다. 클래피런의 식은 이 두개의 형태를 상황에 따라 사용한다. 이것을 **사용하자!** Box 10-1, 10-2에 정리해 두었으므로 참고하기를 바란다.

사용하자! Box 10-1 상경계의 기울기를 구하는 클래피런의 식

$$\frac{dP}{dT} = \frac{\Delta S_m}{\Delta V_m} = \frac{\Delta H_m}{T\Delta V_m}$$

두 가지 식의 형태를 자유자재로 사용하자!

사용하자! Box 10-2 클래피런의 식으로부터 상경계의 기울기를 구하자

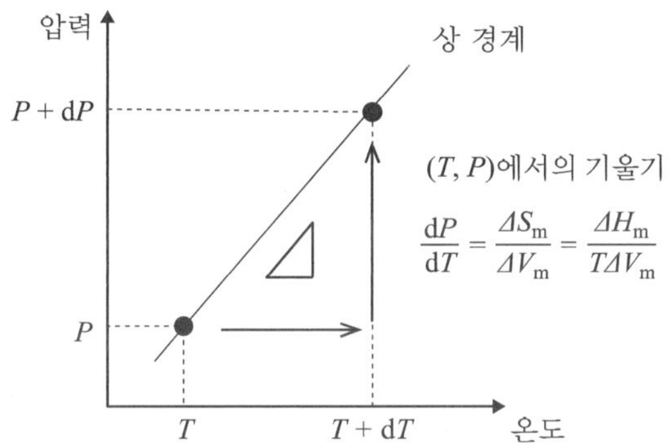

Column 조금 특이한 물의 상태도

일반적인 물질은 고체상이 액체상이 되면 엔트로피뿐만 아니라 부피도 증가하므로 클래피런의 식 10-(12)로부터 고체상과 액체상의 상 경계의 기울기는 양이 된다. 그러나 그림 10-1의 물의 상태도를 보면, 고체상(얼음)과 액체상(물) 간의 상 경계선의 기울기가 음이 된다. 얼음이 물이 될 때 엔트로피는 증가하지만 부피에 대해서는 부피가 작아지는 물의 특수성에 유래한다.

10.3 클라우지우스 - 클래피런의 식

증기압과 증발열을 연결시키는 편리한 관계식, 클라우지우스 - 클래피런의 식을 유도하자.

클래피런의 식은 어느 순물질의 상경계에서도 사용할 수 있는 매우 보편적인 식이다. 여기서는 물의 비등의 문제를 생각해보자. 비등이란 액체의 증기압이 대기압과 같아져 액체의 안쪽부터 상변이가 일어나는 현상이다.

액체의 물과 기체의 물의 부피가 1 mol당의 압력을 생각해보자. 여기서 액체의 증기압과 온도의 관계를 구해보자. 우선, ΔH_m은 물 1 mol의 증발열에 해당하므로 ΔH_{m_vap}로 한다. 이 때, 기체 1 mol을 차지하는 부피는 액체의 부피와 비교하여 압도적으로 크므로($V_{m\_gas} \gg V_{m\_liquid}$) 다음의 근사식을 얻는다.

$$\frac{dP}{dT} = \frac{\Delta H_{m\_vap}}{T(V_{m\_gas} - V_{m\_liquid})} \cong \frac{\Delta H_{m\_vap}}{T\,V_{m\_gas}} \qquad 10\text{-}(17)$$

기체는 압력이 너무 높지 않은 영역에서는 이상기체로 근사하는 것이 가능하므로, 기체 1 mol당

$$V_{m\_gas} \cong \frac{RT}{P} \qquad 10\text{-}(18)$$

이 성립한다. 10-(17)식에 10-(18)식을 대입하여 압력, 온도를 각각 좌변, 우변에 정리하면 다음과 같다.

$$\frac{1}{P}dP = \frac{\Delta H_{m\_vap}}{RT^2}\,dT \qquad 10\text{-}(19)$$

이와 같이 두 개의 변수를 우변, 좌편에 각각 나누어 정리하는 방법은 화학열역학에서 자주 사용되는 계산기법이므로 다른 방면에서도 사용하기 바란다.

여기서 어느 온도 · 압력(T_1, P_1)에서 다른 온도 · 압력(T_2, P_2)까지의 적분을 생각해보자. 제3장에서는 키르히호프의 식에서 ΔH의 온도 의존성을 배웠지만 여기서는 계산을 간단히 하기 위해 위에 기술한 온도 · 압력의 적분구간에 대해 1 mol당의 증

발열이 대부분 온도에 의존하지 않는 상수로서 볼 수 있는 정도의 온도차, 압력차를 생각한다면 10-(19)식의 적분은 다음과 같이 나타낼 수 있다.

$$\int_{P_1}^{P_2} \frac{1}{P} dP = \frac{\Delta H_{m\_vap}}{R} \int_{T_1}^{T_2} \frac{1}{T^2} dT \qquad 10\text{-}(20)$$

10-(20)식의 적분을 계산하면 다음과 같다.

$$\ln P_2 - \ln P_1 = -\frac{\Delta H_{m\_vap}}{R}\left(\frac{1}{T_2} - \frac{1}{T_1}\right) \qquad 10\text{-}(21)$$

이 식을 **클라우지우스－클래피런의 식**(Clausius−Clapeyron equation)이라고 한다. 또한 이 식을 반트호프의 식으로부터 유도하는 방법을 참고하기 바란다(연습문제 10-1). 클라우지우스－클래피런의 식은 물과 수증기를 막론하고 액체와 기체의 상전이에 일반적으로 사용할 수 있는 매우 편리한 식이지만, 아래의 세 개의 근사에 의해 만들어진 식이므로 압력이 높을 때 등 언제나 사용할 수 있는 식이 아니라는 것에 주의하자.

(1) 기체의 몰부피에 대해 액체의 몰부피를 무시한 것
(2) 기체를 이상기체로서 사용한 것
(3) ΔH_{m_vap}의 온도의존성을 무시한 것

또한, 클라우지우스－클래피런의 식의 주요한 사용법은 다음의 2개와 같다.

(1) 어떤 온도 T_1에서 증기압 P_1을 측정하고, 다른 온도 T_2에서 증기압 P_2을 추정한다.
(2) 두 점의 온도 T_1, T_2에서의 증기압 P_1, P_2를 측정하여, 1 mol 당의 증발열 ΔH_{m_vap}을 추정한다.

여기서 식 10-(21)을

$$\frac{\ln P_2 - \ln P_1}{\left(\frac{1}{T_2} - \frac{1}{T_1}\right)} = -\frac{\Delta H_{m\_vap}}{R} \qquad 10\text{-}(22)$$

로 변형하여, $\ln P$를 y, $1/T$를 x라고 하면 다음과 같은 식을 얻는다.

$$\frac{y_2 - y_1}{x_2 - x_1} = -\frac{\Delta H_{m\_vap}}{R} \qquad 10\text{-}(23)$$

여기서, 우변의 몰 증발 엔탈피 변화(증발열)를 기체상수로 나눈 값에 마이너스 부호를 붙인 것은 xy축 상에서의 기울기와 같다. 즉 앞에서 기술한 두 개의 사용법은 한 점을 지나면 기울기로부터 직선을 구하는 문제, 혹은 지나는 두 점으로부터 직선의 기울기를 구하는 중학수학의 문제와 본질적으로 다르지 않다는 것을 알 수 있다. 이러한 사용법은 **사용하자! Box 10-3**에 정리해두었으므로 참고하기 바란다. 화학열역학의 식은 처음에는 복잡해 보여도 그래프를 그려보면 간단히 그 의미와 사용법을 알 수 있는 경우가 많다. 열역학문제를 공부할 때에는 꼭 그래프를 그려보는 습관을 들이기 바란다.

또한 이번 절에서는 수증기(기체)와 물(액체)의 문제에 대해 다뤘지만, 물(액체)과 얼음(고체)간의 상전이의 압력의존성의 문제도 중요하다. 이것들은 빙하가 어떻게 흐르는지, 아이스스케이팅이 가능한지 등의 문제와 관련된다. 관련된 문제에 대해서 연습문제 10-4에 다뤘으므로 풀어볼 것을 권장한다.

사용하자! Box 10-3 클라우지우스-클래피런의 식은 $\ln P$ vs. $1/T$의 그래프에 플롯하여 직선의 방적식의 문제에 적용시키면 편하다.

$$\ln P_2 - \ln P_1 = -\frac{\Delta H_{m\_vap}}{R}\left(\frac{1}{T_2} - \frac{1}{T_1}\right)$$

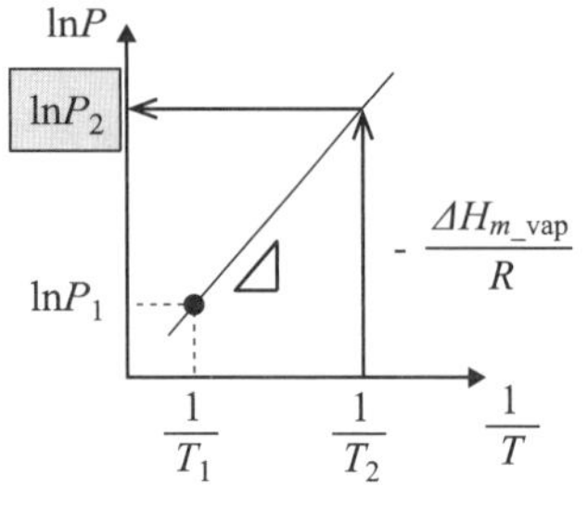

지나는 1점과 기울기로 부터, 다른 지나는 점(임의의 온도에서의 증기압)을 구한다.

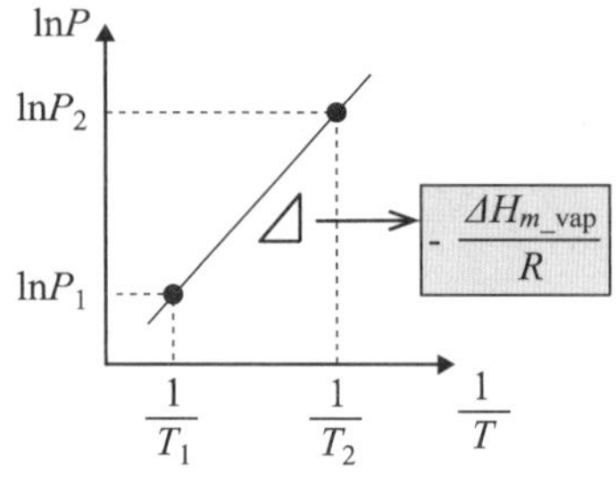

지나는 2점으로 부터 기울기(정압 반응열을 기체 정수로 나눈 값)을 구한다.

Column 거기에 언제나 클래피런

대학의 강의에서, 「여자친구(남자친구)와 여름에 등산을 하여 정상에서 물을 끓일 때, 겨울에 함께 스케이트를 타며 즐겼을 때, 프로포즈의 순간에 다이아몬드를 주었을 때, 신혼여행에서 유럽 알프스에서 빙하를 보고 감동했을 때, 그곳엔 언제나 클래피런」이라고 하며 클래피런의 식의 보편성을 전하고 있다. 이 순간의 강의실의 분위기는 독자들의 상상에 맡긴다.

10.4 깁스의 상률

순물질의 2상계에 대해 공부했다. 그러나 다성분－다상계가 된다면 어떻게 하는 것이 좋은가?

클래피런의 식에서는 1성분으로부터 되는 순물질의 2상계의 상 평형경계에 대해 다룬다. 상경계에 대해서는 이미 2상이 상 평형에 도달해 있는 상태로부터 온도가 변화해도 그것에 대응하여 클래피런의 식에 따라 압력을 바꾸면 다시 상 평형이 유지된다. 즉 세기변량인 온도와 압력에 대해 상 평형을 유지하기 위해서는 어느 쪽의 1개의 세기변량의 **자유도**(degree of freedom, f)가 남겨져왔다. 어느 정도 자유도가 남겨져 있는지는 상 평형에 도달해 안정한 제품을 개발하는데 있어서 중요하다. 만약 세기변량에 자유도가 남겨져 있지 않는 경우, 생각하고 있는 상 평형이 성립하는 온도·압력은 단 1개의 값으로 결정되어 그 열역학적 조건 외에는 상 평형이 성립하지 않게 되기 때문이다.

가장 간단한 정제수에 대해 생각해보자. 다시 그림 10-1을 보면, 3상이 평형에 도달해 있는 점, **삼중점(triple point)**이 존재하는 것을 알 수 있다. 이때에 계는 정제수이므로 성분수(c)는 1, 3상이 평형에 도달해 있으므로 상의 수(p)는 3이 된다. 그러나 삼중점은 엄밀히 273.16 K, 611.66 Pa에서만 성립되므로 삼중점의 자유도(f)는 0이 된다.

그럼 이 개념을 더욱 일반화하여 c성분으로부터 생성되는 물질의 p상의 상 평형이 성립하는 조건에 대해 세기변량에 어느 정도의 자유도 f가 남겨지는 것일까?

우선 세기변량에 대해서 그 수를 생각해보자. 어느 온도 · 압력에서 복수성분이 혼합되어 있을 때 물질은 농도가 큰 곳에서 작은 곳을 향해 자발적으로 확산한다. 따라서, 온도 · 압력 외에 농도라는 세기변량을 고려해야 한다. 농도를 몰분율로 생각하면 $c-1$개의 성분의 몰분율을 결정하면 전체의 몰분율의 합은 1이 되므로 나머지 1개의 몰분율은 자동적으로 결정된다. 따라서 어느 상에서 독립변수가 되는 수는 온도, 압력, 조성(몰분율)으로 $1+1+c-1=c+1$이 된다. 여기서 평형에 도달해 있는 상의 수는 p이므로 계 전체의 세기변량의 총 수는 $p(c+1)$이 된다.

여기서 상 평형의 상태에 대해 생각해보자. 물질 내에 공존하는 각 상은, 열역학적 평형에 도달해있어야만 하므로, 온도 · 압력 · 화학 포텐셜에 대해 각각 다음과 같은 평형조건이 성립한다.

열역학적 평형조건 $$T^{(1)} = T^{(2)} = \cdots\cdots = T^{(p)} \qquad 10\text{-}(24)$$

역학적 평형조건 $$P^{(1)} = P^{(2)} = \cdots\cdots = P^{(p)} \qquad 10\text{-}(25)$$

화학적 평형조건 각 성분 i에 대해 $(i = 1, 2, \cdots\cdots, c)$

$$\mu_i^{(1)} = \mu_i^{(2)} = \cdots\cdots = \mu_i^{(p)} \qquad 10\text{-}(26)$$

따라서, 온도에 대해 $p-1$개의 부호, 압력에 대해 $p-1$개의 부호, 화학조성에 대해 $(p-1)\times c$개의 부호가 성립하므로, 평형에 도달하기 위해서는 $(p-1)(1+1+c)=(p-1)(c+2)$의 조건식이 성립해야한다. 그러므로 남겨진 자유도는 전에 구한 총 수에서 이것들의 수를 뺀 것이 된다. 따라서

$$f = p(c+1) - (p-1)(c+2) = c - p + 2 \qquad 10\text{-}(27)$$

라는 관계식이 성립한다. 이 식을 **상률(phase rule)**이라고 부르며, 깁스에 의해 도출되었다. 10-(27)식은 다성분-다상계를 다루는데 있어서 매우 중요하다. 예를 들어, 1

성분이지만 3상이 공존하는 정제수의 삼중점에 대해, $c = 1$, $p = 3$을 10-(27)식에 대입하면 $f = 0$가 되어 확실히 정제수의 삼중점에서는 온도 · 압력에 자유도는 남아있지 않는 것을 알 수 있다.

세상의 공업제품은 대부분 다성분계이고, 그 제조공정에서 온도 · 압력 · 조성의 제어에 대해 상태도와 상률의 이해는 필수이다. 또한, 다성분계인 혼합물에서 목적의 성분을 분리하는 증류 혹은 분류같은 중요한 화학분리조작의 이해에도 상태도와 상률의 이해가 필수이다. 이것들에 대한 자세한 내용은 이 책의 말미에 소개한 책을 참고하기 바란다.

10장 : 연습문제

10-1 반트호프의 식으로부터 클라우지우스－클래피런 식을 유도하여라.

10-2 (1) 밑의 표에 나타낸 값을 이용하여, n-프로필알콜의 증발열을 구하여라.

온도	43.5℃	82.0℃
증기압	60 mmHg	400 mmHg

(2) 밑의 표에 나타낸 값을 이용하여, 물의 증발열을 구하여라.

온도	290 K	310 K
증기압	1.9192 kPa	6.2282 kPa

10-3 1기압에서 1 mol당 물과 얼음의 엔트로피 차($S_{물} - S_{얼음}$)는 22.01 J $K^{-1}mol^{-1}$이다. 진공이라고 가정하면, 얼음의 녹는점은 몇 K 변화할까? 여기서, 엔트로피 차가 －2~0℃에서 일정하다고 하자)고진공에서는, 액체는 존재할 수 없고 고체로부터 기체로 승화가 일어난다. 여기서는, 저진공을 생각하자).
밀도 ; 물 : 0.9999 gcm^{-3}, 얼음 : 0.9168 gcm^{-3}

힌트

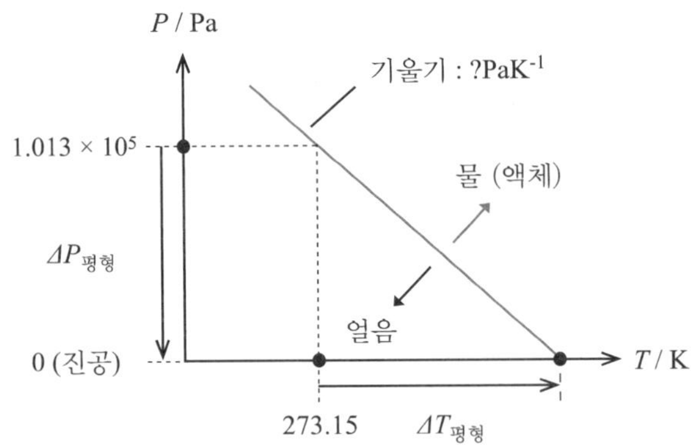

10-4 아이스스케이트에 대해 생각해보자. 스케이트 날에 걸린 압력이 그 밑의 얼음을 녹여 잘 미끄러지는 얇은 얼음막을 만든다고 알려져 있다. 60 kg의 사람이 200 mm× 1.0 mm의 날이 달린 스케이트를 신었을 때, 그 스케이트 날 밑의 얼음의 녹는점은 어느 정도 변화할까? 단,

한쪽발로 스케이트를 타고 있는 순간을 상상하여, 압력이 균일하게 걸려있다고 한다. 또한, 이 계산결과는 어떻게 평가할 수 있을까? 273 K에서 얼음 1 mol당 융해 엔탈피 변화는 $\Delta H(273) = 6009\ \mathrm{J/mol}$이다. 중력가속도 $9.81\ \mathrm{m/s^2}$로 한다.

밀도 ; 물 : $0.9999\ \mathrm{gcm^{-3}}$, 얼음 : $0.9168\ \mathrm{gcm^{-3}}$

힌트 상전이에 따른 부피변화와 날로부터 받는 압력을 생각하자.

제10장 연습문제해답

10-1 증발반응에 있어서, 기체와 액체의 평형을 생각한다. 평형상수는 기체성분만의 분압으로 결정되므로, $K_{P1} = P_1$, $K_{P2} = P_2$이다. 따라서, 9-(27) 식은

$$\ln P_2 - \ln P_1 = -\frac{\Delta H^o_{vap}}{R}\left(\frac{1}{T_2} - \frac{1}{T_1}\right)$$

이 되고, 반트호프의 식으로 부터 바로 분압과 표준 증발 엔탈피 변화를 연관시키는 클라우지우스-클래피런 식을 구할 수 있다.

10-2 (1) 클라우지우스-클래피런 식에 주어진 값을 대입하면

$$\ln\frac{P_{355.15\mathrm{K}}}{P_{316.65\mathrm{K}}} = -\frac{\Delta H_{m-vap}}{R}\left(\frac{1}{355.15} - \frac{1}{316.65}\right)$$

$$\ln\frac{400}{60} = -\frac{\Delta H_{m-vap}}{R}\left(\frac{1}{355.15} - \frac{1}{316.65}\right)$$

$$\Delta H_{m-vap} \cong 46.1\ \mathrm{kJ/mol}$$

(2) 클라우지우스-클래피런 식으로부터

$$\ln\frac{P_{310\mathrm{K}}}{P_{290\mathrm{K}}} = -\frac{\Delta H_{m-vap}}{R}\left(\frac{1}{310} - \frac{1}{290}\right)$$

$$\ln\frac{6.2282}{1.9192} = -\frac{\Delta H_{m-vap}}{R}\left(\frac{1}{310} - \frac{1}{290}\right)$$

$$\Delta H_{m-vap} \cong 44.0\ \mathrm{kJ/mol}$$

10-3 클래피런 식 $(dP/dT = \Delta S_m/\Delta V_m)$의 응용문제.

같은 식으로부터, $\dfrac{dP_{평형}}{dT_{평형}} = \dfrac{\Delta S_{융해}}{\Delta V_{융해}}$ 이다. 밀도로부터 $\Delta V_{융해}$를 구하면

또한, $\Delta V_{융해} = \left(\dfrac{18}{0.9999} - \dfrac{18}{0.9168}\right)\times 10^{-6}\ \mathrm{m^3/mol} = -1.632\times 10^{-6}\ \mathrm{m^3/mol}$

따라서, $\Delta S_{융해} = 22.01\ \mathrm{J\,K^{-1}mol^{-1}}$이 된다.

$$\frac{dP_{평형}}{dT_{평형}} = \frac{22.01\ \mathrm{J\,K^{-1}mol^{-1}}}{-1.632\times 10^{-6}\ \mathrm{m^3mol^{-1}}} = -1.349\times 10^{7}\ \mathrm{PaK^{-1}}$$

이 식은, $T-P$ 상태도에 고액평행선의 기울기 $-1.349\times10^7\ \mathrm{Pa\ K^{-1}}$의 직선이라는 것을 나타낸다. 그림으로부터,

ΔT에 대해 풀면 $\underline{\Delta T = 7.5\times 10^{-3}\ \mathrm{K}}$이 된다.

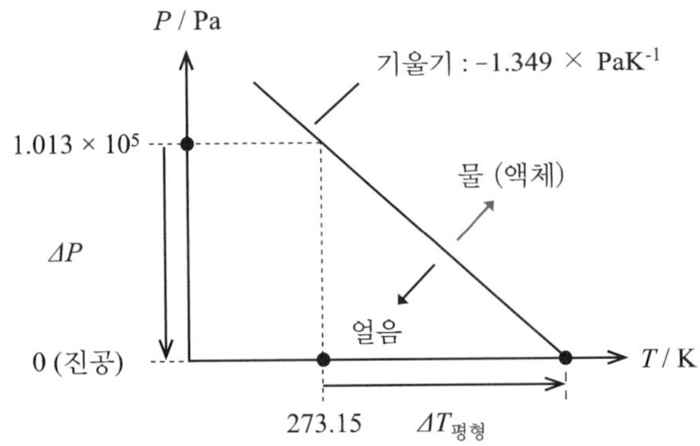

10-4 상전이에 의한 압력변화는

$$\Delta V_m = 18.0\times 10^{-3}\ \mathrm{kg\ mol^{-1}}\times\left(\frac{1}{0.9999\times 10^3\ \mathrm{kg\ m^3}} - \frac{1}{0.9168\times 10^3\ \mathrm{kg\ m^3}}\right)$$

$$= -1.63\times 10^{-6}\ \mathrm{m^3\ mol^{-1}}$$

$$\frac{dP}{dT} = \frac{\Delta H_m}{T\Delta V_m} = \frac{6008\ \mathrm{J\ mol^{-1}}}{273\ \mathrm{K}\times -1.63\times 10^{-6}\ \mathrm{m^3mol^{-1}}} = -1.35\times 10^{7}\ \mathrm{Pa\,K^{-1}}$$

스케이트 날 밑의 압력변화는

$$\Delta P = \frac{60\ \mathrm{kg}\times 9.81\ \mathrm{m/s^2}}{0.2\ \mathrm{m}\times 0.001\ \mathrm{m}} = 2.94\times 10^{6}\ \mathrm{Pa}$$

따라서, 이 압력에 의해 $-0.22\ \mathrm{K}$의 녹는점 변화가 계산 가능하다. 단, 좁은 온도범위에서 기울기는 직선으로 하고 있다. 현실문제로서, 여기서는 아직 얼음이 녹는다고 생각할 수 없다. 스케이트 날의 선단은, 미시적인 스케일에서는 울퉁불퉁하고, 실제의 접촉면적은 여기서 가정한 것보다 훨씬 작다고 생각된다. 빙하 등에 대해서도, 얼음의 무게로 인해 큰 압력이 걸려 빙하와 산의 바위의 표면과의 사이의 얼음이 녹으므로, 녹고 얼고를 반복하여 조금씩 전진해 나가는 것이라고 생각된다.

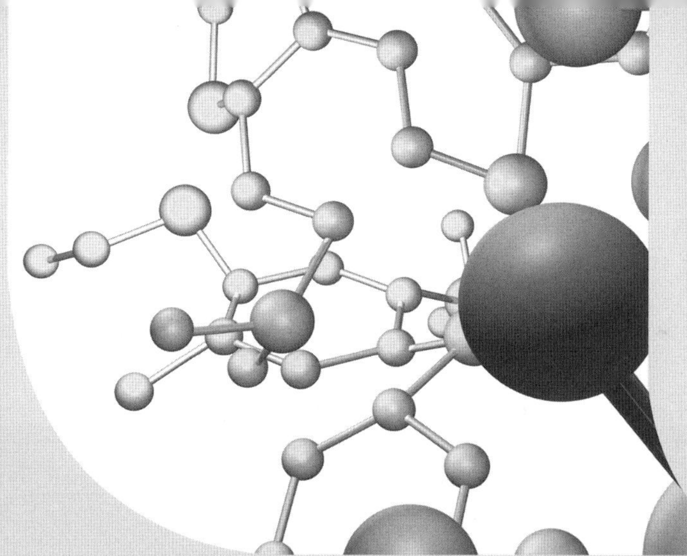

제 11 장

용액의 성질과 화학 포텐셜

일상생활에서 식품 · 의약품 · 전지에서의 전계액 등의 다수의 제품은 액체 중에 화학성분이 녹은 용액의 형태의 것이 많다. 여기서 화학 포텐셜의 개념을 용액에 응용하므로, 용액이 나타내는 여러 가지 특징적인 성질들을 화학 포텐셜의 관점에서 정량적으로 이해하는 것을 목적으로 한다.

11.1 : 액체의 화학 포텐셜

> 액체의 화학 포텐셜은 액체와 평형에 도달한 증기의 압력으로부터 간접적으로 아는 것이 가능하다.

액체를 구성하는 각 성분의 화학 포텐셜을 구하는 것은 실로 간단하다. 액체 중의 성분 i에 주목하면, 상이 달라도 평형에 도달해 있다면 그것이 액체상이든 기체상이든 성분 i의 화학 포텐셜은 같다. 용액 중에서 성분 i의 화학 포텐셜을 μ_{i_sol}, 기체상 중의 화학 포텐셜을 μ_{i_gas}라고 하면 성분 i에 관한 평형조건은 다음과 같다.

$$\mu_{i\_sol} = \mu_{i\_gas} \qquad 11\text{-}(1)$$

기체상에서의 화학 포텐셜은 이미 제 9장[식 9-(11)]에서 구했으므로

$$\mu_{i\_gas} = \mu^{o}_{i\_gas} + RT\ln P_{i\_gas} \qquad 11\text{-}(2)$$

여기서 표준압력은 1 bar이다. 따라서 용액 중의 성분 i의 화학 포텐셜은 그것과 평형에 도달해 있는 기체상 중의 성분 i의 증기압으로부터 구하는 것이 가능하다.

$$\mu_{i\_sol} = \mu^{o}_{i\_gas} + RT\ln P_{i\_gas} \qquad 11\text{-}(3)$$

여기서, 액체상 · 기체상은 같은 성분 i으로만 구성되어있다. 순수한 상을 생각해보자. 순수하다는 것을 나타내기 위해 기호의 오른쪽 위에 * 를 붙인다.

$$\mu^{*}_{i\_liq} = \mu^{o}_{i\_gas} + RT\ln P^{*}_{i\_gas} \qquad 11\text{-}(4)$$

여기서 식 11-(3)으로부터 식 11-(4)를 빼면 다음의 식이 얻어진다.

$$\mu^{*}_{i\_sol} = \mu^{o}_{i\_liq} + RT\ln\frac{P_{i\_gas}}{P^{*}_{i\_gas}} \qquad 11\text{-}(5)$$

식 11-(5)는 용액 중의 성분 i의 화학 포텐셜을 구하는 때에 자주 사용되는 식이다. 즉, 성분 i 이외의 성분 j를 섞기 전에 순수한 성분 i의 화학 포텐셜과 그 때의 증기압 $P^{*}_{i_gas}$를 구한다. 용액으로 했을 때의 성분 i의 증기압 P_{i_gas}를 구한다면, 용액

중의 성분 i의 화학 포텐셜이 구할 수 있다. 「이와 같이 용액의 화학 포텐셜은 간접적인 방법으로 용액과 평형에 도달한 기체성분의 증기압을 구하면 된다는 것을 알 수 있다.」

11.2 라울의 법칙과 헨리의 법칙

당신은 라울의 법칙과 헨리의 법칙을 묽은 용액 이외에서도 적용하려고 하고 있지는 않는가?

앞 절에서는 순수한 액체의 경우와 용액 중의 성분 i의 증기압의 비가 용액 중의 성분 i의 화학 포텐셜을 구할 때에 중요하다는 것을 배웠다. 그럼 이것들의 증기압간에 어떠한 관계가 있는 것일까? 용액의 대부분을 성분 i로 조성하고, 다른 성분 j를 서서히 섞는 경우를 생각해보자. 이 경우, 성분 i의 몰분율을 $x_i(0 \leq x_i \leq 1)$라고 하자. $x_i = 1$일 때 성분 i가 100%, 즉 성분 i만으로 되어있다고 하자.

라울(Francois Raoult)은 용액과 평형에 도달한 증기의 각 성분의 증기압, 즉 **증기분압**(partial vapor pressure)의 측정을 여러 가지 용액에 대해 실행하는 것으로부터 용액의 성분의 차이를 묻지 않고 성분 i의 몰분율이 1에 가까운 곳에서 몰분율과 증기압간에 다음과 같은 관계식이 성립한다는 것을 실험적으로 밝혀냈다.

$$P_{i\_gas} = x_i P_{i\_gas}^* \qquad 11\text{-}(6)$$

이것을 **라울의 법칙**(Raoult's law)이라고 한다. $x_i(0 \leq x_i \leq 1)$으로부터 알 수 있듯이 혼합을 한다면 성분 i의 몰분율이 작아지고 이에 증기압도 작아진다. 이 때, 11-(5)식의 대수중의 증기압의 비는 1 이하가 되므로 우변의 제 2항의 값이 음이 된다. 즉, 어떤 성분 i의 화학 포텐셜은 용액이 되면 순수했을 때에 비해 꼭 화학 포텐셜이 작아진다는 것을 의미한다. 이것은 끓는점 상승이나 녹는점 강하를 고려할 때에 중요하다. 여기서 주의할 점은 일반적으로 11-(6)식의 법칙은 x_i가 1에 가까운 곳에서만 성립하지만 혼합용액 중에서는 예를 들어 벤젠과 톨루엔의 혼합용액과 같이

$0 \leq x_i \leq 1$의 범위전체에서 성립하는 것도 있다. 라울의 법칙이 $0 \leq x_i \leq 1$의 범위 전체에서 성립하는 용액을 **이상용액**(ideal solution)이라고 한다. 어느 쪽이든 라울의 법칙이 성립하는 범위에서 11-(5)식과 11-(6)식을 이용해 좀 더 간단히 표현하면 다음과 같다.

$$\mu_{i\_용액} = \mu_{i\_순용매} + RT\ln x_i \qquad 11\text{-}(7)$$

11-(7)식은, 라울의 법칙이 성립하는 범위에 있다면, 용액의 몰분율로부터 화학 포텐셜을 추측하는 것이 가능하다는 것을 의미한다. 또한 x_i가 1 이하라는 것을 생각하면, 우변 제 2항이 $x_i = 1$의 경우 $\mu_{i_용액} = \mu_{i_순용매}$가 되며($RT\ln x_i = 0$이므로) $x_1 < 1$의 경우 $\mu_{i\_용액} < \mu_{i\_순용매}$ ($RT\ln x_i < 0$ 이므로)가 되어 용액 중의 용매성분 i의 화학 포텐셜은 그것의 순수한 때의 화학 포텐셜보다 작다는 것을 알 수 있다.

라울의 법칙에서는 몰분율이 높은 주성분(용매)에 아주 작은 양을 혼합했을 경우의 용매의 증기압에 대해 기술했다. 반면, 조금씩 혼합해간 몰분율이 낮은 성분(용질)에 대해서는 그 증기압에는 어떤 관계가 성립되는 것일까?

헨리(William Henry)는 용질의 몰분율 x_j(즉, 0에 가깝다)와 그 증기압 P_j간에 다음과 같은 법칙이 성립하는 것을 실험적으로 밝혀냈다.

$$P_{j\_gas} = x_j K_j \qquad 11\text{-}(8)$$

식 11-(8)을 **헨리의 법칙**(Henry's law)라고 한다. 식 중의 계수 K_j를 **헨리계수**라고 하고, 용질과 용매의 조합에 의해 결정되는 상수이다. 일반적으로 11-(8)식은, x_j가 0에 가까운 곳에서만 적용되지만, K_j는 이 직선관계를 추측하여 $x_j = 1$일 때의 j의 증기압으로 구해진다. 그림 11-1을 참고하기 바란다. 헨리의 법칙은 환경이나 생태계에서 중요하다. 하천수의 산소 농도 혹은 혈액 중의 이산화탄소 농도 등 기체의 액체로의 용해도를 구하는 때에 자주 사용된다.

세로축을 증기압 P, 가로축을 몰분율 x로 했을 때 라울의 법칙과 헨리의 법칙을 나타내는 직선과, 일반적으로 용액 중의 성분 i가 나타내는 곡선을 그림 11-1에 모식적으로 나타낸다. x가 0에 가까울 때에는 점근적으로 헨리의 법칙을 나타내는 직선에, x가 1에 가까울 때에는 점근적으로 라울의 법칙을 나타내는 직선에 수렴해 가는 것을 볼 수 있다.

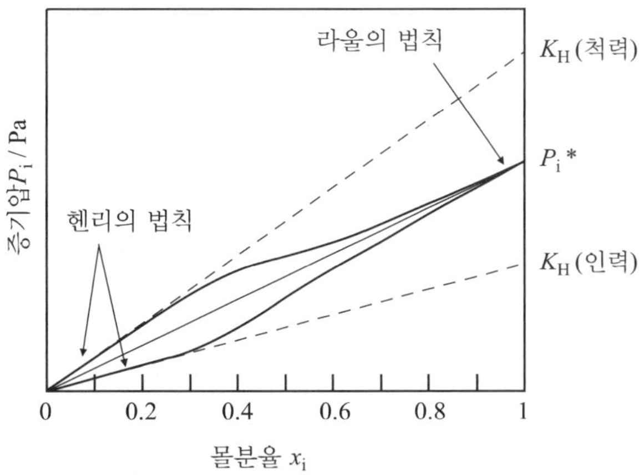

그림 11-1 라울의 법칙과 헨리의 법칙
저농도 극한에서는 헨리의 법칙에, 고농도 극한에서는 라울의 법칙에 수렴하는 모습을 알아차리기 바란다.

그러나 용액이 전부 묽은 용액이라고 할 수는 없다. 라울의 법칙이 성립하지 않는다면, 실제로 순용매의 증기압 P_A^*과 용질을 섞은 경우의 A의 증기압의 값 P_A를 측정하면 된다. 그리고 그 2개의 값의 비를 **활동도**(activity)로 정의하고, 기호 a_A를 이용하여 나타내면

$$a_A = \frac{P_A}{P_A^*} \qquad 11\text{-}(9)$$

가 되므로, 11-(5)식은

$$\mu_A = \mu_A^* + RT\ln a_A \qquad 11\text{-}(10)$$

으로 나타낼 수 있다. 라울의 법칙이 성립하는 이상용액의 경우인 11-(7)식과 비교해 보면 처음엔 명료하지만, 활동도는 몰분율과 같은 차원이고 실효적인 몰분율(농도)라고 할 수 있다. 실제의 용액에서는 라울의 법칙이 성립하지 않는 경우가 많으므로, 실제 측정에 기초한 활동도를 사용하는 경우가 많다. 예를 들어, 비팽창 일의 대표격인 전지에 의한 전기 일을 구할 때는 농도나 몰분율 대신 활동도가 사용되는 것이 보통이다.

11.3 용액의 총괄성 (1) 끓는점 상승과 녹는점 강하

왜 끓는점 강하와 녹는점 상승은 일어나지 않는 것인지 당신은 설명 가능한가?

순수한 액체에 다른 성분을 혼합하면, 그 액체의 증기압이 낮아진다. 끓는점은 증기압이 외기압과 같아졌을 때에 일어나는 현상이다. 「증기압이 낮은 상황에서 액체를 끓게 하기 위해서는, 증기압을 외기압과 같게 하기 위해서는, 순수한 때와 비교하여 더욱 온도를 높여야만 한다.」 이것을 **끓는점 상승**(boiling-point elevation)이라고 한다. 몇 가지 가정이 필요하지만 화학 포텐셜을 이용하면 끓는점 상승의 정도를 정량적으로 추측하는 것이 가능하다.

어떤 성분 i로 구성되는 순수한 액체에 성분 j를 용질로서 혼합하는 경우를 생각해보자. 이 때 성분 j를 비휘발성이라고 하면, 용액과 평형에 도달하는 기체의 성분은 성분 i만으로 구성된다. 이 성분 i에 대해 용액과 기체가 평형에 도달해 있으므로 다음의 관계식이 성립한다.

$$\mu^*_{i\_기체} = \mu_{i\_용액} \qquad 11\text{-}(11)$$

이 때 11-(11)식을, 11-(7)식을 사용하여 x_i에 대해 정리하면

$$\ln x_i = \frac{\mu^*_{i\_기체} - \mu^*_{i\_순용매}}{RT} \qquad 11\text{-}(12)$$

여기서, 간단히 하기 위하여 용액은 용질과 용매의 2성분계이고 묽은 용액이라고 하자. 이 때 x_i를 용매의 몰분율, x_j를 용질의 몰분율이라고 하면

$$x_i + x_j = 1 \qquad 11\text{-}(13)$$

가 성립한다. 이 때 묽은 용액이므로 $x_i \gg x_j$, 즉 $1 \gg x_j$인 것에 주의하자. 성분 i의 1 mol당 증발열을 $\Delta\mu_{i_증발}$이라고 하면

$$\Delta\mu_{i\_증발} = \ = \mu^*_{i\_기체} - \mu^*_{i\_순용매} \qquad 11\text{-}(14)$$

이므로, 11-(12)식은 다음과 같이 나타낼 수 있다.

$$\ln(1-x_j) = \frac{\Delta\mu_{i\_증발}}{RT} \quad 11\text{-}(12)$$

이 때, $1 \gg x_j$에 대해 다음의 근사식이 성립한다.

$$\ln(1-x_j) \cong -x_j \quad 11\text{-}(16)$$

11-(16)식이 x가 작은 곳에서 성립하는 경향을 **사용하자! Box 11-1**에 나타내었다. 이 근사식을 사용하여, 11-(15)식을 정리하면 다음 식이 얻어진다.

$$-x_j = \frac{\Delta\mu_{i\_증발}}{RT} \quad 11\text{-}(17)$$

11-(17)식 우변의 증발의 화학 포텐셜 변화는 구하기 힘들지만, 부분 몰 엔탈피 변화인 용매 1 mol당 증발열이 $\Delta H_{m_증발}$이면 여러 가지의 구하는 방법이 있다. 깁스 －헬름홀츠의 식을 이용하여 11-(17)식을 변형하면 다음과 같다.

$$\left[\frac{\partial}{\partial T}\left(\frac{\Delta\mu_{i\_증발}}{T}\right)\right]_P = \left[\frac{\partial}{\partial T}(-x_jR)\right]_P = -\frac{\Delta H_{m\_증발}}{T^2} \quad 11\text{-}(18)$$

사용하자! Box 11-1 $x \ll 1$에서 자주 사용되는 근사식 : $\ln(1-x) = -x$

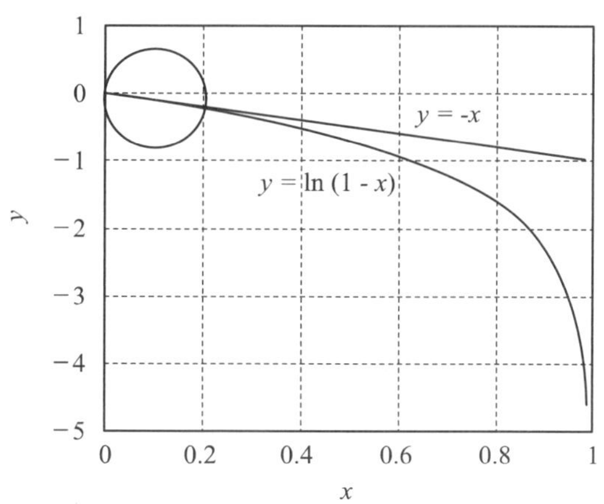

여기서, 각 변의 온도 T에 대해 순수한 때의 끓는점 T^*로부터 용질을 혼합했을 때의 끓는점 T까지의 구간을 적분하면, 통상 이 두 개의 온도범위는 작으므로 이 적분구간에서 $\Delta H_{m_증발}$은 상수로 보고 다음과 같은 계산이 가능하다.

$$\begin{aligned} x_j &= -\frac{\Delta H_{m\_증발}}{R}\left(\frac{1}{T}-\frac{1}{T^*}\right) \\ &= \frac{\Delta H_{m\_증발}}{R}\left(\frac{T-T^*}{TT^*}\right) \\ &\fallingdotseq \frac{\Delta H_{m\_증발}}{R}\left(\frac{T-T^*}{T^{*2}}\right) \end{aligned} \qquad 11\text{-}(19)$$

이 때, T와 T^*는 별로 다르지 않기 때문에 TT^*를 T^{*2}로 근사했다. 따라서 순수한 때와 비교하여 용질을 혼합했을 때의 끓는점 상승 $\Delta T = T - T^*$는 다음과 같이 나타낼 수 있다.

$$\Delta T = \left(\frac{RT^{*2}}{\Delta H_{m\_증발}}\right)x_j \qquad 11\text{-}(20)$$

T^*와 $\Delta H_{m_증발}$은 용매 고유로 정해지는 값이므로, 11-(20)식은 묽은 용액의 경우, 끓는점 상승도는 용질의 종류에 따라 다르지 않고 그것의 몰농도 x_j에 비례한다는 것을 나타내고 있다. 다음으로 녹는점 강하에 대해 생각해보자. 이 경우도 앞과 같이, 용액과 고체가 평형에 도달해 있고 용액 중의 용질성분은 고체에는 섞이지 않는 것으로 한다. 실제 염분이 섞여있는 해수를 얼리면 순수한 얼음이 석출된다. 이 때, 용매분자 i와 고체가 된 용매분자 i 사이에 평형이 성립되어 있으므로

$$\mu^*_{i\_고체} = \mu_{i\_용액} \qquad 11\text{-}(21)$$

이 성립된다. 11-(11)식과 11-(21)식을 비교해보면, 기체가 고체로 변해있는 것 뿐이므로 식 변형은 끓는점 상승의 경우와 완전히 같다. 이 때,

$$\Delta\mu^*_{i\_응고} = \mu^*_{i\_고체} - \mu^*_{i\_액체} \qquad 11\text{-}(22)$$

이 되는 것에 주의하여 끓는점 상승의 경우의 11-(19)식에 해당하는 녹는점 하락의 식은 다음과 같다.

$$x_j = -\frac{\Delta H_{m\_응고}}{R}\left(\frac{1}{T}-\frac{1}{T^*}\right) \fallingdotseq \frac{\Delta H_{m\_응고}}{R}\left(\frac{T-T^*}{T^{*2}}\right) \qquad 11\text{-}(23)$$

용질의 몰분율 x_j는 양, 응고되는 때의 내부열의 변화는 발열반응으로 음이 되므로 $\Delta T = T - T^*$는 음이 된다. 즉, 녹는 온도는 순수한 때의 녹는 온도 T^*와 비교하여 작아지는 것을 알 수 있다. 따라서, 녹는점 강하도를 나타내는 식은, ΔT가 음인 것에 주의하여

$$\Delta T = \left(\frac{RT^{*2}}{\Delta H_{m\_응고}}\right)x_j \qquad 11\text{-}(24)$$

로 나타내는 것이 가능하다. 위의 식 변형과 11-(20), (24)식의 각각의 우변의 양음으로 부터, 끓는점 상승 혹은 녹는점 강하가 일어나도 그의 역인 끓는점 강하 혹은 녹는점 상승은 일어나지 않는 것을 알 수 있다.

정성적으로는 더욱 한 눈에 알 수 있는 방법이 있다. **보인다! Box 11-1**은 참고하자. 가로축을 온도, 세로축을 화학 포텐셜이라고 하면, 이 그래프의 기울기는 8-(27)식으로부터 압력일정에서는 부분 몰 엔트로피가 되고 그 값은 음이 된다. 또한 이 때, 고체보다 액체, 액체보다 기체 쪽이 부분 몰 엔트로피가 크기 때문에, 이 순서로 음의 기울기가 점점 커지는 것에 주의하자. 11-(7)식에 대해 고찰한대로, 용매분자의 화학 포텐셜은 순수한 때보다 용액이 되었을 때 반드시 낮아진다. **보인다! Box 11-1**에서는 용매분자는 순수한 고체의 경우의 화학 포텐셜의 온도의존성을 나타내는 직선과 용액과의 교점 (A)는 보다 저온쪽으로, 반면 용매분자는 순수한 기체의 경우의 화학 포텐셜의 온도의존성을 나타내는 직선과 용액과의 교점 (B)는 고온쪽으로, 각각 움직이는 것을 알 수 있다. 이 각각의 교점의 온도가 녹는점과 끓는점이므로 확실히 녹는점은 강하하는 방향으로, 끓는점은 상승하는 방향으로만 일어나는 것을 알 수 있다. 또한 11-(20), (24)식에 용매의 증발열과 응고열이 나오지만, 용질에 대한 열역학량은 그것의 몰분율만으로 용질 고유의 값이 나오지 않는 것도 주목할 가치가 있다. 즉 끓는점 상승 및 녹는점 강하는 용질의 종류에 따라 달라지지 않고, 그것의 몰분율에만 의존하는 것을 알 수 있다. 용질의 종류에 따라 달라지지 않고 통일적으로 용액의 성질이 결정되므로, 이것을 용액의 **총괄성**(colligative property)이라고 한다. 다음 절에서는 다른 1개의 중요한 총괄성인 침투압에 대해 공부해보자.

보인다! Box 11-1 순용매에 휘발성인 용질을 아주 소량 섞어서 묽은 용액을 만들면 반드시 화학 포텐셜을 작아진다.

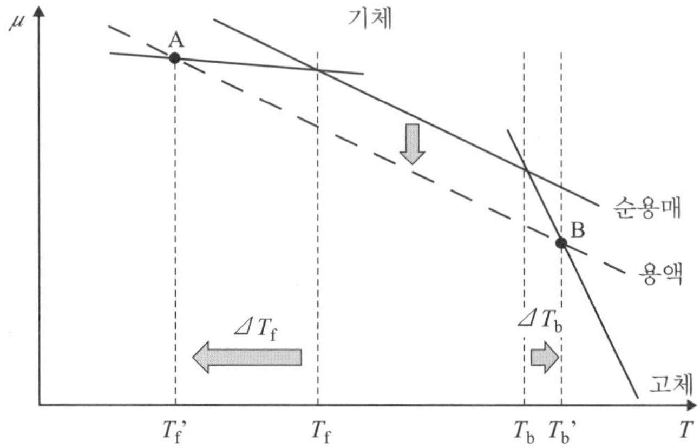

녹는점 강하, 끓는점 상승은 자연의 귀결이다. 그의 역은 일어나지 않는다. 하지만 용질이 휘발성이거나 분자간 상호작용이 무시될 수 없는 혼합용액의 경우는 예외가 될 수 있다.

11.4 용액의 총괄성 (2) 침투

침투의 원리도 화학 포텐셜로 이해할 수 있다.

침투(osmosis, **그리스어로 [누르다]에서 유래**)는, 용액과 순용매를 반투막으로 막을 때에, 순용매 쪽에서 용액 쪽을 향해 용매분자가 침투하는 현상을 말한다. 여기서 반투막이란, 용매분자(물분자 등)는 통과하지만 용질분자는 통과시키지 않는 성질을 갖는 막을 뜻한다. 이러한 현상이 일어나는 이유는 용액 중의 용매분자의 화학 포텐셜은 순용매 중의 용매분자에 비해 화학 포텐셜이 낮기 때문에 화학 포텐셜이 높은 쪽에서 낮은 쪽으로 용매분자가 이동하기 때문이다.

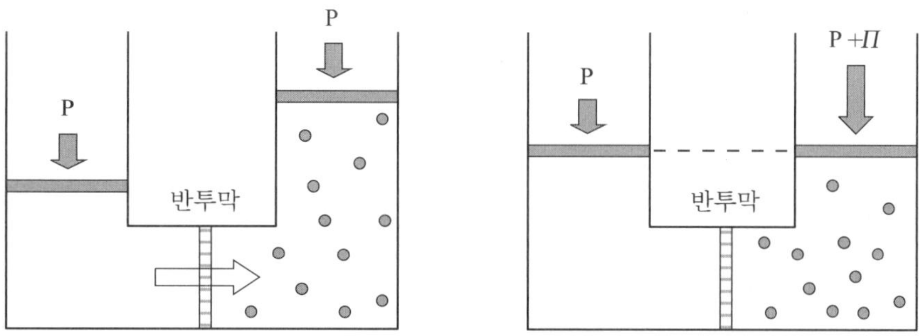

그림 11-2 침투압

그림 11-2를 보자. 이 때, 용액 쪽에는 대기압에 추가의 압력 Π를 더해 용액 쪽의 압력을 높이는 것으로, 용매분자를 용액 쪽으로 침투시키는 압력과 조화를 이루어 용매의 침투를 막는 것이 가능하다. 압력 Π는 용매분자가 반투막을 통해 용액 쪽에 침투하는 압력과 같다고 볼 수 있다. 이 압력 Π를 **침투압**(osmotic pressure)이라고 한다. 침투압을 측정하는 것으로 용액 중의 분자, 특히 거대한 분자의 몰질량(분자량)을 측정하는 것이 가능하다.

화학 포텐셜의 개념을 사용해 침투압 Π를 정량적으로 구해보자. 용액 측의 용매분자의 몰분율을 $x_{용매}$라고 할 때 평형조건은

$$\mu^*_{i\_순용매}(P) = \mu_{i\_용액}(x_{용매},\ P+\Pi) \qquad 11\text{-}(25)$$

로 나타내진다. 여기서 11-(25)식의 좌변은 순용매 쪽의 화학 포텐셜을, 우변은 용액 쪽의 화학 포텐셜을 나타낸다. 11-(25)식의 우변은, 11-(7)식을 사용하면 다음과 같이 나타낼 수 있다.

$$\mu_{용액}(x,\ P+\Pi) = \mu_{순용매}(P+\Pi) + RT\ln x_{용매} \qquad 11\text{-}(26)$$

여기서 온도일정의 경우에는 8-(27)식으로부터 $dT=0$이므로, $d\mu = V_m dP$가 성립하는 것과 그림 2-5의 적분방법을 이용하여

$$\mu^*_{순용매}(P+\Pi) = \mu^*_{순용매}(P) + \int_P^{P+\Pi} V_m dP \qquad 11\text{-}(27)$$

이 된다. 따라서, 이 압력범위에서 V_m이 일정하다고 하면 11-(27)식은

$$\mu^*_{순용매}(P+\Pi) = \mu^*_{순용매}(P) + V_m\Pi \qquad 11\text{-}(28)$$

이 된다. 여기서 11-(25), (26), (28)식으로부터 다음의 식이 성립된다.

$$0 = V_m \Pi + RT \ln x_{용매} \qquad 11\text{-}(29)$$

여기서 $x_{용매} = 1 - x_{용질}$ 및 x가 충분히 작을 때, $\ln(1-x)$는 $-x$로 근사가 가능하기 때문에 묽은 용액에 대해 다음의 식을 얻는다.

$$RT x_{용질} \fallingdotseq V_m \Pi \qquad 11\text{-}(30)$$

묽은 용액이므로, $n_{용매} \gg n_{용질}$이 성립되어 다음의 근사식이 성립한다.

$$V = m_{용매} V_m + n_{용질} V_{m용질} \fallingdotseq n_{용매} V_m \qquad 11\text{-}(31)$$

또한 다음의 근사식도 성립한다.

$$x_{용질} = \frac{n_{용질}}{n_{용매} + n_{용질}} \fallingdotseq \frac{n_{용질}}{n_{용매}} \qquad 11\text{-}(32)$$

여기서 11-(31), (32)식을 이용하여 11-(30)식을 정리하면 다음과 같다.

$$n_{용질} RT \fallingdotseq V \Pi \qquad 11\text{-}(33)$$

또는 용질의 부피 몰농도 $[C_{용질}]$을 이용하여

$$\Pi \fallingdotseq \frac{n_{용질}}{V} RT = [C_{용질}] RT \qquad 11\text{-}(34)$$

라는 근사식을 얻을 수 있다. 질량을 측정한 용질을 부피 V의 용매에 묽은 용액으로서의 조건을 만족하도록 조금만 녹여 침투압을 측정한다면 용질의 분자량을 알 수 있다. 이것은 고분자와 같은 분자량의 측정이 어려운 거대분자의 분자량을 결정하는 데에 유효한 방법이다. 이 밖에도 침투의 원리가 사용되고 있는 일상의 것들이 많기 때문에 그 책 1부를 Column에 소개한다. 추상적인 식으로 설명하는 화학열역학의 원리를 일상의 것으로 응용하고 있다. 주변에 있는 자연이나 인공의 것에 숨어있는 화학열역학의 원리를 찾아보기 바란다. 온갖 곳에 화학열역학의 원리가 존재한다.

Column 기저귀·화장품과 침투압

침투압이라고 하면 반드시 반투명막이란 특수한 막이 나오는 예만 있기 때문에, 그러한 것에서만 발생하는 듯한 느낌이 든다. 여기서는 좀 더 다른 일상의 예를 생각해보자. 예를 들어, 귀저기나 화장품 등은 어떨까? 침투압의 본질은 화학 포텐셜이 높은 곳에서 낮은 곳으로 분자가 이동하는 것이다. 용질이 녹아있는 용액의 화학 포텐셜은 용질이 녹아 있지 않은 순수한 액체의 화학 포텐셜보다 반드시 낮기 때문에 이 두 개의 용액을 만나게 하면 화학 포텐셜이 높은 쪽에서 낮은 쪽으로, 즉 용질이 많이 녹아있는 쪽으로 용매분자가 이동한다. 이 원리를 잘 이용하면, 잘 흡수하는 기저귀나 피부를 하얗게 보이게 하거나 자외선을 흡수하여 피부를 지켜주는 미립자를 응집하지 않도록 한 화장용 용액 등을 만드는 것이 가능하다.

잘 흡수하는 기저귀에는 흡수성 폴리머가 사용되고 있는데, 그 기본은 다량으로 공유결합된 이온성의 치환기이다. 이온성의 치환기이므로 수중에 넣으면 이온이 해리하여 국소적으로 용질이온의 농도가 높아진다. 그 결과 화학 포텐셜이 낮아지므로, 용질농도가 낮은 곳에서 용매분자를 끌어들인다. 또한 화장품 등의 유효성분으로서 분산하고 있는 미립자의 표면도 같은 원리다. 미립자의 표면을 이온성의 치환기로 화학수식 해두면 수중에서는 이온이 해리하여 확산전기이중층이라 불리는 대이온의 옷을, 미립자의 주위 (통상 나노미터단위)에 감게 하는 것이 가능하다. 만약 미립자들이 접근하여 응집하려고 하여도, 두 개의 미립자가 접근하여 서로의 확산전기이중층이 겹치면 입자간의 이온농도가 국소적으로 높아지므로 주위로부터 용매분자가 입자간에 흘러들어, 두 개의 입자는 다시 떨어져 응집 · 침전이 일어나지 않는다. 이러하게 침투압의 원리는 일상의 곳에서 폭 넓게 응용되고 있다.

11.5 비이상계로의 대응 -퓨개시티와 활동도

지금까지는 이상계에 대해 배웠다. 분자간 힘이 존재하는 현실의 계에서 분압이나 농도가 어떻게 사용되는 것일까?

화학평형을 다룬 장에서 혼합기체에 대해 공부했을 때는 구성하는 각 기체를 이상기체로 하였다. 용액에 대해서는 용질이 아주 조금 녹아 있는 묽은 용액에 대해서만 다루었다. 이것들의 공통의 처리로는 원자 · 분자 · 이온 간의 상호작용을 무시한 것이다. 그러나 현실의 암모니아의 합성반응이나 다음 장에서 공부할 전지 등은 고압에서의 반응, 여러 가지 이온이 녹아있는 용액, 계를 구성하는 입자간의 인력 · 척력 등의 상호작용을 무시할 수 없는 경우가 많다. 이러한 계에서는 실제로 계에 존재하고 있는 입자의 분압 혹은 농도와 비교하여, 독립한 입자로서 움직이고 있는 실효적인 분압 혹은 농도 (몰분율)는 조금 다르다.

고압환경이나 다성분계를 다루는 공업적 목적에서는, 이러한 실효적인 분압과 몰분율을 각각 **퓨개시티**(fugacity, **기호** f)와 **활동도**(activity, **기호** a)로서, 각각 분압과 농도 대신에 실효적인 값으로서 다루는 경우가 많다. 제11장 11-2절에서 실제로 측정한 증기압의 비로부터 활동도를 구하는 방법을 소개하였는데, 분압과 몰분율의 부분을 각각 실효적인 값인 퓨개시티와 활동도로 바꾸는 것뿐이므로 어렵게 생각하지 않아도 된다. **사용하자! Box 11-2**는 이것들에 대해 정리하였다. 분압과 몰분율 대신에 퓨개시티와 활동도가 주어지면 이 값을 이용하여 화학 포텐셜을 계산하기 바란다.

사용하자! Box 11-2 비이상계의 실효적인 분압인 퓨개시티, 실효적인 몰분율인 활동도로 값을 바꾸자

이상계	비이상계
$\mu_i = \mu_i^o + RT\ln P_i$	$\mu_i = \mu_i^o + RT\ln f_i$
$\mu_i = \mu_i^o + RT\ln x_i$	$\mu_i = \mu_i^o + RT\ln a_i$

혼합기체 혹은 용액 중의 성분 i에 대해, 이상계의 분압(P_i)과 몰분율(x_i)의 부분을 각각 실효값 f_i, a_i으로 바꾼 것뿐이므로 어려울 것이 없다.

11장 연습문제

11-1 벤젠과 톨루엔의 이상용액(라울의 법칙을 성립)에 대해, 문제에 답하시오. 단, 88℃와 100℃에서 순수한 벤젠과 톨루엔의 증기압 (P_b^*, P_1^*)은 다음과 같다.

	88℃	100℃
벤젠	964.1 mmHg	1350 mmHg
톨루엔	381.1 mmHg	556.7 mmHg

(1) 이 용액의 전체 증기압($P = P_{벤젠} + P_{톨루엔}$)과 용액 중의 벤젠의 몰분율($x_b^{(l)}$)의 관계식을 구하라. $P_{벤젠}$을 P_b, $P_{톨루엔}$을 P_t로 한다. 또한, 그 관계식의 88℃의 경우를 구하여라.

힌트 우선 이상용액에 대해, 용액과 평형이 되는 성분 A의 증기압 P_A와 용액 중의 그 성분의 몰분율 x_A의 관계를 나타내는 법칙을 이용하여 P_b와 P_t를 기술할 것

(2) 88℃에서 용액 중의 벤젠의 몰분율 ($x_b^{(l)}$)이 0.65일 때, 증기압 중의 벤젠과 톨루엔의 분압을 구하시오.

(3) 100℃, 760 mmHg(전압력)에 대해 용액 중, 증기 중의 톨루엔의 몰분율 ($x_t^{(l)}$ 및 $x_t^{(g)}$)을 구하시오.

11-2 다이버가 수심 200m까지, 수압과 같은 압력의 4몰% O_2−96몰%He의 기체를 담은 잠수복을 입고 잠수하고 있다. 신체는 전부 물로 이뤄져있다고 가정한다. He의 헨리상수는 1.5×10^{10} Pa, 중력가속도는 9.81 ms^{-2}로 한다.

(1) 헨리의 법칙을 따를 때, 200m의 깊이에서 이 다이버가 신체조직 안에서 평형에 도달해있는 He의 몰분율을 구하여라.

(2) 만약 외압이 대기압까지 내려간다고 한다면, 1 cm^3의 조직당 몇 mol의 He가 검출될까?

11-3 70g의 설탕(342 g/mol)을 물 1000 g에 녹일 때, 끓는점과 녹는점을 구하시오. 이 때, 융해 엔탈피 변화와 증발 엔탈피 변화를 각각 6008, 41090 J/mol로 한다.

11-4 라울의 법칙이 성립한다고 할 때, 문제에 답하시오.

(1) 어느 용질 A를 녹인 수용액의 25℃에서 증기압이 23.210 mmHg이었다. 용질의 몰분율과 수용액의 침투압을 atm단위로 구하시오 (용질 A는 비휘발성이므로 증기는 물 만이고, 묽은 수용액으로 생각해도 좋다).

정제수(25℃)의 증기압 : 23.756 mmHg

정제수(25℃)의 밀도 : 0.9971 g/cm^3

1 atm = 1.013× 10^5 Pa

힌트 라울의 법칙으로부터 몰분율을 구한다. 다음에 침투압의 식을 주목한다. 묽은 수용액에서는

$$x_A = \frac{n_A}{n_A + n_{H_2O}} \fallingdotseq \frac{n_A}{n_{H_2O}}$$

$$n_{H_2O} = \frac{\rho_{H_2O}}{M_{H_2O}} V$$

이다. 여기서, ρ_{H_2O}와 M_{H_2O}는 물의 농도와 분자량, V는 물의 부피를 나타낸다.

(2) 25℃에서 설탕 2 g을 100 g의 물에 녹였다. 물의 증기압은 어느 정도 내려가는가.

설탕의 몰질량 : 342 g/mol

제11장 연습문제해답

11-1 (1) 용액과 평형상태에 있는 증기 중의 벤젠과 톨루엔의 증기압을 P_b, P_t라 하고, 용액 중의 몰분율을 $x_b^{(l)}$, $x_t^{(l)}$라 한다. 라울의 법칙에 의해

$$P_b = x_b^{(l)} P_b^*$$

$$P_t = x_t^{(l)} P_t^* = (1 - x_b^{(l)})\, P_t^*$$

여기서, P_b^*, P_t^*는 순수한 벤젠과 톨루엔의 증기압을 나타낸다.

총압력은

$$P = P_b + P_t = (P_b^* - P_t^*)\, x_b^{(l)} + P_t^*$$

88℃에서, $P = 583.0\, x_b^{(l)} + 381.1$ mmHg이다.

(2) $P_b = 626.7$ mmHg

$P_t = 133.4$ mmHg

(3) $P = P_b + P_t = (P_b^* - P_t^*)\,x_b^{(l)} + P_t^*$에 의해 $x_b^{(l)} = 0.256$

따라서, $x_t^{(l)} = (1 - x_b^{(l)}) = 0.744$

라울의 법칙에 따라 $P_t = 0.744P_t^*$이므로

$x_t^{(g)} = P_t/P = (0.744P_t^*)/760 = 0.545$

11-2 (1) 수심 200m에서의 압력은

$$P_{200\text{m}} = 200\text{m} \times 10^3\,\text{kg/m}^3 \times 9.81\,\text{m/s}^2 + 1.013 \times 10^5\,\text{Pa}$$
$$\cong 2.06 \times 10^6\,\text{Pa}$$

이다. 수상에서의 압력은 $P_{0\text{m}} = 1.013 \times 10^5\,\text{Pa}$ 이다

$P_{\text{He}} = x_{\text{He}}\,K_{He}$이므로

$$x_{\text{He, 200m}} = \frac{P_{200\text{m}}}{K_{\text{He}}} = \frac{2.06 \times 10^6\,\text{Pa} \times 0.96}{1.5 \times 10^{10}\,\text{Pa}} = 1.32 \times 10^{-4}$$

(2) $$x_{\text{He, 0m}} = \frac{P_{0\text{m}}}{K_{\text{He}}} = \frac{1.013 \times 10^5\,\text{Pa} \times 0.96}{1.5 \times 10^{10}\,\text{Pa}} = 6.48 \times 10^{-6}$$

1cm^{-3}의 물은 1/18 mol이다. 외압이 대기압까지 내려갔다고 한다면, 1 cm^3의 조직당 나가는 He는

$$(1.32 \times 10^{-4} - 6.48 \times 10^{-6}) \times \frac{1}{18}\,\text{mol} = 6.97 \times 10^{-6}\,\text{mol}$$

1기압이면 그 양은 0.17 cm^3에 달한다. 몸의 조직이 녹아 있는 기체가 압력의 급격한 저하에 의해 기화하여 기포를 발생시키면 혈관을 막는다. 이것이 잠수병의 원인이 된다.

11-3 설탕의 몰분율을 x_S라고 하자.

$$\Delta T_f = \frac{RT_o^2}{\Delta H_f^o} \times x_S$$

$$x_S = \frac{70/342}{1000/18 + 70/342} \approx 3.67 \times 10^{-3}$$

$$\Delta T_f = \frac{8.314 \times 273^2}{6008} \times 3.67 \times 10^{-3} \approx 0.38\,\text{K}$$

따라서, 녹는점은 <u>−0.38℃</u>가 된다.

끓는점 상승에 대해서도 같은 방식으로

$$\Delta T_b = \frac{RT_o^2}{\Delta H_b^o} \times x_S = \frac{8.314 \times 373^2}{41090} \times 3.67 \times 10^{-3} \approx 0.10\,\text{K}$$

따라서, 끓는점은 <u>100.10℃</u>이 된다.

11-4 (1) 라울의 법칙에 의해, $P_{H_2O} = x_{H_2O}P_{H_2O} = (1-x_A)\,P_{H_2O}$

여기서, $x_{H_2O} + x_A = 1$이다.

따라서, $x_A = 1 - \dfrac{P_{H_2O}}{P^*_{H_2O}} = 1 - \dfrac{23.210}{23.756} = 0.02298$

침투압은 $\Pi = \dfrac{n_A}{V}RT$ …… ①

묽은 수용액에서는

$$x_A = \frac{n_A}{n_A + n_{H_2O}} \approx \frac{n_A}{n_{H_2O}} = \frac{M_{H_2O}}{\rho_{H_2O}}\frac{n_A}{V}$$

여기서, ρ_{H_2O}와 M_{H_2O}는 물의 농도와 분자량이다. 따라서

$\dfrac{n_A}{V} = \dfrac{\rho_{H_2O}}{M_{H_2O}}x_A$이 되고, 식 ①에 의해

$$\Pi = \frac{\rho_{H_2O}}{M_{H_2O}}x_A RT = \frac{0.9971\times 10^6}{18.0} \times 0.02298 \times 8.314 \times 298 = 3.15 \times 10^6\ \text{Pa}$$

$$= 31.1\ \text{atm}$$

(10^6에 의해 $g/cm^3 \rightarrow g/m^3$)

(2) 라울의 법칙($P_{H_2O} = x_{H_2O}P^*_{H_2O}$)을 이용한다.

순수한 증기압은 $P_{H_2O} = 23.756\ \text{mmHg}$이다.

용액 중의 물의 몰분율은

$x_{H_2O} = n_{H_2O}/(n_{H_2O} + n_{설탕}) = 0.99895$

이다. 따라서, 라울의 법칙에 의해, $P_{H_2O} = x_{H_2O}P^*_{H_2O} = 23.731\ \text{mmHg}$

물의 증기압은 <u>0.025 mmHg</u> 낮아진다.

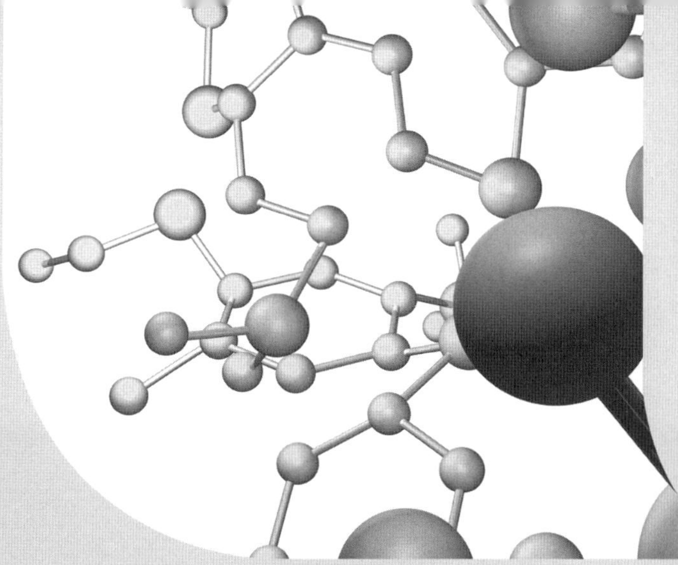

제 12 장

전지로 보는 화학열역학과 전기화학의 기초

드디어 화학열역학 입문편의 최종 장을 맞이했다. 최종 장에서는 화학에너지로부터 전기에너지로의 변환을 다룬다. 전기에너지는, 비팽창 일의 대표격으로 일상생활에 가장 많이 등장하고 편리한 에너지의 형태이다. 「화학에너지로부터 전기에너지로의 변환의 과정에서는, 열을 거치지 않으므로 카르노 사이클에서 유도된 효율의 한계를 넘어 높은 효율의 에너지변환을 실현한다.」

이번 장에서는, 대표적인 비팽창 일인 전기학적인 일을 화학열역학의 관점에서 공부한다. 전기화학은 입문서라도 책 1권 정도의 분량을 필요로 하므로, 이번 장에서는 열과 일의 의미, 세기변량과 크기변량의 의미 등을 뒤돌아보고 화학에너지를 전기에너지로 변환하는 장치, [예를 들어, 화학전지]를 이해하는데 가장 기초가 되는 화학열역학의 기본적인 관계식을 중심으로 공부한다. 그 의미로 가까운 미래에 전기화학을 배울 예정인 학생이 전기화학입문서를 읽기 위한 장이라고도 말할 수 있다.

12.1 화학에너지로부터 전기에너지로의 변환

피스톤에 의한 열 에너지로부터 팽창 일로의 변환부터, 전지에 의한 화학에너지로부터 전기 일로의 변환까지

「열역학은 고온으로부터 저온으로 자발적으로 흐르는 에너지, 즉 열이라는 에너지 형태를, 목적하는 방향으로 물체를 움직이는 팽창 일로 어떻게 효율적으로 변환할까? 라는 과제를 생각하는 것으로부터 발전해왔다.」 이 때, 열은 분자 운동으로 에너지를 전달하는 방법이고, 팽창 일은 평균적으로 어떤 방향을 갖는 분자의 운동에 의해 에너지를 전달하는 방법이다.

일이 분자의 평균적인 운동의 방향으로 일어난다는 관점에서 보면 팽창 일은 운동의 방향이 불균일한 열보다 균일도가 높다. 실제로 카르노 사이클에서 고찰한대로, 총 에너지량은 보존되지만 높은 온도에서 낮은 온도로 열로서 이동하는 에너지량의 일부분만 팽창일로서 변환된다. 불균일한 방향의 분자 운동이 자발적으로 어느 방향으로 모이는 것은 입자의 집단에서는 확률적으로 일어나기 힘든 것을 의미하여, 카르노 사이클의 고찰로부터 엔트로피의 개념과 열역학 제 2법칙이 유도되었다.

그러면 분자의 불균일한 운동에 기초하는 에너지의 전달형태인 열을 통하지 않는 보다 효율적인 에너지 변환은 불가능한 것일까? 또한 팽창 일을 사용하여 무거운 것을 움직이는 기계적인 일도 중요하지만, 현대에는 주위의 전기화학제품을 전기에너지로 작동하는 것도 많고 자동차도 전기로 작동하는 시대가 되어가고 있다. 따라서, 최종적으로 '전기 일'로 변환하는 것이 유리하다.

표 12-1을 참고하길 바란다. 세기변량인 전위와 짝이 되는 크기변량인 전하는, 전기를 생산할 때 필요한 파라미터이다. 만약 어떤 방법으로 전위차를 만들어내는 것이 가능하고, 그것을 전자가 통하는 물질로 연결하면 전위가 높은 곳에서 낮은 곳으로 전하가 흐르게 되어 이것을 이용하면 여러 가지 일을 수행할 수 있다. 이러한 전위차를 화학적으로 생성하면, 열이라는 에너지형태를 거치지 않고 직접 전기적 일로 변환하는 것을 전지라고 한다. 다음 절에서는 전지의 기본적인 시스템에 대해 배워보자.

표 12-1 시강성 변수와 시량성 변수의 쌍

	시강성	시량성	구동력	기준
역학적	P	V	압력차	1 bar
열적	T	S	온도차	절대영도
화학적	μ	n	화학 포텐셜차	분압 1 bar, 활동도 1
전기적 *1	E	q	전위차	SHE
위치적 *2	gh	m	고저차	해

12.2 전지의 기전력은 어떻게 발생하는 것일까?

전자를 주인공으로 생각하고 크기변량과 세기변량의 관점에서 바라보면 전지의 시스템을 이해하기 쉽다.

전자가 흐르는 구동력이 되는 전위차는 화학적으로 어떻게 발생시키면 되는 것일까? 화학적 성질에는 전자를 내어주는 경향이 강한 것(산화되기 쉽다)과 역으로 받기 쉬운 경향이 강한 것(환원되기 쉽다)이 있다. 이와 같은 2개의 물질을 전자가 이동할 수 있는 전선 등을 통해 연결하면, 산화되는 것으로부터 환원되는 것을 향해 전자가 이동한다. 이런 경향은 접해있는 2개의 상대적인 관계로 결정된다. 같은 물질이라도 자신보다 산화되기 쉬운 물질과 접해있을 경우는 환원체로서 행동하고, 역으로 자신보다 환원되기 쉬운 물질과 접해있을 경우에는 산화적으로 행동한다. 이러한 전자의 주고받음은 상대적인 경향을 정량적으로 평가할 수 있는 지표로서 산화환원 전위가 존재한다. 이 때 세기변량의 관점에서는 전자의 내어주는 능력의 차이가 가능한 큰 물질의 짝을 고르면 양쪽의 전위차가 커져, 같은 전하량의 이동이여도 더 큰 일을 낼 수 있다.

이러한 화학적 성질의 차이를 이용하여 전기적 일을 만들어내는 장치를 **화학전지**(electrochemical cell)라고 한다. 화학전지는 전자를 내어주는 쪽과 받는 쪽이 구성되고 각각은 화학반응으로 전자를 만들어 낸다. 혹은 **전극**(electrode)과 화학반응을 일으키는 물질로 이뤄진 **전해질**(electrolyte)로 구성되며, 전극과 전해질의 짝을 반전지라고 한다. 그러나 산화·환원은 짝이 되는 상대에 의해 바뀌는 상대적인 지표로, 어떠한 절대기준이 있다면 상대적인 전자를 내어주는 지표로 상대치를 한눈에 알 수 있을 것이다. 이 때 해발이 지도에서 고저차의 기준인 것과 같으며, 전위차의 기준에는 **표준수소전극**(standard hydrogen electrode, SHE)이 사용된다. 이것은 수소기체의 경우는 1 atm[*13]에서 용액이라면 용액 중의 수소이온의 활동도가 1인 것을 전체의 온도에 대해 0으로 가정한다[*14]. SHE에 연결했을 때, SHE에서 발생하는 전위차를 측정하는 것으로 반전지가 발생시키는 상대적인 전위를 알 수 있다. 전자는 음전하를 가지므로 음의 전위(−)로부터 상대적인 양의 전위(+)로 이동하는 반응이 자발적으로 발생된다. 고저차로 생각하면, 상대적으로 음전위가 큰 쪽이 더 높은 곳인 것을 의미한다. 따라서, **보인다!** Box 12-1의 표 안의 SHE에 대한 전위는 음이 큰 것부터 순서대로 나열한 것이다.

이 표를 참고하여 보면, 전극재료를 두 개 골라 도전재료로 연결하는 것으로 전지를 구성하였을 때 표의 위쪽에 있는 것, 즉 전자가 내어주는 경향이 강한 쪽(산화반응이 일어난다)의 전극이 음극(anode), 역으로 표의 아래쪽에 있는 것, 즉 전자를 받는 경향이 큰 쪽(환원반응이 일어난다)의 전극이 양극(cathode)이 된다. 전지를 구성하기 위해서 고른 양극·음극의 물질에 대해 각각 SHE와 연결하여 측정한 표준전극전위를 각각 E_c^o, E_a^o라고 하면 전지를 구성할 때의 실제 표준전극전위, 즉 **기전력**(electromotive force)은 표준전극전위의 차이

$$E^o = E_c^o - E_a^o \qquad 12\text{-}(1)$$

로 나타난다. **보인다!** Box 12-1을 참고하여 양극을 $ZnSO_4$에 담근 아연, 음극을 $CuSO_4$에 담근 구리로 한 **다니엘 전지**(Daniell cell, 그림 12-1 참고)를 예로 들어 기전력을 구해보면

- 음극(anode)에서의 산화반응 $Zn(s) \rightarrow Zn^{2+}(aq) + 2e$
- 양극(cathode)에서의 환원반응 $Cu^{2+}(aq) + 2e \rightarrow Cu(s)$
- 전반응 $Zn(s) + Cu^{2+}(aq) \rightarrow Zn^{2+}(aq) + Cu(s)$
- 전지의 표기(전지도) $Zn(s) \mid Zn(SO_4)\,(aq) \parallel CuSO_4\,(aq) \mid Cu(s)$
- 표준전극전위(무전류전지전위) $E^o = E_c^o - E_a^o = 0.3419 - (-0.7618)$

$$= 1.1037\ V$$

보인다! 12-1 표준 전극 전위에 대한 전하(전자) 이동량과 기전력의 관계

비전위 …… 산화되기 쉽다 환원되기 쉽다 …… 귀전위

전극반응			E° vs SHE
$Li^+ + e^-$	⇌	Li	−3.045
$K^+ + e^-$	⇌	K	−2.925
$Na^+ + e^-$	⇌	Na	−2.714
$Mg^{2+} + 2e^-$	⇌	Mg	−2.356
$Al^{3+} + 3e^-$	⇌	Al	−1.676
$Zn^{2+} + 2e^-$	⇌	Zn	−0.763
$Fe^{2+} + 2e^-$	⇌	Fe	−0.44
$Co^{2+} + 2e^-$	⇌	Co	−0.277
$Ni^{2+} + 2e^-$	⇌	Ni	−0.257
$Pb^{2+} + 2e^-$	⇌	Pb	−0.126
$2H^+ + 2e^-$	⇌	H_2	0.000
$Cu^{2+} + 2e^-$	⇌	Cu	+0.337
$Hg_2^{2+} + 2e^-$	⇌	2Hg	+0.796
$Ag^+ + e^-$	⇌	Ag	+0.799
$Pt^{2+} + 2e^-$	⇌	Pt	+1.188
$Au^+ + e^-$	⇌	Au	+1.83

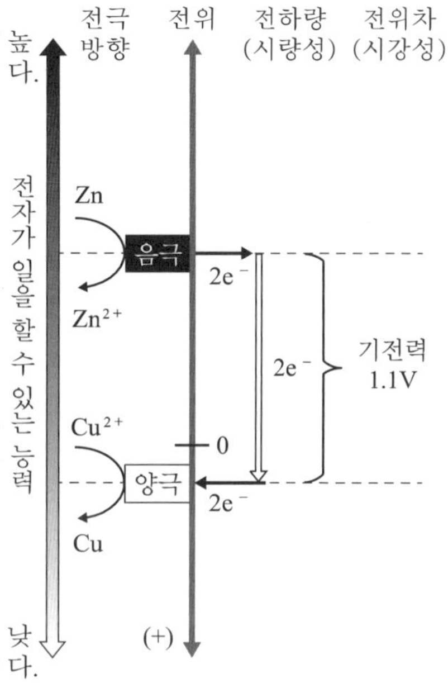

대표적인 표준 전극 전위 E°값의 비교[25℃, pH=0의 수용액 중, 표준 수소 전극을 기준으로 한 값]. 그림 12-1에 다니엘 전지의 예를 나타낸다.

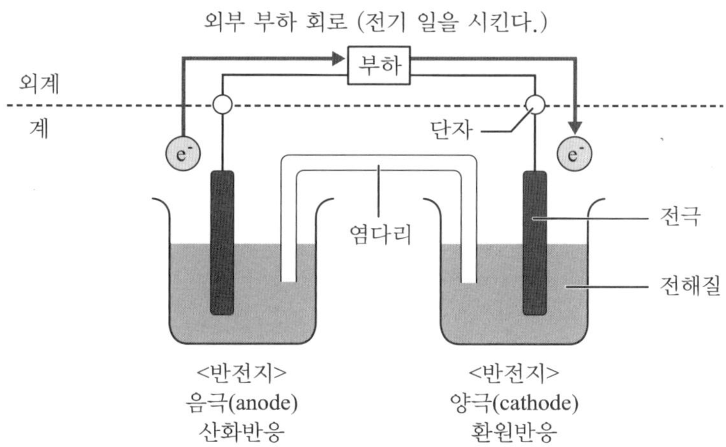

그림 12-1 전지의 모식도 : 2개의 반전지를 연결해 전지를 구성한다. 다니엘 전지를 예로 들면, 음극의 재료는 Zn, 전해질은 $ZnSO_4$ 수용액, 양극의 재료는 Cu, 전해질은 $CuSO_4$ 수용액이 된다.

이 된다. 실제의 전지에서는 반응이 진행됨에 따라 양쪽 수용액의 이온농도가 바뀌기 때문에 양쪽 수용액 간에 전위차(**액간전위**)가 발생한다. 이 때, 양쪽 수용액을 **염다리**(salt bridge)로 연결하면, 염다리 내부의 전해질이 이동하는 것으로 양쪽 수용액간의 액간전위를 제거할 수 있다. 염다리는 일반적으로 고농도 KCl 용액 등으로 부터 구성되고, 양쪽의 반전지의 전해질성분이 염다리를 통해 서로 섞이지 않도록 한천이나 젤라틴 등으로 굳혀서 만들어진다. 전지 그림 중앙의 ‖는 염다리로 이어져 양쪽의 전해질 용액 간의 전위가 상쇄되고 있다는 것을 나타낸다.

12.3 Nerst식과 전지반응의 평형상수

용액의 화학반응의 이해는 화학 포텐셜의 개념을 이용하면 알기 쉽다.

여기서 가장 일반적인 등온정압 하에서의 반응을 생각하자. 「세기변량(포텐셜)의 고저차의 값과 크기변량의 값의 곱으로 나타낼 수 있는 것이 일량이었다.」 반면, 화학반응에서 계로부터 외계로 개방되는 비팽창 일 $(-W_{비팽창})$과 깁스의 자유에너지의 변화량 ΔG의 관계는 제6장의 6-(27)식에서 구한대로 다음과 같다.

$$-W_{비팽창} \leq -\Delta G \qquad 12\text{-}(2)$$

여기서 W는 외계에서 계로의 일로 정의되어 있으므로, 벡터의 방향이 반대이고 마이너스가 붙어있는 것에 주의하자. 또한 부호는 화학반응이 가역적으로 진행됐을 때 성립된다. 전위차가 있는 곳을 전자가 보다 음전위가 높은 곳에서부터 낮은 곳으로 (자주 양의 값을 갖는 전위) 일단 흐르게 되면, 그것은 비가역과정이 되므로 현실적으로 얻을 수 있는 전기 일 $(-W_{비팽창})$은 구해지는 $-\Delta G$보다는 작아진다. 그러나, 구성된 전지의 이론상의 최대 전기 일을 부여하는 $-\Delta G$를 구하는 것은 매우 중요하다.

드디어 전지의 기전력과 화학열역학을 연결하는 스테이지에 도달했다. 음극의 반응을 반응계, 양극의 반응을 생성계라고 하고, 제9장 9-2절에서 다룬 방법과 같이 생각해보자. 우선 9-(12)식으로부터 다음의 식이 성립한다.

$$\Delta G = G_{양극} - G_{음극} \qquad 12\text{-}(3)$$

여기서 다니엘 전지를 예로 들면

$$Zn(s) + Cu^{2+}(aq) \rightarrow Zn^{2+}(aq) + Cu(s) \qquad 12\text{-}(4)$$

이고, 이것을 일반화하여 a, b, c, d를 반응식의 화학양론적(무차원)으로서

$$a\mathrm{A} + b\mathrm{B} \rightarrow c\mathrm{C} + d\mathrm{D} \qquad 12\text{-}(5)$$

로 나타내면, 12-(5)식이 n mol만큼 진행했다고 하면(즉 $n \times a$ mol의 A가 반응했다고 하면), 각각의 성분의 용액 중의 부분몰 깁스 에너지, 즉 화학 포텐셜을 이용하여

$$\Delta G = G_{양극} - G_{음극} = n \times \{c\mu_C + d\mu_D - (a\mu_A + b\mu_B)\} \qquad 12\text{-}(6)$$

이 되는 것을 알 수 있다. 다니엘 전지의 경우는, $a = b = c = d = 1$(무차원)이고, A는 Zn(s), B는 Cu^{2+}(aq), C는 Zn^{2+}, D는 Cu(s)에 각각 해당한다. 각 성분의 화학 포텐셜은 기체의 경우 그 성분의 분압에 의해 용액의 경우는 용액 중의 그 성분의 농도(몰분량)에 의해 결정되므로, 각 성분의 분압 혹은 농도가 다르다면 그것만으로 자유에너지 변화에 차가 나온다는 것을 알 수 있다. 12-4절에서 다루지만, 같은 물질이라도 농도가 다른 조합을 사용하면 농도차 전지를 구성할 수 있다. 전부 기체로부터 구한 9-(16)식은 구성하는 성분의 분압으로 이루어져 있으므로, 이것을 용액에 적용하기 위해 분압을 활동도로 바꾼다. 제9장 9-2절에서 평형상수를 구한 것과 같이, $n = 1$ mol로 하고 계산하면

$$\Delta G = \Delta G^o + RT\ln\frac{a_C^c\, a_D^d}{a_A^a\, a_B^b} \qquad 12\text{-}(7)$$

이 된다. 기체의 경우에 분압이었던 부분이 활동도로 바뀐 것에 주의하자. 고체의 경우, 불균일계에서의 화학평형에서 고체성분의 증기압을 1 bar로 대표한 것과 같이, 활동도를 1로 다뤄도 문제없다. 여기서 전지반응의 반응몫을 Q라고 놓으면

$$Q = \frac{a_C^c\, a_D^d}{a_A^a\, a_B^b} \qquad 12\text{-}(8)$$

이 되고, 12-(7)식은 다음과 같이 간략히 나타낼 수 있다.

$$\Delta G = \Delta G^o + RT\ln Q \qquad 12\text{-}(9)$$

이 때, 기전력과 깁스의 자유에너지 변화는 어떻게 연결 지을 수 있을까? 침투압을 생각할 때, 화학 포텐셜이 보다 높은 정제수에서 화학 포텐셜이 보다 낮은 수용액 쪽으로 용매분자가 이동해 갈 때, 용액 쪽에 압력을 가해서 반투막을 통과하는 용매분자의 양을 정확히 맞춘 것을 기억해내기 바란다. 같은 방법으로 전지반응에서 가역적인 조건을 성립시키기 위해서는 2개의 반전지로 전지를 구성하는 것으로 자발적으로 발생한 전위차와 완전히 같은 전압을 부여하는 외부전원을 외부회로 반대로 연결하면 겉보기상으론 전류가 0이 되어 평형조건을 달성한다. 그림 12-1에서는 부하의 위치가 이것에 해당한다. 이 때, 외부전원의 전압을 서서히 바꿔, 전지의 전위차와 균등하게 되었을 때의 전압을 읽으면 된다. 이때의 전압을 **무전류 전지 전위**(zero-current cell potential)라고 하고, 기호 E로 나타낸다. 이 값이 기전력이 된다.

등온정압 하의 화학반응에서 낼 수 있는 이론상 최대의 비 팽창 일량은 깁스의 자유에너지이다. 전기화학적 반응이 가역적으로 진행했을 때, 전극을 연결하는 도전성의 외부회로를 흐르는 전자의 물질량을 z mol이라고 하면 가역적으로 전기화학반응이 진행했을 경우 깁스의 자유에너지 변화(ΔG)와의 사이에서 다음의 관계식이 성립한다.

$$zF \times E = -\Delta G \qquad 12\text{-}(10)$$

여기서 F는 전자 1 mol당의 전하량으로, **패러데이 상수**(Faraday constant)라고 불린다. 그 값은 아보가드로 수 N_A에 전기소량 e를 곱한 것, 즉 $F = N_A \times e =$ 9.6485×10^4 C/mol이 된다. 또한 z에 대해서 위의 다니엘 전지에서는 $z = 2$ mol이 된다. 그리고 자발적인 반응이 진행된 때 $\Delta G < 0$이므로, 12-(10)식으로부터 양의 기전력 E를 낼 수 있는 것에 주의하자. 표준상태에서는 12-(10)식은 다음과 같다.

$$zF \times E^o = -\Delta G^o \qquad 12\text{-}(11)$$

이 때, ΔG^o는 표준 깁스에너지 변화를 나타낸다. E^o는 전지반응이 관여하는 모든 물질의 활동도가 1일 때에 해당하는 전위차를 나타내고, **표준 전극 전위**(standard electrode potential) 혹은 **표준 기전력**(standard electromotive force)이라고 한다. 이 반응이 일어날 때에 화학조성이 변하면, 각 성분의 몰 깁스에너지(즉, 화학 포텐셜)의 값도 변하므로 1 mol을 반응하여도 양쪽의 조성이 변하지 않을수록 충분한 전해질량이 있는 큰 계를 생각하고 있는 것임에 주의하자. 12-(10), (11)식을 12-(9)식에 대입하여 정리하면

$$E = E^o - \frac{RT}{zF}\ln Q \qquad 12\text{-}(12)$$

여기서 유도된 12-(12)식은, 열역학 제 3법칙을 확립한 네른스트에 의해 유도되었으므로 **네른스트 식**(Nernst equation)이라고 불린다. 여기서 12-(11)식으로부터

$$E^o = -\frac{\Delta G^o}{zF} \qquad 12\text{-}(13)$$

이므로, 전지반응을 구성하는 각 성분의 표준 생성 깁스에너지를 알면 ΔG^o를 구해 표준 전극 전위 E^o는 실제로 측정하지 않아도 계산으로 구할 수 있다. 여러 가지 물질의 **표준 생성 깁스에너지** ΔG_f^o (kJ/mol)은 편람 등에 정리되어 있다.

여기서 전극반응이 진행되면, 실제로는 전지를 구성하는 물질의 조성비가 서서히 바뀌어 최종적으로는 음극과 양극의 전위차(기전력)가 없어진다. 이 때 전지는 일을 하지 않게 되고, 평형에 도달한다. 즉, 12-(12)식 중의 $E = 0$이 되고 평형에 도달했을 때의 반응값은 평형상수 K이므로, 12-(12)식으로부터 다음의 식이 유도된다.

$$\ln K = \frac{zFE^o}{RT} \qquad 12\text{-}(14)$$

이 식은 표준 전극 전위(표준 기전력) E^o, 즉 전극반응에 관련된 모든 물질의 활동도가 1일 때의 무전류 전지 전극을 측정하면 전지반응의 평형상수 K를 정할 수 있다는 것을 의미한다. 그러나, 모든 물질의 활동도를 1로 하여 정확한 측정을 하는 것은 어렵다. 그래서 실제로는 이미 다른 반응으로 구해져 있는 각 성분의 표준 생성 깁스에너지의 값을 사용하여 표준 기전력 혹은 전지반응의 평형상수를 계산으로 구하는 경우가 많다. **사용하자! Box 12-1**에 이 계산의 흐름을 정리해 두었으므로 참고하기 바란다. 이 방법을 사용하면 반응식으로서는 가능하며 또한 현실의 전극에서는 시험된 적 없는 산화환원 반응에 대해서도 어느 정도의 기전력을 낼 수 있을지 사전에 예측하는 것이 가능하다. 그러므로 12-(13), (14) 식은, 화학열역학과 전기화학을 서로 연결하는 매우 중요한 2개의 기본식이라고 말할 수 있다.

물질에 의한 산화환원 전위의 차이 혹은 같은 물질이여도 분압이나 농도(활동도)의 차이 등의 화학적 조건의 차이를 이용하여 전위차를 발생시키는 것은 생명을 포함하는 자연계에 달하는 곳에서 발견되어 물리 · 화학 · 생물 · 공학 등의 여러 가지 분야에서 기초과학 혹은 응용기술의 원리가 되고 있다.

사용하자! Box 12-1 전지 반응의 표준 전극 전위와 평형상수를 실제로 구하는 법

ΔG° 전지 반응을 구성하는 각 성분의 표준 생성 깁스 에너지에 의한 계산으로 구한다.

↓

E° $E^\circ = -\dfrac{\Delta G^\circ}{zF}$ ……… 12 - (12)식에 의한 계산

↓

K $\ln K = -\dfrac{zFE^\circ}{RT}$ ……… 12 - (13)식에 의한 계산

Column 미래의 전지와 화학센서로의 응용의 구체적인 예

화학전지는 자발적으로 일어나는 화학반응에 의해 전기에너지를 얻는 갈바니 전지(galvanic cell)와 외부로부터 인위적으로 전기에너지를 투입함으로써 비자발적 반응을 유발하여 이를 화학적 에너지로 저장하는 전해셀(electrolytic cell)로 이뤄진다. 양쪽 모두 공업적으로 없어서는 안 될 반응이다. 여기서는 화학에너지로부터 전기에너지로의 변환이라는 관점에서의 갈바니 전지에 대해 몇 가지 소개하려 한다. 이미 실용화 되어있는 각종 전지에 대해서는 여러 관련 서적 혹은 Web 상에 자세히 설명되어 있으므로 여기서는 여러 번 예로서 나온 연료전지와 생물의 힘을 빌린 바이오 연료전지, 화학센서와 생명활동의 원리와 관련된 농도차 전지, 이 3가지에 대해 간단히 소개하겠다.

연료전지

이 책에 자주 예로 등장한 전지이다. 연료전지는 스페이스 셔틀 등의 특수용도 뿐만 아니라 2005년에 일본에서 세계최초로 가정용의 연료전지로서도 도입되어 어느 정도 실용화가 진행되고 있다. 수소를 태우는(산화하는) 것으로 전기에너지를 얻는다.

음극	$2H_2 \rightarrow 4H^+ + 4e^-$	$E^o = 0.000$ V vs SHE
양극	$O_2 + 4H^+ + 4e^- \rightarrow 2H_2O$	$E^o = 1.229$ V vs SHE
전반응	$2H_2 + O_2 \rightarrow 2H_2O$	

작동온도는 연료전지의 종류에 따라 다르지만, 최고로 상용화에 가까운 인산형 연료전지에서는 200℃ 전후이다. 실용적으로 낼 수 있는 전압은 한 층에 0.7~0.9 V 정도이므로 적층하여

사용되고 있다.

바이오 연료전지

태울 수 있는 것은 수소뿐만이 아니다. 유기물도 태우는(산화하는) 것으로 전기에너지를 낼 수 있다. 미생물은 효소를 이용하여 유기물을 산화시켜 생명활동에 필요한 에너지를 얻는다. 예를 들어, 사람들도 해당계에서는 글루코오스(당)를 태우는 것으로 높은 에너지 화합물인 ATP를 만들어내 생명활동에 필요한 에너지를 얻는다. 당류 이외에도 반도체 산업에서 세척에 사용한 후의 폐메탄올 등의 알코올류, 바이오매스 계의 유기물(식품공장에서 나온 찌꺼기 혹은 하수처리시설에서 나온 유기진흙 등)을 미생물 효소의 힘을 이용하여 태우는 것으로 천연의 메탄가스를 얻고 이것을 개질하여 수소를 얻는 것으로 위와 같은 전기에너지를 얻는 것이 가능하다. 이 때, 개질기 내에서의 대표적인 반응은 다음과 같다.

$$CH_4 + H_2O \rightarrow 3H_2 + CO \quad \text{또한} \quad CO + H_2O \rightarrow H_2 + CO_2$$

농도차 전지

같은 물질이여도 분압 혹은 농도(활동도)가 다르면 화학 포텐셜에 차가 생기므로 양쪽 사이에 전위차가 생긴다. 이 때, 한쪽의 분압 혹은 활동도를 알면 다른 한쪽의 분압 혹은 활동도가 미지인 것과 전지를 구성하여 발생된 전위차를 측정함으로써 미지의 분압 혹은 활동도를 구하는 것이 가능하다. 이것이 산소 센서나 수소이온농도 센서 (pH미터)의 원리가 된다. 실은 생체도 위의 ATP를 이용하여 K^+를 펌프와 같이 세포 내로 퍼내는 단백질이 세포막으로 구동하고 있고, 세포막 안과 밖에서 K^+의 농도를 20~30배 정도 바꾸고 있다(안쪽이 높다). 이 농도차를 이용하여 세포막 내외에서 70 mV 정도의 전위차를 항상 발생시키고, 세포 내외의 물질 운송이나 신경세포의 신호의 전달 등에 도움을 주고 있다. 구체적인 네른스트 식으로 예측해보면, 같은 물질이므로 E^o=0, 1 가전하이므로 z=1, 온도를 25℃ (298K)로 하여 K^+의 농도차로 발생하는 전위를 계산해보면

$$E = E^o - \frac{RT}{zF}\ln Q = -25.7\,\mathrm{mV} \times \ln\frac{1}{20} = 77\,\mathrm{mV}$$

로 꽤 좋은 값이 구해진다. 이 값은 세포의 내외를 기준으로 한 값이므로, 세포 밖에서 안쪽을 보면, 전위가 −77 mV 낮아져 있다고 생각할 수 있다.

여러 가지 전지의 기본구조와 동작원리를 조사해보면, 화학열역학의 기본원리와 사람의 창의력의 결실을 발견할 수 있다.

12장 연습문제

12-1 대표적인 수소를 연료로 하는 연료전지 중에 나타나는, 아래의 반응에 대해서

$$H_2(g) + \frac{1}{2}O_2(g) \rightarrow H_2O(l)$$

(1) 표준 깁스 에너지 변화 ΔG^o를 구하시오.

(2) (1)의 값으로부터 이론상 낼 수 있는 최대의 표준 전극 전위 E^o를 구하시오.
이 때, 액체인 물의 표준 생성 깁스 에너지 -237.13 kJ/mol,
패러데이 상수 $F = 9.6485 \times 10^4$ C/mol을 이용하시오.

12-2 1859년에 발명되어 현재도 자동차용 배터리 등에 널리 사용되고 있는 충방전 가능한 납축전지의 전체반응이 다음과 같이 나타날 때, 문제에 답하시오.

$$Pb + PbO_2 + 2H_2SO_4 \rightarrow 2PbSO_4 + 2H_2O$$

(1) 음극에서의 반전지 반응을 쓰시오.

(2) 양극에서의 반전지 반응을 쓰시오.

(3) 음극, 양극의 표준 전극 전위 (vs SHE)는 각각 -0.351 V, 1.698 V였다. 이때의 전지 전체로서의 기전력은 얼마인가.

(4) (3)에서 구한 값으로부터, 납축전지의 반응이 진행할 때의 표준 깁스 자유에너지 변화 ΔG^o을 구하시오. 필요하다면 패러데이 상수 $F = 9.6485 \times 10^4$ C/mol을 이용하시오.

(5) (4)에서 구한 값으로부터, 위의 반응의 자발성, 비자발성에 대해 논하시오.

제12장 연습문제해답

12-1 (1) 수소와 산소는 표준 생성 깁스 에너지의 정의에 의해 0 kJ/mol이 되므로

$$\Delta G^o = \Delta G_f^o(H_2O) - \left\{\Delta G_f^o(H_2) + \frac{1}{2}\Delta G_f^o(O_2)\right\} = -237.13 \text{ kJ}$$

(2) 이 반응의 음극의 환원반응은 $H_2 \rightarrow 2H^+ + 2e^-$

이 되므로, 주어진 반응식에서는 2 mol의 전자가 이동한다.

따라서, 본문 중의 12-(13) 식에 의해

$$E^o = -\frac{\Delta G^o}{zF} = \frac{-237.13\times 10^3}{2\times 9.6485\times 10^4} = 1.2288 \cong 1.229\ \mathrm{V}$$

12-2 (1) $Pb + SO_4^{2-} \rightarrow PbSO_4 + 2e^-$

(2) $PbO_2 + SO_4^{2-} + 4H^+ + 2e^- \rightarrow PbSO_4 + 2H_2O$

(3) $E^o = 1.698 - (-0.351) = 2.049\ \mathrm{V}$

(4) (1), (2)에 의해 $Z=2$인 것에 주의하여, 12-(10)식에 의해

$\Delta G^o = -ZF\times E^o = -2\times 9.6458\times 10^4\times 2.049 = -395.3\ \mathrm{kJ/mol}$

(5) 음의 값이 얻어졌으므로, 생각하고 있는 반응이 자발적으로 일어난다. 즉, 문제문의 반응이 진행할 때, 전지로서 최대 395.3 kJ의 전기에너지를 낼 수 있다(역으로, 문제 12-1과 같이 각 성분의 표준 생성 깁스 에너지의 값을 이용하여, 문제본문의 전체 반응식으로부터 ΔG^o을 구하고, 반응의 자발성과 전지의 기전력을 예측하는 것도 가능하다).

비고) (1), (2)의 반응에 의해 전지반응이 진행하면, 음극 · 양극이 같이 전극표면이 황산납으로 덮여지기 시작한다. 또한 전체 반응은

$$Pb + PbO_2 + 2H^+ + 2HSO_4^- \rightarrow 2PbSO_4 + 2H_2O$$

로 나타나질 때, 음극 · 양극의 반응에 관해서 다음의 표기가 전체 반응 표기를 따른다.

음극 : $Pb + HSO_4^- \rightarrow PbSO_4 + H^+ + 2e^-$

양극 : $PbO_2 + HSO_4^- + 3H^+ + 2e^- \rightarrow PbSO_4 + 2H_2O$

어느 쪽도 $z=2$가 된다.

(3)의 결과에 의해 1개의 납축전지에서는 약 2 V의 전압을 낼 수 있다는 것을 알았지만, 자동차용에는 이것을 6개 직렬로 연결해 12 V의 전압을 얻어 사용한다.

Δ 정리

어떤 임의의 온도T · 압력P의 일정한 조건하에서..
① 그 변화 · 반응은 자발적으로 일어나는가?
② 만약 자발적으로 일어난다면, 그 반응에서 얻어낼 수 있는 최대의 비팽창일의 양은?
③ 화학 평형 반응에서의 평형정수는?

기본 정의식 · 법칙

정의 $G \equiv H - TS \quad H \equiv U + PV$

$\Delta S \equiv \dfrac{Q_{rev}}{T} \quad \left(dS \equiv \dfrac{\delta Q_{rev}}{T} \right)$

열역학 제 1법칙 $\Delta U = Q + W$

↓

열역학의 기본식

$dG = -SdT + VdP$

$G_{임의의\ T,P} = G_{기준의\ T_0, P_0} + \int_{G(T_0,P_0)}^{G(T,P)} dG$

임의의 온도 · 압력에서의 초기상태 · 나중상태의 값을 각각 구할 수 있다.

① 자발변화의 판정
② 최대 비팽창일량

$\Delta G_{계}(T) = G_{나중상태}(T) - G_{초기상태}(T)$

판정
ΔG계 (T) > 0 자발적으로 일어날 수 없음
ΔG계 (T) < 0 자발적으로 일어남
ΔG계 (T) = 0 평형 ⇒ 화학평형론으로

$\Delta G_{계}(T) = \Delta H_{계}(T) - T\Delta S_{계}(T)$

깁스 - 헬츠홀름의 식

$$\left[\frac{\partial}{\partial T} \left(\frac{\Delta G(T)}{T} \right) \right]_P = -\frac{\Delta H(T)}{T^2}$$

임의의 온도T에서의 ΔG와 ΔH의 관계식

키르히호프의 식 ΔH (T)
임의의 온도T에서의 정압 반응열

$\Delta H(T) = \Delta H(T_0) + \int_{T^0}^{T} \Delta C_P dT$

「Gess의 법칙」에 의해, 임의의 화학반응식을 계산할 수 있다.

엔트로피의 변화 $\Delta S(T)$

임의의 온도T에서의 엔트로피 변화

$\Delta S(T) = \Delta S(T_0) + \int_{T^0}^{T} \dfrac{\Delta C_P}{T} dT$

온도T_0에서의 표준 엔트로피S°를 사용하면 임의의 $\Delta S(T_0)$를 계산 할 수 있다.

③ 화학평형론

$\Delta G_{반응}(T) = \Sigma G_{생성계} - \Sigma G_{반응계}$

$\Delta G_{반응}(T) = \Delta G^\circ(T) + RT \ln Q$

표준상태로 계산

평형 ($\Delta G_{반응} = 0$)이면 반응지수 $Q = K$라고 하면

$\Delta G = -zFE$ → 네른스트의 식

반트호프의 식

$$\left(\frac{\partial \ln K}{\partial T} \right)_P = \frac{\Delta H^\circ}{RT^2} \longleftrightarrow \ln K = -\frac{\Delta G^\circ}{RT} \longleftrightarrow \ln K = \frac{zFE^\circ}{RT} \longleftarrow E = E^\circ - \frac{RT}{zF} \ln Q$$

깁스 - 헬츠홀름의 식 ; $-\Delta G^\circ = zFE^\circ$; $E = 0,\ Q = K$

생성계와 반응계의 각 성분의 분압이 1bar 또는 활동도가 1일때의, 표준 엔탈피 변화 ΔH°, 표준 자유 에너지 변화 ΔG°, 표준 기전력 변화 E°로부터 평형상수K를 구할 수 있다. ΔH°, ΔG°, E°는 서로 변환 가능.

ΔH°_{vap} 는 모든 열역학 계산에 통한다.

깁스-헬름홀츠의 식

$$\left[\frac{\partial}{\partial T}\left(\frac{\Delta G(T)}{T}\right)\right]_P = -\frac{\Delta H(T)}{T^2}$$

ΔG 로 변환해서 자발 변화의 판정,
최대 비팽창 일량의 계산

키르히호프의 식

$$\Delta H(T) = \Delta H(T_0) + \int_{T_0}^{T} \Delta C_P(dT)$$

임의의 온도 T에서의 정압 반응열 계산

Hess의 법칙

실제의 화학반응에 따른 ΔH를
실측할 수 없을 경우

H는 상태량이므로, 반응계 및
생성계의 화합물의 표준생성열로부터
계산 가능한 과정을 설정해서
대수 계산하면 된다.

ΔH

$$\ln K = -\frac{\Delta G^\circ}{RT}$$

평형, 표준상태

(정의)

$$\boldsymbol{H \equiv U + PV}$$

$\Delta H = H_{나중상태} - H_{처음상태}$
$\Delta H = Q_{정압}$

(c.f. $\Delta U = Q_{정적}$)

반트 호프의 식

$$\left(\frac{\partial \ln K}{\partial T}\right)_P = \frac{\Delta H^\circ}{RT^2}$$

평형상수 K의 계산, 화학 평형론으로의 전개

클라우지우스-클래피런의 식

$$\ln P_2 - \ln P_1 = -\frac{\Delta H_{vap}}{R}\left(\frac{1}{T_2} - \frac{1}{T_1}\right)$$

분압과 ΔH°_{vap} 혹은 증기압과 ΔH_{m_vap}의 관계

클래피런의 식

$$\frac{dP}{dT} = \frac{\Delta S_m}{\Delta V_m} = \frac{\Delta H_m}{T\Delta V_m}$$

상태도의 상 경계 기울기

열역학의 기본식

$$dG = -SdT + VdP$$

이 책을 끝내며 - 더 깊은 이해를 위해

사회에 나가 일을 갖고 어떤 기회로 대학시절의 강의의 추억이 꽃을 피우면 나는 대학에서 화학열역학을 가르치고 있다는 얘기에 도달할 때, 누군가가 열역학에 나온 엔트로피, 엔탈피가 당시 (그리고 대체로 지금도) 완전히 몰랐다고 하는 얘기를 자주 듣는다.

지금 여러분은, 엔트로피와 엔탈피가 다른 것임은 물론 그것을 자유에너지와 화학포텐셜의 개념에 연결시켜 여러 가지 화학현상을 정량적으로 다루는 밑거름이 되지 않았는가?

화학뿐만 아니라, 물리, 생물, 공학에까지 나오는 자유에너지의 개념을 익혀두면, 각 분야의 입문서 혹은 전문서적을 이해하는데 매우 도움이 될 것이다.

에너지에 관한 기초적인 이해는 과학 · 기술 분야에서 극히 중요하고, 이 책에서 다룬 것 같이 에너지의 특성과 형태변환에 관한 기초를 익혀두면 화학열역학의 어느 정도의 지식을 전제로 한 각 전문분야의 입문서 레벨의 이해를 크게 도와 줄 것이다. 그런 의미에서 이 책은 만물의 구동과 변환을 다루는 에너지와 그 변환에 관한 입문서이며, 에너지와 관련된 각 전문분야의 입문서로의 준비서적이라고 말할 수 있을 것이다.

이후에 각자 흥미에 따라 여러 가지 혹은 경우에 따라 복수의 학문분야에 입문할 것이라고 생각되므로 저자가 읽고 도움이 된, 또한 앞으로 나아가는데 도움이 될 책을 소개하려한다.

추천 참고서

저자의 경험은 매우 제한되어 있고, 또한 독자의 전문분야도 제각각이라고 생각한다. 세상에는 여기에 소개한 책 이외에도 매우 뛰어난 책이 많기 때문에 반드시 자신의 눈과 발로 찾아 좋은 책을 만나 더 전문성을 갈고 닦길 바란다.

분야의 장벽을 넘어 에너지와 엔트로피의 깊은 의미를 배우고 싶은 분을 위해…

찾아보기

ㄱ

ㄴ

ㄷ

ㄹ

ㅁ

ㅂ

ㅅ

ㅇ

ㅈ

윤 영 수　가천대학교 화공생명공학과
이 석 희　연세대학교 글로벌융합공학부
김 가 영　큐슈대학교 응용화학과

기초열역학　정가 15,000원

발　행　2017년 3월 10일 초판 1쇄
저　자　由井 宏治
역　자　윤영수 · 이석희 · 김가영
발행인　정우용
발행처　도서출판 동화기술
경기도 파주시 광인사길 201(문발동, 파주출판도시)
Tel (031)955-4211~6　donghwapub@nate.com
Fax (031)955-4217　www.donghwapub.co.kr
(등록) 1977년 12월 19일/9-16호

ISBN 978-89-425-9119-0